21世纪软件工程专业教材

移动应用测试与软件质量保证
（慕课版）

王智钢　房春荣　主编

王蓁蓁　张海涛　陈振宇　副主编

清华大学出版社

北京

内 容 简 介

本书分为理论篇和实践篇两部分。理论篇主要讲述软件测试的产生与发展、基本概念和核心思想;黑盒测试与白盒测试常用方法;自动化测试原理和技术;软件测试过程;软件质量与质量保证等。实践篇围绕移动应用测试,讲述测试准备、功能测试、自动化测试、性能测试和安全性测试等,并给出两个移动应用测试实战案例。

本书以大量源程序代码和测试代码作为示例进行讲解,结合软件开发,培养学生的测试分析、测试设计和测试开发能力。本书以基于学习产出的教育理念为指导,提供丰富新颖的习题,加强对学生能力产出的度量和考核,适应工程教育认证的要求。本书为慕课(MOOC)版教材,可以提供全套网络教学资源,让暂不具有这些数字化资源的学校和老师能快速开设"软件质量保证与测试""软件测试"慕课/微课课程。

本书结合软件缺陷、软件质量、软件测试设计、信创测试等专业知识点,融入了工匠精神培养、质量意识树立、社会责任担当、爱国情怀熏陶、报国志向引领等课程思政内容。

本书可作为应用型本科软件工程、计算机科学与技术等专业"软件质量保证与测试""软件测试"课程的教材,也可作为软件测试从业者的参考书。

图书在版编目(CIP)数据

移动应用测试与软件质量保证:慕课版/王智钢,房春荣主编. —北京:清华大学出版社,2023.2
21世纪软件工程专业教材
ISBN 978-7-302-62587-2

Ⅰ.①移… Ⅱ.①王… ②房… Ⅲ.①移动终端-应用程序-软件-测试-高等学校-教材②软件质量-质量管理-高等学校-教材 Ⅳ.①TN929.53 ②TP311.5

中国国家版本馆 CIP 数据核字(2023)第 014886 号

责任编辑:张 玥 常建丽
封面设计:何凤霞
责任校对:焦丽丽
责任印制:沈 露

出版发行:清华大学出版社
          网   址:http://www.tup.com.cn, http://www.wqbook.com
          地   址:北京清华大学学研大厦 A 座   邮   编:100084
          社 总 机:010-83470000   邮   购:010-62786544
          投稿与读者服务:010-62776969,c-service@tup.tsinghua.edu.cn
          质量反馈:010-62772015,zhiliang@tup.tsinghua.edu.cn
          课件下载:http://www.tup.com.cn,010-83470236
印 装 者:三河市龙大印装有限公司
经   销:全国新华书店
开   本:185mm×260mm   印   张:23   字   数:532 千字
版   次:2023 年 2 月第 1 版   印   次:2023 年 2 月第 1 次印刷
定   价:69.80 元

产品编号:095910-01

前 言

随着移动互联时代的到来,移动应用软件如雨后春笋般破土而出,茁壮成长,并形成发展热潮,相应地,移动应用软件的测试和质量保证任务越来越多,要求也越来越高。

一方面,大量移动应用软件的涌现,方便了人们的生产与生活,提升了整个社会的运转效率,推动了经济社会的发展;另一方面,一些移动应用软件安全性差、侵犯用户隐私、在不同屏幕分辨率下交互界面变形等问题也越来越受到关注和重视,应当通过软件测试和质量保证不断提高移动应用软件的质量,更好地满足移动互联时代的要求,服务社会发展。

首先,所有参与软件项目的人都应当具有社会责任感,自觉承担软件质量责任,树立软件质量意识,把质量标准和质量控制措施落实到软件研发的每一项具体工作中。其次,随着软件迭代的速度越来越快,软件测试和软件开发的结合越来越紧密,这对软件开发者的软件测试能力提出了更高的要求,很多测试技术和工具也被越来越紧密地集成到开发环境中,为开发者完成相应测试工作提供了便利。软件开发者熟悉软件的详细设计和代码,由他们完成单元测试、集成测试等一部分测试工作,有利于节约测试成本、提高软件质量。只有具备社会责任感和软件质量意识,懂得质量保证,具有测试能力的人,才能开发出高质量的软件。

本书介绍软件测试、软件质量保证的基础知识、基本方法和技术,为学习者后续进一步深入学习软件测试,进入软件测试领域奠定基础。本书较为全面地讲述了移动应用测试的相关内容,并给出实战案例,希望通过本书,学习者能基本掌握移动应用测试的完整过程。

本书结合大量源程序代码、测试代码和具体示例进行讲解,力争提高学习者的感性认识,促进学习者对知识的理解,同时培养和提高学习者解决实际软件测试问题的能力。本书以基于学习产出的教育理念为指导,运用启发式教学、实例化教学等方法,注重测试分析、测试设计和测试开发能力的培养,提供丰富新颖的习题,加强对学生能力产出的度量和考核,适应工程教育认证的要求。本书将软件测试、软件质量保证知识体系分解为相对独立的知识点,围绕知识点组织教学内容,适当减少了大段文字叙述,增加了图形、图片、表格等,通过图解示意、表格列举等信息加工和表达手段,提高学习者的学习兴趣,帮助记忆和理解,同时也适应碎片化学习、移动学习的需要;本书有相关的 MOOC 配套,可以提供网络教学资源,支持 MOOC/SPOC 开设。

王智钢编写了第 1 章 1.1～1.6 节、第 2～4 章,张海涛编写了第 5 章,王蓁蓁编写了第 6 章,房春荣编写了第 1 章的 1.7 节和第 7～9、11 章,陈振宇编写了第 10 章。

由于编者能力有限,书中难免存在不足之处,望广大读者不吝赐教。

王智钢
金陵科技学院软件测试课程组
江苏省软件测试工程实验室
2022 年 6 月

目 录

CONTENTS

第1篇 理 论 篇

理论篇

绪　　论

1.1　软件测试的产生与发展

1.1.1　软件测试的产生

软件测试是伴随着软件的产生而产生的。早期的大多数软件是由使用该软件的个人或机构研发的，往往带有强烈的个人色彩。早期的软件开发也没有系统的方法可以遵循，而且除源代码之外，往往也没有软件说明书等文档。那时软件规模都很小、复杂程度低，软件开发的过程相当随意，软件测试等同于"调试"，通常由开发人员自己完成；对软件测试的投入总体而言也极少，测试工作介入也较晚，一般是等到代码编写出来、产品已经基本完成时才进行测试。

直到 1957 年，软件测试才开始与调试区别开来，作为一种专门致力于发现软件缺陷的活动。由于当时人们认为软件测试的目的是"使自己确信产品能工作"，因此软件测试通常在程序代码编写之后进行。当时也缺乏有效的测试方法，主要依靠"错误推测"寻找软件中的缺陷。因此，大量软件交付后，仍存在很多问题，软件产品的质量无法保证。

1.1.2　软件测试的第一类方法

1972 年，软件测试领域的先驱比尔·黑则尔博士在美国北卡罗来纳大学组织了历史上第一次正式的关于软件测试的会议。1973 年，他首先给软件测试下了这样一个义："软件测试就是建立一种信心，认为程序能够按预期的设想运行。"后来，他在 1983 年又将定义修订为："评价一个程序和系统的特性或能力，并确定它是否能达到预期的结果。软件测试就是以此为目的的任何行为。"在他的定义中，"预期的设想"和"预期的结果"其实就是现在所说的用户需求或软件规格设计。他还把软件的质量定义为"符合要求"。他的思想的核心观点是：测试方法是试图验证软件是"工作的"。所谓"工作的"就是指软件的功能是按照预先的设计执行的，是以正向思维针对软件系统的所有功能点逐个验证其正确性。软件测试业界把这种方法看作软件测试的第一类方法。

1975 年，约翰·古德纳夫和苏珊·格哈特发表了《测试数据选择的原理》这篇文章，软件测试被确定为一种研究方向。

1.1.3　软件测试的第二类方法

软件测试的第一类方法受到很多业界权威的质疑和挑战，代表人物是迈尔斯。1979 年，迈尔斯发表的代表性论著《软件测试艺术》可以算是软件测试领域的第一本最重要的专著，他认为测试不应该着眼于验证软件是工作的，相反，应该首先认为软件是有错误的，然后用逆向思维发现尽可能多的错误。他还从人的心理学的角度论证，如果将"验证软件是工作的"作为测试的目的，非常不利于测试人员发现软件中的错误。于是，1979 年他提出了对软件测试的定义："测试是为发现错误而执行一个程序或者系统的过程"。这个定义被业界所认可，经常被引用。

迈尔斯还给出与测试相关的如下 3 个重要观点。

（1）测试是为了证明程序有错误，而不是证明程序无错误。

（2）一个好的测试用例在于它能够发现至今未发现的错误。

（3）一个成功的测试是发现了至今未发现的错误的测试。

这就是软件测试的第二类方法，简单地说，就是验证软件是"不工作的"，或者说是有错误的。迈尔斯认为，一个成功的测试必须是发现缺陷的测试，不然就没有价值。这就如同一个病人（假定此人确实有病）到医院做一项医疗检查，结果各项指标都正常，那说明该项医疗检查对于诊断该病人的病情是没有价值的，是失败的。迈尔斯提出的"测试的目的是证伪"这一概念，推翻了过去"为表明软件正确而进行测试"的错误认识，为软件测试的发展指明了方向，软件测试的理论、方法之后得到长足的发展。第二类软件测试方法在业界也很流行，得到很多学术界专家的支持。迈尔斯以及他的同事们在 20 世纪 70 年代的工作是测试发展过程中的里程碑。

然而，对迈尔斯提出的"测试的目的是证伪"这一概念的理解也不能过于片面。很多软件工程学、软件测试方面的书籍中都提到一个概念："测试的目的是寻找错误，并且是尽最大可能找出最多的错误。"这很容易让人们简单而直接地认为测试人员就是"挑毛病"的，如果这样理解，也会带来诸多问题。罗恩·巴顿在《软件测试》一书中阐述："软件测试人员的目标是找到软件缺陷，尽可能早一些，并确保其得以修复。"这样的阐述具有一定的片面性，软件测试工作的目标并不只是找到软件缺陷，还有其他的目标内容，如对软件质量进行客观评价，确保软件产品达到一定的质量标准等，如果把软件测试工作的目标仅定位于查找软件缺陷，那么可能带来如下的负面影响。

（1）测试人员以发现缺陷为唯一目标，而很少关注系统对需求的实现，测试活动往往存在一定的随意性和盲目性。

（2）如果有些软件企业接受了这样的看法，就可能以发现缺陷的数量作为考核测试人员业绩的唯一指标，这显然不科学，因为测试工作的价值不仅体现在发现的缺陷数量，测试的工作量也不是简单的和发现的缺陷数量成正比例关系。

总的来说，第一类测试方法可以简单抽象地描述为这样的过程：在软件设计明确规定的环境下运行软件的各项功能，将其结果与用户需求或设计结果相比较，如果相符，则测试通过；如果不相符，则视为缺陷。这一过程的终极目标是将软件的所有功能在所有设计规定的环境中全部运行并通过。

在软件行业中,一般把第一类测试方法奉为主流和行业标准。第一类测试方法以软件的需求和设计为本,有利于界定测试工作的范畴,便于明确测试的重点,并有针对性地部署测试工作。这一点对于大型软件的测试,尤其是在有限时间和人力资源情况下完成测试,显得十分重要。

而第二类测试方法与需求和设计没有必然的关联,更强调测试人员发挥主观能动性,用逆向思维方式,不断思考开发人员理解的误区、不良的习惯、程序代码的边界、无效数据的输入以及系统的各种弱点,试图扰乱系统、破坏系统、摧毁系统,目标就是发现系统中各种各样的问题。这种方法往往能够更多地发现系统中存在的缺陷。

1.1.4 从软件测试到软件质量保证

到了 20 世纪 80 年代初期,软件和信息技术行业进入大发展时期,软件趋向大型化、复杂化,软件的质量越来越重要,要求越来越高。这个时候,一些软件测试的基础理论和实用技术开始形成,并且人们开始给软件开发设计各种流程和管理方法,软件开发的方式也逐渐由混乱无序,过渡到结构化的开发过程,以结构化分析与设计、结构化评审、结构化程序设计以及结构化测试为特征。

人们还将"质量"的概念融入其中,软件测试的定义发生了改变,测试不单纯是一个发现错误的过程,而且包含软件质量评价的内容,软件测试成为软件质量保证的主要手段。比尔·黑则尔在《软件测试完全指南》一书中指出:"测试是以评价一个程序或者系统属性为目标的任何一种活动。测试是对软件质量的度量。"

此后,软件开发人员和测试人员开始坐在一起探讨软件工程和测试问题,软件测试也有了行业标准。1983 年,电气与电子工程师协会提出的软件工程术语中,给软件测试下的定义是:"使用人工或自动的手段来运行或测定某个软件系统的过程,其目的在于检验它是否满足规定的需求或弄清预期结果与实际结果之间的差别。"

总的来说,软件测试是一种事后检查的方法,如果软件研发前期工作做得不好,完全依赖测试很难保证软件产品的质量。鉴于此,结合事先预防,过程监督和事后检查的软件质量保证就应运而生。软件质量保证是为保证软件产品和服务充分满足用户要求的质量而进行的有计划、有组织的活动,它贯穿于整个软件过程,包括以下内容。

(1)识别软件质量需求,并将其自顶向下逐步分解为可以度量和控制的质量要素,为软件质量的定性分析和定量度量奠定基础。

(2)参与软件项目计划制订。

(3)制订软件质量保证计划。

(4)评审软件工作产品。

(5)审核软件项目活动。

(6)生成软件质量保证报告。

(7)处理不合格项,跟踪问题。

(8)监控软件过程和产品质量。

软件质量保证通过对软件产品和软件过程明确质量标准、制订质量保证计划、落实质量保证措施、全程质量监督、阶段质量检查、给出质量报告、跟踪问题解决等,来保证软件产品质量是合乎标准的,使软件过程对于软件项目管理人员以及软件用户来说是可监控、可度量的,也是可信任的。

软件测试的产生与发展过程如图 1-1 所示。

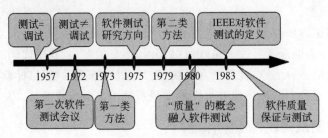

图 1-1　软件测试的产生与发展过程

在软件测试的产生与发展过程中,对于软件测试的观念也在不断发展变化并提高和升华,大致经历了 4 个阶段和层次,如图 1-2 所示。

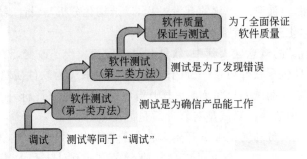

图 1-2　软件测试观念的发展变化过程

1.1.5　软件发展特点对软件测试的影响

软件的发展有其特点,这些特点会对软件测试产生影响。

（1）总体而言,软件数量越来越多,规模越来越大,使得软件测试任务越来越重。

随着时代的发展,软件的数量越来越多。以 App 为例,从使用的角度来说,据工业和信息化部 2021 年 2 月公布的《2020 年互联网和相关服务业运行情况》,截至 2020 年底,国内市场上监测到的 App 数量为 345 万款,其中,本土第三方应用商店 App 数量为 205 万款,苹果商店（中国区）App 数量为 140 万款;从研发的角度来说,被研发出来的 App 总数应远远大于目前在市场上监测到的 App 数量,因为有的现在已经淡出市场了。

软件规模也越来越大,例如,广泛使用的 Windows 操作系统有 4500 万～6000 万行代码,航天飞机有 4000 万行代码,空间站有 10 亿行代码。

在其他因素不变或变化不大的情况下,软件缺陷数与软件规模大致成正比,例如,某软件研发团队,从他们已经开发的软件产品统计得知,其代码行缺陷率为千分之五,那么他们再研发类似的软件时,代码总行数乘以千分之五就是大致的缺陷数,开发的代码行越多,则软件中的缺陷越多,测试任务也就越重。

（2）软件复杂度越来越高，使得缺陷产生的概率增大，测试难度也越来越大。

1962 年，计算机技术的先驱萨缪尔研发的跳棋程序击败了美国一个州的跳棋冠军。1997 年，IBM 公司的计算机系统"深蓝"战胜了国际象棋世界冠军卡斯帕罗夫。2016 年，谷歌公司研发的阿尔法围棋战胜了职业顶尖高手李世石。将这 3 个具有代表性的事件串联在一起，如图 1-3 所示，能够反映出我们已经能够研发出越来越复杂的软件。总体而言，软件中的缺陷数与软件复杂度正相关，软件越复杂则产生缺陷的概率越大，测试的难度也越大。

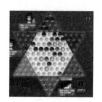

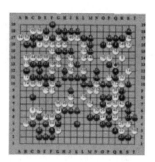

(a) 1962年　　　　　　　(b) 1997年　　　　　　　(c) 2016年

图 1-3　软件复杂度越来越高

2017 年 5 月，谷歌无人驾驶团队宣布，谷歌无人驾驶汽车已测试 8 年，测试总里程已超过 483 万千米，相当于一个驾驶员数百年的行驶经验，谷歌每天还要在模拟器上对自动驾驶汽车进行数百万千米的模拟测试。即使这样，谷歌无人驾驶汽车还需要继续测试，尚不能投入实际使用。2018 年 3 月，Uber 的一辆自动驾驶测试车辆在美国亚利桑那州 Tempe 市路面测试中，撞死了一名行人。这是史上首例自动驾驶车辆在公开路面撞伤行人致死案例。

（3）软件应用热点、应用形式快速演进，使得软件测试需求越来越多样化。

以支付应用为例，从刷卡支付，到网银支付，再到支付宝、微信、QQ 支付等，如图 1-4 所示，还可以进一步演化到刷脸支付、声波支付等，支付应用可以说是五花八门。

图 1-4　支付应用五花八门

而现在的软件可分为单机软件、网络软件、手机 App、嵌入式软件等多种形式。

软件应用热点、应用形式的快速演进，使得软件测试需求越来越多样化，不同类型的软件测试，需要不同的知识基础、方法手段和技术工具。而且新热点、新形式的软件，可能由于技术不成熟、缺少经验积累等，缺陷会较多，更需要做好测试工作。

（4）软件应用越来越广泛和深入，软件测试范围迅速扩大并深入。

随着技术发展和应用需求，软件应用越来越广泛和深入，已经不能把对软件的认识仅仅局限于在计算机上运行的纯软件产品，越来越多的产品需要软件支撑或者涉及软件部分，这些产品也都需要进行软件测试，软件测试的范围已经由纯软件产品测试扩展到所有涉软产品的测试。例如，随着电动汽车的加速普及，自动驾驶的深入研发和车辆加速融入数字交通网络，新一代的汽车计算能力呈指数级增长，换个角度看，可以说是一台移动的计算机。

（5）软件在重要领域的应用使得对软件质量的要求越来越高，软件的质量风险越来越大。

航空航天、武器控制、银行证券等领域的软件，其可靠性、安全性等质量要求非常高，必须做好软件测试工作，保证软件质量。

SWIFT 是 Society for Worldwide Inter-bank Financial Telecommunications（环球同业银行金融电讯协会）的简称，是国际银行同业间的国际合作组织，成立于 1973 年，SWIFT 运营着世界级的金融电文网络，银行和其他金融机构通过它与同业交换电文（Message）完成金融交易。除此之外，SWIFT 还向金融机构销售软件和服务，目前全球很多国家的大多数银行都使用 SWIFT 系统，通过这一系统，不同国家的银行之间可以自由结算。近年来，SWIFT 系统相关劫案频发，2016 年孟加拉国中央银行被通过 SWIFT 系统的诈骗性金融转账盗走 8100 万美元，2017 年尼泊尔的 NIC 亚洲银行被类似的手段盗走 4.6 亿尼泊尔卢比（约 4700 万元人民币）。

1.2 软件缺陷和事故案例

1.2.1 第一个 Bug

软件缺陷常常又被叫作 Bug。Bug 一词的原意是"臭虫"或"虫子"，为什么把软件缺陷称为 Bug 呢？这与历史上的一件趣事有关。

1945 年 9 月 9 日下午，美国海军编程员、编译器的发明者格蕾斯·哈珀正领着她的小组构造一个称为"马克二型"的计算机。世界上第一台数字电子计算机诞生于 1946 年，这台"马克二型"计算机还不是电子计算机，它使用了大量的继电器，也就是一种电子机械装置。当时第二次世界大战还没有结束，哈珀的小组夜以继日地工作，她们工作的机房是一间第一次世界大战时建造的老建筑，那是一个炎热的夏天，房间没有空调，所有窗户都敞开散热。突然，马克二型计算机死机了。技术人员试了很多办法，最后定位到第 70 号继电器出错。哈珀观察这个出错的继电器，发现一只飞蛾躺在中间，已经被继电器打死了。她小心地用镊子将蛾子夹出来，用透明胶布粘到工作日志中，并注明"第一个发现Bug 的实例"。于是，后来 Bug 一词成了计算机领域的专业术语，比喻那些系统中的缺陷或问题。

1.2.2　软件缺陷

软件缺陷是存在于软件(如文档、数据、程序等)之中的那些不希望或不可接受的偏差。缺陷的存在会导致软件产品在某种程度上不能满足用户的需要。

国标 GB/T 32422—2015《软件工程 软件异常分类指南》中,对缺陷的定义为:工作产品中出现的瑕疵或缺点,导致软件产品无法满足用户需求或者规格说明,需要修复或者替换。从产品内部看,缺陷是软件产品中存在的各种问题;从产品外部看,缺陷是对用户需求或者规格说明的违背。

符合下列情况的都属于软件缺陷。

(1) 软件出现了产品说明书指明不会出现的错误。

(2) 软件未达到产品说明书的功能。

(3) 软件功能超出产品说明书指明范围。

(4) 软件未达到产品说明书虽未指出但应达到的目标。

(5) 软件因难以理解、不易使用、运行速度缓慢等导致用户不满意。

软件缺陷的 5 种情形如图 1-5 所示。

(a) 软件产品要求　　　　　　　　　　　　(b) 实际软件

图 1-5　软件缺陷的 5 种情形

1.2.3　缺陷产生的原因

软件缺陷的产生主要是由软件产品的特点和开发过程决定的。那么,造成软件缺陷的主要原因有哪些呢?下面从软件自身的特点、团队合作和技术问题等角度来分析软件缺陷产生的各种原因。

1. 软件自身的特点

(1) 软件的需求不明确,或者软件需求在发生变化。

对于大型软件项目,要完全明确软件的各项需求实际上是很难的,如果对软件的需求不明确,或者随着时间的推移软件的需求在发生变化,那么就会导致软件需求定位偏离实际需要的情况,从而导致软件产品在实际使用中,出现功能、性能或其他方面不符合使用需要的问题。

例如,某售票 App,一开始把系统的并发购票用户数量定位在十万数量级,但在实际应用中,随着手机购票模式的流行和普及,同时并发购票用户数量有时会达到百万数量级甚至更高,这样就会引起系统过载。系统过载后会导致性能下降,而如果负载超过其强度极限,则系统就会彻底瘫痪或崩溃。

（2）软件系统结构非常复杂。

如果软件系统结构非常复杂,而又无法设计成一个很好的层次结构或者组件结构,就可能出现意想不到的问题或者导致系统维护、扩充上的困难。即使设计成良好的面向对象的系统,由于对象、类太多,很难完成对各种对象、类相互作用的组合测试,软件中可能会隐藏一些参数传递、方法调用、对象状态变化等方面的问题。

（3）精确的时间同步问题。

对一些实时应用,要进行精心设计和技术处理,来保证精确的时间同步,否则容易出现因时间上不协调、不一致所带来的问题。

即使是普通应用,如果时间偏差太大,也会出现问题,例如,2020 年 10 月,微博上曾有多位网友反映自己的手机时间慢了十多分钟,并导致他们迟到。

（4）软件运行环境复杂。

如果一个软件有很多用户,而用户在使用该软件的时候其运行环境又可能千差万别,如不同的硬件、不同的操作系统等,那么要让该软件在各种各样的软硬件环境条件下都能正常运行是不容易做到的。

当前,App 软件大行其道,而运行 App 的手机、Pad 品牌众多、型号不一,要让 App 在各种运行环境条件下都能正常运行和显示是很不容易做到的,需要经过大量的测试。

例如,某城市用于实现地铁手机购票和扫码进站的 App 曾出现过以下缺陷。

① 在某些屏幕分辨率和字体大小设置下,会出现按钮重叠,无法正常登录,如图 1-6（a）所示。

(a) 按钮重叠　　　　　　　　　(b) 二维码只显示一半

图 1-6　与运行环境有关的缺陷示例

② 在运行较低版本 iOS 的 iPad 上,可能出现进站二维码只显示一半,无法实现扫码进站,如图 1-6(b)所示。

（5）通信端口多、存取和加密手段的矛盾性等,会造成系统的安全性或适用性等问题。

2. 团队合作的问题

现在的软件开发,主要都是以团队合作的形式来进行,但在软件开发的团队合作中,可能出现如下问题。

（1）在做软件需求分析时，开发人员和软件用户沟通不够，或者沟通存在困难和障碍，导致对软件需求的理解不明确或不一致。

（2）不同阶段的研发人员存在认识、理解上的不一致。例如，软件设计人员对需求分析的理解有偏差，编程人员对系统设计规格说明书某些内容重视不够，或存在误解。

（3）对于需求、设计或编程上的一些默认属性、相关性或依赖性，相关人员没有充分沟通，没有做到表达完整准确并形成一致意见。

（4）项目组成员技术水平参差不齐，新员工较多，或培训不够等原因也容易引起问题，根据木桶原理，个别员工水平不够或者做事马虎就会拉低整个项目的质量。

3. 软件设计和技术实现方面的原因

软件需求明确后，需要对软件进行设计和实现，在软件设计和实现中，以下原因可能导致软件缺陷的产生。

（1）系统结构设计不合理、算法选择不科学，造成系统性能低下。

（2）没有考虑系统崩溃后的自我恢复或数据的异地备份、灾难性恢复等问题，从而导致软件系统存在安全性、可靠性等方面的隐患。

（3）对程序逻辑路径或数据范围的边界考虑不够周全，漏掉某些可能的情况或边界条件，造成逻辑或边界值错误。

（4）算法错误，即在给定条件下没能给出正确或准确的结果。

（5）语法错误，即对于编译性语言程序，编译器可以发现这类问题；但对于解释性语言程序，只能在测试运行时发现。

（6）计算精度问题，即计算的结果达不到所需的精度，误差可能逐级放大，最终造成灾难。

（7）接口参数传递不匹配，导致模块集成出现问题。

（8）新技术的采用可能涉及技术不成熟或系统兼容性等问题，事先没有考虑到。

4. 项目管理的原因

在软件开发过程中，管理很重要，如果管理工作不到位，也会导致问题产生。

（1）缺乏质量意识，不重视软件质量，对质量、资源、任务、成本等的权衡没有把握好，对需求分析、软件评审、软件测试等环节的资源、成本投入不足，导致软件质量无法得到保证，这样开发出来的软件遗留的缺陷会比较多。

（2）开发流程不够完善和规范，存在太多的随机性，缺乏严谨的评审机制，容易产生问题。例如，对需求变化、设计更改、代码修正等，缺乏严格规范的管理机制，导致开发过程难以稳步推进。

（3）开发周期短，需求分析、设计、编程、测试等各项工作都不能完全按照规范的流程来进行，工作过程马马虎虎、偷工减料，工作结果也就错误较多，设置漏洞百出；开发周期短，还给各类开发人员造成太大的压力，引起一些人为的错误。

（4）软件文档不完善，风险估计不足等。

1.2.4 软件测试 PIE 模型

在试图发现软件缺陷而执行软件的动态测试工作中,有一些复杂而有趣的现象。假设某个程序中有行代码存在缺陷,在该软件的某次执行中,这个存在缺陷的代码行并不一定会被执行到,这样的话是不可能发现这行代码中的错误的;就算是这个存在缺陷的代码行被执行到了,但如果没有达到某个特定的条件,程序执行也并不一定会出错;动态测试中,只有执行错误代码行,符合某个或者某些特定的条件,程序执行出错,并表现出来被外部感知后,才能发现程序中的缺陷。

软件测试中的 PIE 模型可以区分这些不同的现象,并明确这些现象的转化条件。在 PIE 模型中,有 3 个需要区分的概念如下。

(1) 缺陷(Fault):指静态存在于程序中、有问题的代码行。

(2) 错误(Error):指执行有问题的代码行后导致的不正确的内部状态。错误是软件运行过程中出现的一种不希望或不可接受的内部状态,此时若无适当措施加以及时处理,便会产生软件失败。

(3) 失败(Failure):指软件内部的错误状态传播到软件外部被外部感知。

缺陷、错误、失败如图 1-7 所示。

PIE 模型告诉我们,就算一个程序中有缺陷,但要通过动态测试观察到这一缺陷的外部表现,还需要满足以下 3 个条件。

(1) 程序执行(Execution)路径必须通过有问题的代码行。

(2) 在执行有问题的代码行时必须符合某个或者某些特定条件,从而触发产生错误的中间状态,这被称为感染(Infection)。

(3) 错误的中间状态必须要传播(Propagation)到软件外部,如输出,使得外部能观测到输出结果与预期结果的不一致。

PIE 是 Propagation,Infection,Execution 3 个英文单词的首字母缩写。PIE 模型如图 1-8 所示。

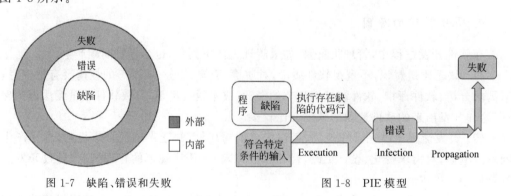

图 1-7 缺陷、错误和失败　　　　　　　图 1-8 PIE 模型

在对程序进行动态测试时,要防止以下 3 种测试无效的情形。

(1) 程序有缺陷(即有存在错误的代码行),但对软件进行测试时,存在错误的代码行没有被执行到。

（2）即使执行到包含缺陷的代码行，但不符合某个或者某些特定条件，没有产生错误的中间状态。

（3）产生了错误的中间状态，但没有传播到最后的输出，外部没有观察到软件失败。

这 3 种情形都会导致无法发现代码中的问题。

下面来看一个示例。有一个程序，包含以下代码段，该代码段在第 6 行存在缺陷，循环控制变量 i 的初值应为 0，而不是 1。

```
public static void MY_AVG (int [ ] numbers )
    { int length =numbers.length;
    double V_avg, V_sum;
    V_avg =0.0;
    V_sum =0.0;
    for (int i =1; i <length; i++)        //缺陷 Fault
    {  V_sum +=numbers [ i ];  }
    if ( length!=0 )
    { V_avg =V_sum / (double) length;}
    System.out.println ("V_avg:  " +V_avg);
    }
```

情况 1：在程序的某次执行中，没有对上述代码段进行调用，缺陷代码行没有被执行到。此时，虽然代码中存在缺陷，但由于包含缺陷的代码行没有被执行到，所以不会产生错误，也不会发生软件失败。

情况 2：在程序的某次执行中，调用了上述代码段，给定的测试数据为空整型数组 numbers，即 numbers[]={}，此时虽然执行到了包含缺陷的代码行，但不会产生错误。

情况 3：在程序的某次执行中，调用了上述代码段，给定的测试数据为 numbers[]= {0,2,4}，程序的输出结果为 2，而预期的正确结果也为 2，此时产生了错误（执行过程中少加了一个数），但从外部来看，观察不到软件失败，因为输出结果碰巧和预期的正确结果一致。

情况 4：在程序的某次执行中，调用了上述代码段，给定的测试数据为 numbers[]= {3,4,5}，程序的输出结果为 3，而预期的正确结果应为 4，此时产生了错误，也发生了软件失败。

4 种情况分别如图 1-9(a)、(b)、(c)、(d)所示。

通过执行软件，检查执行结果的这种动态测试活动能够发现的问题只有外部层面的软件失败，也就是表现出来的问题，而程序中处于内部静态层次的缺陷和内部中间状态层次的错误是无法通过这种测试而直接检测出来的。测试设计要做的重要工作之一就是如何恰当地设计测试数据，使得可能存在的软件缺陷通过程序执行都尽可能地产生失败而被外部观察到，如图 1-10 所示。

软件是由人来完成的，所有由人做的工作都不会是完美无缺的。软件开发是个很复杂的过程，期间很容易出现各种各样的错误或问题，从而导致软件可能存在很多缺陷。无论是软件从业人员、专家和学者做了多大的努力，软件缺陷仍然存在。大家得到一种共识：软件中残存着缺陷，这是软件的一种属性，是无法改变的，但可以通过软件测试来尽

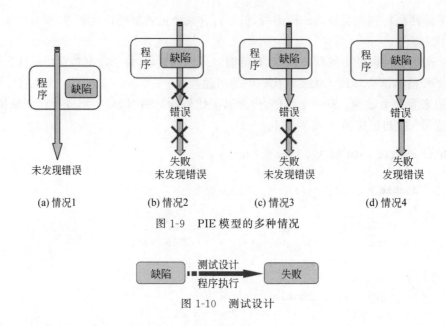

图 1-9　PIE 模型的多种情况

(a) 情况1　　(b) 情况2　　(c) 情况3　　(d) 情况4

图 1-10　测试设计

可能多地发现软件中的缺陷，提高软件的质量。

1.2.5　软件缺陷导致的事故案例

下面我们来看一些与软件质量有关的事故案例。

（1）爱国者导弹防御系统失效。

1991 年 2 月 25 日，在第一次海湾战争中，部署在沙特阿拉伯达摩地区的美国爱国者导弹防御系统拦截伊拉克的一枚飞毛腿导弹失败，这枚飞毛腿导弹击中了沙特阿拉伯宰赫兰的一个军营，炸死了美国陆军的 28 名士兵，并导致 98 名士兵受伤。

事后的政府调查指出，拦截失败归咎于导弹控制软件系统中的一个时钟误差。该系统拦截飞毛腿导弹是通过一个函数来计算的，该函数接受两个参数，即飞毛腿导弹的速度和雷达上一次侦测到该导弹的时间。爱国者导弹防御系统中有一个内置时钟，用计数器实现，每隔 0.1s 计数一次，程序用 0.1 乘以计数器的值得到以 s 为单位的时间。计算机中的数字是以二进制形式来表示的，0.1 的二进制表示是一个无限循环序列：0.0[0011]B（方括号中的序列是重复的），这样一来，十进制的 1/10 用有限的二进制位来表示时就会产生一个微小的精度误差。

当时该爱国者导弹防御系统已经连续工作了 4 天，最终累积的时间偏差达到 0.36s。飞毛腿导弹飞行的速度大概是 1676m/s，0.36s 的时间误差相当于对飞毛腿导弹的跟踪定位拦截误差约为 600m，这么大的距离偏差显然无法准确地拦截正在飞来的飞毛腿导弹。

（2）美国航天局火星登陆事故。

1999 年 12 月 3 日，美国航天局的"火星极地着陆器"在试图登陆火星表面时，由于逆向推进器意外关闭，着陆器失踪坠毁。事后分析测试发现，当着陆器的支撑腿迅速打开准备着陆时，机械振动很容易触发着地触电开关，误以为已经着陆，从而关闭登陆逆向推进器。

这一事故的后果非常严重,损失巨大,然而起因却如此简单,是控制系统存在设计缺陷。在着陆器的每条机械腿上都有一个霍尔效应磁传感器,用来感受着陆器是否已经触及火星地面,并在触及地面的 50ms 内关闭反推火箭发动机,从而完成着陆的过程。但不幸的是,当着陆器到达火星表面 1500m 的上空时,着陆器的 3 条机械腿展开,此时的机械振动被传感器捕捉,并发送给控制系统,控制系统误以为已经着陆,过早地关闭登陆逆向推进器,导致着陆器坠毁。

(3) 致命的辐射治疗。

Therac 系列仪器是由加拿大原子能有限公司和一家法国公司联合制造的一种医用高能电子线性加速器,用来杀死病变组织癌细胞,同时使其对周围健康组织影响尽可能降低,Therac-25 治疗仪(如图 1-11 所示)属于第三代医用高能电子线性加速器。20 世纪 80 年代中期,Therac-25 放射治疗仪在美国和加拿大发生了多次医疗事故,5 名患者治疗后死亡,其余患者则因受到了超剂量辐射而严重灼伤。

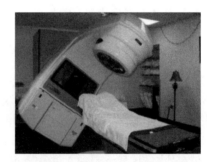

图 1-11　Therac-25 治疗仪

Therac-25 放射治疗仪的事故是由操作失误、软件缺陷和系统设计共同造成的。当操作员输入错误而马上纠正时,系统显示错误信息,操作员不得不重新启动机器。在启动机器时,计算机软件并没有切断 X 光束,病人一直在治疗台上接受着过量的 X 光照射,最终使辐射剂量达到饱和的 25 000 拉德,而对人体而言,辐射剂量达到 1000 拉德就已经是致命的。

(4) 谷歌 Pixel 4 面部解锁缺陷。

2019 年 10 月 15 日,谷歌发布了 Pixel 4 系列新品手机,据谷歌官方介绍,Pixel 4 系列手机具备面部解锁功能,并声称其解锁速度是目前所有手机中最快的。谷歌称 Pixel 4 人脸解锁功能可满足强大的生物特征识别技术的安全要求,可用于支付和应用程序身份验证,包括银行应用程序,它可以抵御通过其他方式(如面罩)进行的解锁尝试,可以在使用者戴着眼镜(甚至是轻微变色的太阳眼镜)情况下使用,而且面孔数据只会存储在本机,可以随时删除。这让使用者感到十分便利和放心。

然而,就在 Pixel 4 发布后还不到 3 天,有外媒便曝出谷歌 Pixel 4 系列手机的面部解锁功能存在一个重大漏洞,用户在闭眼的情况下也能解锁 Pixel 4 手机。这意味着,攻击者无须得到手机主人的许可,即可轻松地解锁该设备,例如用户在睡觉或是被束缚时,Pixel 4 都能被解锁。随后,谷歌方面也证实了这一漏洞,明言面部解锁即使在使用者没有刻意望着手机时也会解锁;即使手机是由他人拿着并对着使用者,只要眼睛是张开的也会解锁；如果有另一个长得够像的人，也可以解锁。

谷歌 Pixel 4 面部解锁缺陷的危害显而易见，如果用户睡着了，那么他人拿着手机对准主人面部也能解锁手机进行使用，甚至可以通过这一漏洞，来查看个人隐私数据，或者进行手机付款。手机的面部解锁是由软件按照某种算法来实现的，谷歌 Pixel 4 面部解锁缺陷实际上是软件算法存在缺陷，没有完全考虑各种可能的特殊情况并合理应对。

（5）Apache Log4j 2 远程代码执行漏洞。

Apache Log4j 是一款开源 Java 日志记录工具。日志记录主要用来监视代码中变量的变化情况，周期性地记录到文件中供其他应用进行统计分析工作；跟踪代码运行时轨迹，作为日后审计的依据；担当集成开发环境中的调试器的作用，向文件或控制台打印代码的调试信息。对于程序员来说，日志记录非常重要，Apache 提供强有力的日志操作包 Log4j 作为可重用开发组件，Log4j 可以轻松控制 log 信息是否显示、log 信息的输出端类型、输出方式、输出格式，更加细致地控制日志的生成过程，通过配置文件可以灵活地进行配置而不需要大量地更改代码，因此，很多互联网企业都选择使用 Log4j。

2014 年 Log4j 2 发布，Log4j 2 是对 Log4j 的重大升级，完全重写了 log4j 的日志实现。Log4j 2 提供了 Logback 中可用的许多改进，同时修复了 Logback 架构中的一些固有问题。但在 2021 年 11 月 24 日，阿里云安全团队报告了 Apache Log4j 2 远程代码执行漏洞。由于 Apache Log4j 2 某些功能存在递归解析功能，攻击者可直接构造恶意请求，触发远程代码执行漏洞。漏洞利用无须特殊配置，经阿里云安全团队验证，Apache Struts2、Apache Solr、Apache Druid、Apache Flink 等均受影响。

此次漏洞的出现，是由用于 Log4j 2 提供的 lookup 功能造成的，该功能允许开发者通过一些协议读取相应环境中的配置。但在实现的过程中，并未对输入进行严格的判断，从而造成漏洞的发生。简单来说，就是在打印日志时，如果发现日志内容中包含关键词 $\{$，那么这个里面包含的内容会被当作变量进行替换，导致攻击者可以任意执行命令。

由于 Log4j 的广泛使用，该漏洞一旦被攻击者利用会造成严重危害。目前已知有 6000 个以上开源框架使用该组件，几乎中国境内涉及业务端日志存储都有可能存在该问题。该漏洞可执行高权限操作，危害性极大。通过 JNDI 注入漏洞，黑客可以恶意构造特殊数据请求包，触发此漏洞，从而利用此漏洞在目标服务器上执行任意代码，相当于完全控制目标计算机。

1.2.6 质量意识、社会责任、工匠精神和创新

1. 质量意识

树立质量意识，控制软件过程，保证软件质量，提高用户对软件的满意度，对一个软件项目而言十分重要。软件项目团队如果质量意识强，软件过程控制严格，研发的软件产品质量好，用户满意度高，那么就可以取得更大的市场份额，获得更多的产品收入，使得软件产品可以有持续的资金投入，实现迭代升级良性循环。反之，如果软件项目团队质量意识薄弱，软件过程松散混乱，研发的软件产品质量不好，用户满意度低，那么不仅市场占有率低，获得的软件产品收入少，而且可能会因软件缺陷导致事故，需要向用户赔偿损失，最终

导致整个软件项目陷入亏损并以失败而告终。

1963 年至 1966 年,美国 IBM 公司开发了 IBM 360 机的操作系统,共有约 100 万条指令,花费了 5000 人·年,经费数亿美元,但软件缺陷多达 2000 个以上,系统根本无法正常运行。项目负责人 Brooks 事后总结他在组织开发过程中的沉痛教训时说:"……正像一只逃亡的野兽落到泥潭中做垂死的挣扎,越是挣扎,陷得越深,最后无法逃脱灭顶的灾难……程序设计工作正像这样一个泥潭……一批批程序员被迫在泥潭中拼命挣扎……谁也没有料到竟会陷入这样的困境……。"

软件项目质量成本的预防成本、评估成本和失败成本三个组成部分中,预防成本的总体变化范围较小,树立质量意识,科学合理地增加预防成本,可以较好地保证和提高软件质量,防止过高的评估成本,避免巨额的失败成本,从而能够在整体上降低软件质量成本。

软件质量保证与测试相关工作人员要树立起牢固的质量意识,把质量意识、质量标准和质量控制措施,落实到每一项具体工作中,从而提高软件质量,降低总体质量成本,提升产品效益。

2. 社会责任

软件缺陷可能导致事故,造成人身安全和财产损失。尤其是那些事关国计民生的重要软件,没有严格的质量控制,不经过充分测试就投入使用,可能造成恶性事故,危害社会。

阿丽亚娜 5 型火箭由欧洲航天局研制,研制费用为 70 亿美元,研制时间为 1985—1996 年,参研人员约 1 万人。1996 年 6 月 4 日,阿丽亚娜 5 型火箭在法属圭亚那库鲁航天中心首次发射。当火箭离开发射台升空 30s 时,距地面约 4000m,天空中传来两声巨大的爆炸声并出现一团橘黄色的巨大火球,火箭碎块带着火星撒落在直径约两千米的地面上。与阿丽亚娜 5 型火箭一同化为灰烬的还有 4 颗太阳风观察卫星。这是世界航天史上一大悲剧。

阿丽亚娜 5 型火箭沿用了阿丽亚娜 4 型火箭初始定位软件,但这两种型号的火箭情况有所不同,阿丽亚娜 5 型火箭起飞推力为 15 900kN,质量为 740t,加速度为 21.5g,阿丽亚娜 4 型火箭起飞推力为 5400kN,重量为 474t,加速度为 11.4g。阿丽亚娜 5 型火箭加速度值在系统中产生上溢,以加速度为参数的速度、位置均计算错误,导致惯性导航系统对火箭控制失效,控制程序只得进入异常处理模块,引爆自毁。

在软件质量保证与测试工作中,应当具有社会责任感,从以下几个方面肩负起自己的社会责任。

(1) 应当对自己承担的软件质量保证相关工作负责,自觉保证和提高软件产品质量,做到以专业水平和技术能力服务社会、报效国家,而不是生产低质量的软件,浪费社会资源甚至造成社会危害。

(2) 应当对自己的软件测试工作负责,努力做到让测试通过的软件质量过关、安全可靠,而不是遗留下类似于定时炸弹的软件缺陷和漏洞。

(3) 不利用自身的专业知识、技术能力,为制作病毒木马、入侵他人计算机、窃取机密信息等活动提供技术支持,防止危害他人和社会。

（4）如果发现类似于 Apache Log4j 2 远程代码执行漏洞的网络安全问题，按照 2021 年 7 月 12 日由工业和信息化部、国家互联网信息办公室、公安部联合印发，自 2021 年 9 月 1 日起施行的《网络产品安全漏洞管理规定》，应当向工业和信息化部网络安全威胁和漏洞信息共享平台、国家网络与信息安全信息通报中心漏洞平台、国家计算机网络应急技术处理协调中心漏洞平台、中国信息安全测评中心漏洞库报送网络产品安全漏洞信息，便于减小社会危害，维护公共利益和国家安全。

3. 工匠精神

一些软件项目测试任务十分复杂和繁重，需要精心设计大量的测试用例，重复执行这些测试用例，准确记录测试过程，耐心细致分析测试结果，来查找可能存在的软件缺陷。这样的测试任务，要求测试人员具有工匠精神，能够敬业、精益、专注，并能够在实践中创新，解决各种软件测试中的具体问题。

据北京智能车联产业创新中心发布的《2019 年北京市自动驾驶路测报告》，2019 年各企业共有 73 辆无人驾驶汽车在进行测试，测试总里程达 88.66 万千米，其中百度的 Apollo 测试车（见图 1-12）达到 52 辆，测试总行驶里程 75.4 万千米。

图 1-12 百度 Apollo 测试车

这份报告是继美国加利福尼亚州车辆管理局发布《2019 年自动驾驶脱离报告》之后出炉，也显示了在自动驾驶领域，中美两国的你追我赶。在国内大量自动驾驶测试数据的背后，可以看到测试团队专注敬业、精益求精的工匠精神。

4. 创新

对一款与地图有关的国产软件，需要测试很多组数据，看这个软件给出的两点之间的距离是否正确，但测试人员难以对所有的测试数据都去验证其实际的结果应该是多少。为此，测试人员积极创新，精心设计测试数据，让这些测试数据之间可以互相验证，这样只需要有一部分实际结果数据就可以验证软件给出的所有结果是否正确，从而可以节约测试成本。例如，在软件中的一条直线上选择 A、B、C 三个点，要求软件给出 AB、BC、AC 的距离，而实际上只需要有 AB、BC 的实际距离数据，就可以验证软件给出的三个结果是否正确，因为 AB + BC = AC。当然，这里只是为了便于理解给出的简单例子，实际情况比这个要复杂。

在一般人看来,解决问题都是按事物的发展过程"顺流而下",这是一种常规思维模式。例如,程序设计必须经过一步步的检查来验证它的正确性,但这种程序验证是一项极为艰难的工作。中国软件事业的开创者,中国科学院院士杨芙清教授,于 20 世纪 50 年代在苏联留学期间,打破常规思维,独立设计出逆向验证方法"分析程序"(即逆编译程序),一下子使得这项极为艰难的程序验证工作"柳暗花明",她的导师称赞她是一位思维敏捷,具有创造性、工作认真的年轻软件科学家。

1.3 软件测试的意义、原则和挑战

1.3.1 软件质量成本

一个软件项目的质量成本由预防成本、评估成本和失败成本三部分组成,如图 1-13 所示。

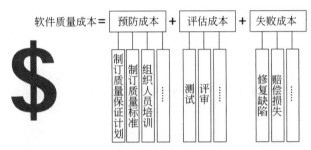

图 1-13 软件项目质量成本的组成

(1) 预防成本:是预防软件项目发生质量问题所产生的成本,规划质量与质量保证的成本都属于预防成本,如制订质量保证计划、制订质量标准、组织人员培训等。

(2) 评估成本:是检查软件产品或生产过程,确认它们是否符合要求而发生的成本,如软件评审和测试成本属于评估成本。

(3) 失败成本:是修正软件产品质量缺陷,弥补缺陷造成的损失所发生的成本,又可分为内部失败成本和外部失败成本,内部失败成本是指在软件产品交给客户之前,在软件企业内部修正软件缺陷所产生的成本;外部失败成本是指客户得到软件产品之后因质量问题而产生的召回、赔偿等成本。

1.3.2 测试的意义

对一个软件花费一定的成本对其进行测试有哪些实际意义呢?软件测试的意义体现在以下几个方面。

1. 及早发现问题、解决问题,降低返工和修复缺陷的内部失败成本

同一个问题或者错误,在软件开发过程中的不同阶段去发现和解决它,所要付出的成本是不一样的,早期就存在的问题如果没有被发现和解决,随着开发过程的推进会被逐级放大,越迟发现问题、解决问题,所要付出的成本就会越大。假设一个问题在需求分析阶

段被发现和解决的成本是 1,那么到了后续阶段就会快速上升到数倍、数十倍、甚至成百上千倍,如图 1-14 所示。

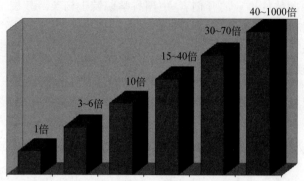

图 1-14　缺陷修复成本逐级放大示意图

　　例如,有一个软件项目,在做需求分析时,对某一个需求指标的 5 行文字描述是错的,但当时没有发现;在做概要设计时,按照这错误的 5 行文字描述,设计得到 3 页错误的概要设计文档;在做详细设计时,按照 3 页错误的概要设计文档得到 20 页错误的详细设计文档;最后,在编码阶段,按照 20 页错误的详细设计文档,写了 5000 行并不符合实际需求的程序代码,如图 1-15 所示。

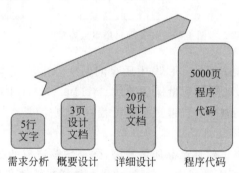

图 1-15　缺陷修复成本逐级放大示例

2. 防止事故,降低外部失败成本

　　一些恶性软件事故造成过重大人身和财产损失,这些惨痛的教训告诉我们,必须防止软件事故的发生。在软件质量成本中,失败成本的变动范围非常大,最小可以接近于零,而最大却可以大到数以亿计,甚至大到无法估量,如武器控制系统、航空航天软件等,这样的软件一旦发生故障,其损失是非常巨大的。通过对软件尤其是对重要软件进行有效的测试,就可以降低发生事故的概率,从而降低失败成本。

3. 保证软件产品达到一定的质量标准

　　产品是否达到预期的质量标准,需要经过检验才知道。几乎每一种产品出厂前都应经过检验,只有检验合格的产品才能出厂。软件产品也是如此,必须通过测试,才能确信和保证软件产品达到了一定的质量标准,是可以投入实际使用的,否则,就有可能让不合格的软件产品流入市场,形成事故隐患,甚至危害社会安全。

4. 对软件质量进行客观评价

如果要对一个产品进行客观的质量评价,而不是主观地猜测或者臆断,那就应当实际去检查、测试这一产品。对软件也是如此,只有通过对软件进行检查、测试,才能获得第一手的检查和测试结果,才能基于事实对软件质量进行客观评价。

5. 提高软件产品质量、满足用户需求

通过软件测试,不仅可以发现软件中的错误,还可以收集得到对软件的各种改进意见和建议,从而提高软件产品质量、满足用户的需求,提高用户对软件产品的满意度。

1.3.3　软件测试的基本原则

为了做好软件测试工作,应遵循以下基本原则。

(1) 软件测试要贯穿于整个软件生存期,并把尽早和不断地测试作为座右铭。

(2) 对软件的测试要求应追溯到用户的软件需求。

(3) 应制订并严格执行测试计划,排除测试的随意性。

(4) 软件测试需要客观性、独立性。

(5) 穷尽测试是不可能的,应当进行测试设计,提高测试的覆盖度和针对性,降低测试的冗余度。

(6) 设计测试用例时,应该考虑各种情况,包括异常情况。

(7) 应妥善保存一切测试过程文档。

(8) 对测试发现的错误结果一定要有一个确认的过程。

(9) 应充分注意软件中问题的群集现象。

(10) 通过测试的软件并不意味着没有任何缺陷。

(11) 测试必须考虑成本和效益,测试工作需要适时终止。

来看一下为什么说穷尽测试是不可能的。设有一个软件,其功能是输入两个数,即 A 和 B,输出为 C＝A＋B。假设每一个输入数据用 32 位二进制数来存放,如果要把所有可能的输入都测试一次,粗略地估算如下。

每个数的取值:有 2 的 32 次方个。

A＋B 所有可能的情况:有 2 的 64 次方种,约等于 10 的 20 次方。

如果某台计算机完成一次加法运算需要 1ns 的时间,则总共需要测试时间约 3000 年。不对软件做充分的测试是不负责任的,而过度的测试也是一种严重的浪费。

既然穷尽测试不可能,那么测试工作应当何时结束呢? 随着测试工作的进行,软件中残留的缺陷会越来越少,但测试成本会越来越高,如图 1-16 所示。

如果事先已有既定的测试结束标准,则当达到测试标准时测试即可结束。如果仅从未发现的缺陷数与测试成本曲线的角度来考虑,可以把以下情况之一作为测试结束的参

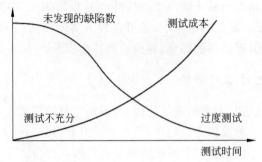

图 1-16 未发现的缺陷数与测试成本曲线

考标准。

（1）测试成本投入与发现缺陷的投入产出比高于某一阈值时，意味着再投入测试成本已经不划算了，可以考虑结束测试。

（2）测试成本上升速率高于某一阈值时，意味着测试成本增长越来越快，可以考虑结束测试。

（3）未发现的缺陷数下降速率低于某一阈值时，意味着要发现新的缺陷越来越难，可以考虑结束测试。

1.3.4 软件测试面临的挑战

软件测试面临以下挑战。

（1）软件质量的理念还没有深入人心，理想状态应当是所有软件研发人员都把软件质量保证当成是一种自觉的约束，不用太多的测试投入就可产生低风险的软件，目前距离这一理想状态，还有很长的路要走。实际情况中不乏重产品轻质量，重开发轻测试，赶进度降成本的例子。

（2）虽然软件测试技术的发展也很快，但是其发展速度仍落后于软件开发技术的发展速度。

（3）如何通过软件质量保证与测试保证重要、关键软件不出问题，这是一个挑战。例如武器控制系统，航空航天软件，银行证券软件等，这样的软件如果出现质量问题则后果可能非常严重。

（4）对于实时系统来说，缺乏有效的测试手段。

（5）随着安全问题的日益突出，信息系统的安全性如何进行有效的测试与评估，是世界性的难题。

（6）新的软件应用形式对软件质量保证与测试提出了新的挑战，如移动应用软件，嵌入式软件等。

（7）软件的规模越来越大，由此产生的测试任务越来越繁重。

（8）随着软件变得越来越复杂，研发过程中出现各种问题的概率在增大，相应的软件质量保证工作难度也在增大，如何进行充分而有效的测试成为了难题。

（9）面向对象的开发技术越来越普及，但是面向对象的测试技术却刚刚起步。

（10）对于分布式系统整体性能还不能进行很好的测试。

1.4　软件测试模型、过程和组织管理

1.4.1　软件测试模型

软件测试的目标是以尽可能少的人力、物力和时间,尽可能多地找出软件中存在的各种问题和缺陷;意义是通过尽早发现和修正各种问题和缺陷,降低修正成本,提高软件质量,减小软件发布后可能由于软件缺陷而造成软件失败,导致事故的风险。

那么应当怎样来实施软件测试工作呢? 软件测试模型是对软件测试工作的一种抽象,它划分了软件测试的主要阶段,明确各阶段测试工作的基本内容。软件测试专家通过实践,总结出很多很好的软件测试模型。这些模型对软件测试活动进行了抽象,并与开发活动进行了有机的结合,是软件测试过程管理和指导软件测试实施的重要参考依据。

1. V 模型

V 模型是最具有代表意义的软件测试模型,反映出了软件测试活动与软件分析、设计、开发活动的关系,如图 1-17 所示。V 模型中左边是软件分析、设计、开发过程,右边是软件测试过程。

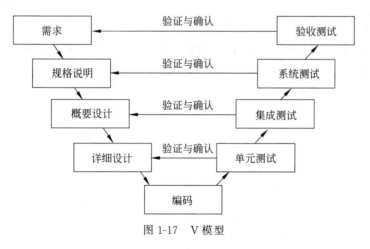

图 1-17　V 模型

V 模型指出,单元测试应检测程序单元是否满足软件详细设计的要求;集成测试应检测多个程序模块组装后是否满足软件概要设计的要求;系统测试应检测系统功能、性能等质量特性是否达到软件系统规格说明中的要求;验收测试应确定软件的实现是否满足用户的需求或项目合同中的要求。

V 模型体现了软件测试活动与软件分析、设计、开发活动的关系,同时也明确了各个阶段测试工作的基本依据,见表 1-1。

表 1-1　V 模型中各阶段软件测试工作的依据

测 试 活 动	测 试 依 据
单元测试	详细设计
集成测试	概要设计
系统测试	软件规格说明
验收测试	软件需求或软件研发合同

软件测试并不是按照测试人员认为的标准或主观好恶来对软件进行检查测试,而是有客观的测试依据,测试人员在测试工作中应当明确测试依据,不掺杂主观好恶,保持客观性。

V 模型把软件测试作为需求分析、软件设计、程序编码之后的一个阶段,存在以下两点不足。

① 它忽视了对需求分析,软件设计的验证和确认,需求的满足情况一直到最后的验收测试才被验证;

② 在 V 模型中,软件开发与测试是先后关系,先开发后测试。如果开发阶段没有有效的质量控制措施,到软件编码完成之后,通过测试发现大量缺陷和错误,再想提高软件质量,则成本会非常高,有时甚至已经不可能。而且所有测试工作都在开发之后进行,会拖累项目进度,延长项目的交付时间。

2. W 模型

W 模型由两个 V 字形模型组成,分别代表软件开发过程和软件质量验证、确认,以及测试过程,如图 1-18 所示。相对于 V 模型,W 模型增加了软件开发各阶段中同步进行的验证和确认活动。

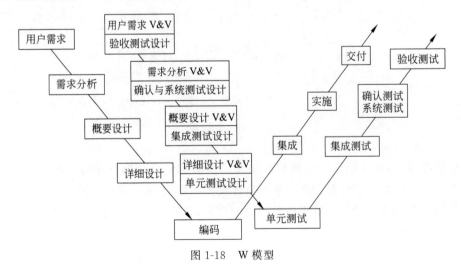

图 1-18　W 模型

W 模型强调:软件质量验证、确认,软件测试伴随着整个软件开发周期,质量控制的对象不仅是程序代码,软件需求、软件设计等都需要进行相应的质量控制;并且在软件需求分析、软件设计阶段需要为后续的软件测试工作做准备,也就是说,软件质量验证、确认和软件测试与软件开发是同步进行的。

这种同步体现在:在获取用户需求时应对用户需求进行验证和确认,并同时为验收测试做准备,编写验收测试用例等;在对系统做规格说明时应对规格说明进行验证和确认,并同时为系统测试做准备,根据对系统的规格要求编写系统测试用例等;在做概要设计时应对概要设计书进行验证和确认,并同时为集成测试做准备,根据概要设计中的模块关系图、模块接口规格、数据传输方式编写集成测试用例等;在做详细设计时应对详细设计书进行验证和确认,并同时为单元测试做准备,编写单元测试用例等。

W 模型的优点体现在以下几个方面。

(1) 软件质量保证与测试针对的对象不仅是程序,还包括软件需求和软件设计等,只有对每一个环节都进行质量控制和检查,才能提高软件质量,要保证软件质量不能仅仅依靠在最后阶段测试程序代码是否正确。

(2) 软件质量验证、确认和软件测试活动与软件开发同步进行,这样有利于尽早地发现问题、解决问题,防止问题传到后续阶段,从而降低软件开发的总成本,因为越早发现问题,解决问题的成本越小。

(3) 尽早开展软件测试的相关工作,使测试设计等一部分软件测试工作提前,以缩短软件项目的总工期。例如,在需求分析阶段就可以及早进行验收测试设计,提前做好验收测试准备,这将减少测试工作所产生的时延,加快项目进度。

W 模型也存在局限性,它不支持迭代的开发模型,当前软件项目开发运维模式复杂多变,有时并不能完全以 W 模型作为指导,但参考借鉴是完全可以的。

3. H 模型

H 模型将测试活动分离出来,形成一个完全独立的流程,并将测试准备活动和测试执行活动清晰地体现出来,如图 1-19 所示。

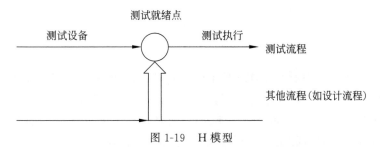

图 1-19　H 模型

当测试条件准备完成,进入测试就绪状态后,所在测试 H 模型中有一个测试就绪点,也就是测试有一个准入条件。通常情况下,判断测试是否达到准入条件,应该检查以下几部分内容是否已经完成:

(1) 该开发流程对应的测试策略是否完成。

(2) 测试方案是否完成。

(3)测试用例是否完成。

(4)测试环境是否搭建好。

(5)相关输入件、输出件是否明确。

H 模型把软件测试看成一个独立完整的"微循环"流程,可以存在于软件产品研发的各个阶段,贯穿整个软件生命周期,并可以与其他流程并发地进行,不需要等到程序全部开发完成才开始执行测试。H 模型指出软件测试要尽早准备,尽早执行,只要某个测试达到准备就绪点,测试执行活动就可以开展,并且不同的测试活动可按照某个次序进行,但也可以是反复进行的。

H 模型还指出测试对象不一定只是常见的应用程序,也可以是其他的内容,这样就将测试的范围扩展到整个软件产品包中所有的对象,而不仅仅局限于 W 模型中提到的代码、需求或其他相关说明书等。

H 模型具有以下特征。

(1)测试是一个独立的过程。

(2)测试要达到准入条件,才可以执行。

(3)测试对象是整个产品包,而不仅仅是程序、需求或相关说明书。

1.4.2 软件测试过程

在 V 模型和 W 模型中,可以看出,整个软件项目过程中,软件测试工作可分为单元测试、集成测试、系统测试和验收测试 4 个主要阶段,如图 1-20 所示。

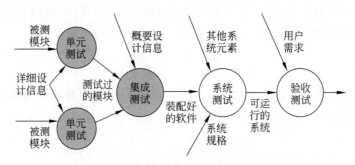

图 1-20　软件测试过程

这 4 个主要阶段分别对应软件项目中的不同活动,依据不同的测试标准。

单元测试是针对每个程序单元的测试,以确保每个程序模块能正常工作为目标。软件单元的粒度划分,各个软件可能有所不同,如有具体到模块的测试,也有具体到类、函数的测试等。单元测试对应的是代码开发,测试依据是详细设计。

集成测试是对已经通过单元测试的模块,在按照设计要求进行组装后进行测试。集成测试的目的是检验与软件设计相关的程序结构问题。实践表明,有的模块虽然能够单独正常工作,但并不能保证多个模块组装起来也能正常工作。一些局部反映不出来的问题,在全局上很可能暴露出来。集成测试对应的是程序模块集成,测试依据是概要设计。

系统测试是在把软件系统搭建起来后,检验软件产品能否与系统的其他部分(如硬件、操作系统、数据库等)协调工作,达到软件规格说明书中的功能、性能等各方面要求。

系统测试对应的是系统集成和实施,测试依据是系统规格说明。

验收测试是从用户的角度对软件产品进行检验和测试,看是否符合用户的需求。验收测试对应的是软件验收和交付,测试依据是用户需求。根据软件的用户情况,验收测试大致可以分成两类,针对具有大量用户的通用软件,可以采用"Alpha 测试 ＋ Beta 测试"的形式。Alpha 测试是由模拟用户在开发环境下完成的测试。Beta 测试是由用户在真实环境下完成的测试。只有特定用户的专用软件,可以采用用户正式验收测试的形式。

在软件测试的不同阶段,针对的软件项目开发活动,被测试的对象和测试的依据是不同的,见表 1-2。

表 1-2　各个测试阶段的被测试对象和测试依据

测 试 阶 段	针对的软件项目活动	被测试对象	测 试 依 据
单元测试	编码	程序模块	详细设计
集成测试	模块集成	组装好的多程序模块	概要设计
系统测试	系统集成和实施	软件系统 (包括软件及其运行环境)	软件规格说明
验收测试	验收和交付	可运行的软件系统	软件需求、合同要求,以及其他用户要求

软件测试中,还经常提到回归测试。回归测试,是指在对软件进行修改之后,重新对其进行测试,以确认修改是正确的,没有引入新的错误;并且不会导致其他未修改的部分产生错误。需要注意的是,回归测试并不是软件测试工作中排在验收测试之后的第 5 个测试阶段,而是在软件开发的各个阶段都有可能会对软件进行修改,需要进行回归测试。

1.4.3　软件测试用例

1. 测试用例的概念

测试用例是对一项具体的测试任务的描述,完整的测试用例除了包括输入数据及预期结果之外,还应包括测试目标、测试环境、测试步骤、测试脚本等(如图 1-21 所示),并应当形成测试用例文档。

图 1-21　测试用例

由于设计测试用例和执行测试用例的可能不是同一个人,所以完整的测试用例应该详细给出完成该项测试任务、执行该次测试过程所需的所有信息。对照测试用例文档,应当能让一个没有参加测试用例设计,对被测软件可能也并不熟悉的人员也能完成相应测试执行任务。在最简单的情况下,一个测试用例至少应当包括输入数据和预期结果两部分。

2. 测试用例的设计、管理和优化

对同一个软件进行测试时，按照不同的测试方法和技术可以设计得到不同的测试用例；按照相同的测试方法和技术，不同的测试人员也可能会设计得到不同的测试用例。测试用例设计是一项能体现测试人员能力和水平的设计活动，其核心就是要恰当地设计测试数据，使得可能存在的软件缺陷通过程序执行都尽可能地产生软件失败并被外部观察到。

为了便于对大量测试用例进行汇总、管理和分析，可以建立测试用例数据库。为了提高覆盖率并减少测试冗余，需要对测试用例进行分析和优化，补充需要的，删除冗余的。

例如，通过把多位测试人员设计的测试用例汇总在一起，就可以发现并去除冗余的测试用例，通过分析可以知道现有测试用例是否能覆盖所有测试需求，如果还没有覆盖所有的测试需求，就需要补充测试用例。

3. 测试用例的更新

设计得到测试用例后，还需要不断更新和完善，其原因有如下 3 点。

① 在后续测试过程中可能发现前面设计测试用例时考虑不周，需要补充完善。

② 在软件交付使用后反馈了软件缺陷，而这些软件缺陷在测试时并没有发现，需要补充针对这些缺陷的测试用例。

③ 软件版本的更新及功能的新增等，要求测试用例也需要配套修改更新。

1.4.4 软件缺陷管理

软件中的缺陷是软件开发过程中的"副产品"。一个规模很大的软件，通过测试可能会发现成千上万的缺陷，对于这些缺陷，需要进行有效的管理，可以建立缺陷数据库，也有专门的缺陷管理工具软件可供使用。

首先，要对每个缺陷进行记录，并有详细的缺陷描述。例如，缺陷记录一般应当包含的要点见表 1-3。

表 1-3　缺陷记录应包含的要点

可追踪信息	缺陷 ID	缺陷 ID 唯一，可以根据该 ID 追踪缺陷
缺陷基本信息	缺陷状态	分为"待分配""待修正""待验证""待评审""关闭"
	缺陷标题	描述缺陷的标题
	缺陷的严重程度	一般分为"致命""严重""一般""建议"
	缺陷的紧急程度	从 1 到 4，1 是优先级最高的等级，4 是优先级最低的等级
	缺陷类型	界面缺陷、功能缺陷、安全性缺陷、接口缺陷、数据缺陷、性能缺陷等
	缺陷提交人	缺陷提交人的姓名和邮件地址
	缺陷提交时间	缺陷提交的时间
	缺陷所属项目/模块	缺陷所属的项目和模块，最好能精确到模块

可追踪信息	缺陷 ID	缺陷 ID 唯一,可以根据该 ID 追踪缺陷
缺陷基本信息	缺陷指定解决人	缺陷指定的解决人,在缺陷"提交"状态为空,或在缺陷"分发"状态下,由项目经理指定相关开发人员修改
	缺陷指定解决时间	项目经理指定的开发人员修改此缺陷的期限
	缺陷处理人	最终处理缺陷的处理人
	缺陷处理结果描述	对处理结果的描述,如果对代码做了修改,要求在此处体现出修改
	缺陷处理时间	缺陷处理的时间
	缺陷验证人	对被处理缺陷验证的验证人
	缺陷验证结果描述	对验证结果的描述(通过、不通过)
	缺陷验证时间	对缺陷验证的时间
缺陷详细描述		对缺陷的详细描述;对缺陷描述的详细程度直接影响开发人员对缺陷的修改,描述应尽可能详细
测试环境说明		对测试环境的描述
必要的附件		对于某些文字很难表达清楚的缺陷,使用图片等附件是必要的

其次,要对缺陷进行统计和分析。例如,分析缺陷主要分布在哪些模块,因为发现缺陷越多的模块隐藏的缺陷可能也越多;分析缺陷产生的原因主要有哪些,以便后续改进;根据已知缺陷数据,基于数学模型分析预测隐含的缺陷等。

第三,要跟踪缺陷的状态。缺陷被发现后,测试人员进行提交,然后分配到项目开发人员进行修改,开发人员完成修改并通过测试验证后缺陷关闭,有的缺陷基于权衡可以不修改,而是采取一些弥补措施,通过评审后也可以关闭。缺陷跟踪就是要确保每个被发现的缺陷最终都能够被关闭,而不是不了了之。

第四,应通过缺陷来反映软件的特性。软件缺陷的多少,缺陷的分布,缺陷的类型等,可以反映出软件的特性。对软件的质量评价,需要有客观依据,缺陷及缺陷的修复情况,就是对软件的质量进行评价的基础和依据。

1.5　软件测试方法和技术

软件测试的方法和技术有很多,软件测试从是否需要执行程序的角度来区分,可以分为静态测试与动态测试;从是否需要知道程序内部结构来区分,可以分为黑盒测试和白盒测试;从测试过程的执行者来区分,可以分为手工测试与自动化测试。

1.5.1　静态测试与动态测试

判断一个测试属于动态测试还是静态测试,其标准是看是否需要运行被测试的程序。静态测试是指无须执行被测程序,而是手工或者借助专用的软件测试工具来检查、评审软件文档或程序,度量程序静态复杂度,检查软件是否符合编程标准,寻找程序中的问题和不足之处，降低错误出现的概率。动态测试是指通过运行被测程序，输入测试数据，检查运行结果与预期结果是否相符来检验被测程序功能是否正确，性能、安全性等是否符合要求。

　　静态测试与动态测试如图 1-22 所示。

　　　　　　(a) 静态测试　　　　　　　　(b) 动态测试

图 1-22　静态测试与动态测试

　　针对源程序的静态测试包括代码检查、静态结构分析、代码质量度量等。它可以由手工进行，充分发挥人的逻辑思维优势，也可以借助软件工具来自动进行。代码检查应在动态测试之前进行，在检查前，应准备好需求描述文档、程序设计文档、源代码清单、代码编码标准和代码缺陷检查表等。代码检查包括代码走查、桌面检查、代码审查等，主要检查代码与设计的一致性，代码对标准的遵循，代码可读性，代码逻辑表达的正确性，代码结构的合理性等方面；代码检查可以找出程序中违背程序编写标准、不符合编程风格的地方，发现程序中的不安全、不明确、不可移植等问题。代码检查项目包括变量检查、命名和类型审查、程序逻辑审查和程序结构检查等。

　　动态测试过程由以下 3 个阶段组成。

　　(1) 设计和构造测试用例。

　　(2) 执行被测试的程序并输入测试数据。

　　(3) 分析程序的输出结果。

　　静态测试和动态测试各有其优缺点，见表 1-4。

表 1-4　静态测试和动态测试各自的优缺点

测试方法	优　　点	缺　　点
静态测试	(1) 发现缺陷早，能降低返工成本 (2) 发现缺陷速度快，概率高 (3) 发现的是缺陷本身，便于修改缺陷 (4) 有代码覆盖的针对性，能覆盖关键代码	(1) 耗费时间多 (2) 对测试员技术能力要求较高，需要知识和经验积累 (3) 需要程序设计文档、源代码等

续表

测试方法	优　点	缺　点
动态测试	(1) 较为简单易行 (2) 能测试性能等动态特性	(1) 发现缺陷迟 (2) 发现缺陷概率低 (3) 发现的只是缺陷的外部表现,而不是缺陷本身,后续还需要去定位缺陷的具体位置 (4) 没有代码覆盖的针对性

　　开发者对自己开发的程序代码进行检查,这是静态测试。开发者执行代码,给定输入数据,看程序能否正常运行并给出预期的结果,这是动态测试,静态测试和动态测试软件开发者都会用到。

1.5.2　黑盒测试和白盒测试

　　黑盒测试又称功能测试、数据驱动测试或基于规格说明的测试,是一种从用户角度出发的测试。被测程序被看作一个黑盒子,不考虑程序的内部结构和特性,测试者只知道该程序输入和输出之间的关系或者程序的功能,依靠能够反映这一关系和程序功能的需求规格说明书确定测试用例,然后执行程序,检查输出结果是否正确。

　　例如,有一个程序,它的功能是求一个数的两倍,如果对它做黑盒测试,那么并不需要知道程序内部是使用加法,即 y 等于 x 加 x,还是用乘法,即 y 等于 x 乘以 2,或者其他方法来实现求一个数的两倍,而只需要输入 2 看结果是否等于 4,或者输入 3 看结果是否等于 6 这种简单易行的方法,来检查程序运行结果是否正确即可,如图 1-23 所示。

图 1-23　黑盒测试示意图

　　白盒测试又称结构测试、逻辑驱动测试或基于程序的测试。它把程序看作一个可以透视的盒子,能看清楚盒子内部的结构以及其是如何运作的。白盒测试依赖于对程序内部结构的分析,针对特定条件或要求设计测试用例,对软件的逻辑路径进行测试,如图 1-24 所示。

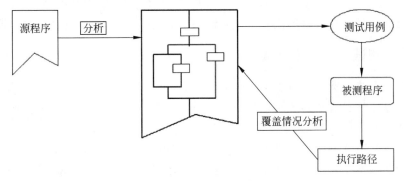

图 1-24　白盒测试示意图

白盒测试可以在程序的不同位置检验"程序的状态"，以判定其实际情况是否和预期的状态相一致。

白盒测试要求对程序的结构特性做到一定程度的覆盖，或者说是"基于覆盖的测试"，覆盖程度越高，则测试工作做得越彻底，但测试成本也会越高。白盒测试是开发者最主要的测试方法，也是在软件测试工作上体现开发者优势的地方。

黑盒测试、白盒测试、动态测试、静态测试之间的关系如图 1-25 所示。

黑盒测试 ——→ 动态测试

白盒测试 { 静态测试　动态测试 }　　动态测试 { 白盒测试　黑盒测试 }

静态测试 ——→ 白盒测试

图 1-25　黑盒测试、白盒测试、动态测试、静态测试之间的关系

黑盒测试一定都是动态测试，因为黑盒测试都需要运行被测试程序。白盒测试既有静态测试，如代码检查、静态结构分析等，也有动态测试，如逻辑覆盖测试等。动态测试有可能是黑盒测试，如根据软件规格说明书进行功能测试，也有可能是白盒测试，如针对源程序做逻辑覆盖测试。静态测试只可能是白盒测试，因为黑盒测试一定都是动态测试，都需要运行被测试程序。

需要注意的是，动态白盒测试和动态黑盒测试都需要设计测试用例，但它们各自设计测试用例的依据是不一样的，动态白盒测试设计测试用例的依据是程序的逻辑结构，而动态黑盒测试设计测试用例的依据是程序的规格说明。

灰盒测试可以看作是白盒测试与黑盒测试相结合的一种应用方法，它既关注在给定输入数据情况下的输出结果，同时也关注程序运行的内部状态，但这种关注不像白盒测试那样详细和完整，只是通过一些表征性的现象、事件、标志来判断程序内部的运行状态是怎么样的。灰盒测试只需要部分程序代码信息。有时对程序进行反编译以后获取了部分代码信息，针对这部分代码信息，很难完全采用白盒测试方法，这时候可以结合一些黑盒测试方法来完成完整的测试。在做黑盒测试时，有时候输出是正确的，但内部其实已经出错了，这样的情况很多，如果完全都采用白盒测试，效率会很低，因此需要采取黑盒测试和白盒测试相结合的这样一种方法。灰盒测试主要应用于集成测试、安全测试等情形。

1.5.3　手工测试与自动化测试

手工测试是指由测试人员手工执行测试过程，记录测试结果，并检查测试结果是否与预期一致。手工测试有很多弊端，当测试任务很重，需要执行非常多的测试数据时，手工测试是难以满足实际需要的，于是自动化测试应运而生，自动化测试是把以人为驱动的测试行为转化为机器执行的一种过程，通过开发和使用软件分析和测试工具、测试脚本等来实现软件分析和测试过程的自动化，具有良好的可操作性、可重复性和高效率等特点。

以自动化黑盒测试为例，某软件总共需要执行 5 万组测试数据，每次手工输入测试数据需要 30s，每组测试数据实际执行需要 1s，记录和对比执行结果需要 30s，手工完成这一

测试任务总共需要(30＋1＋30)×50 000s,大约为 847 个工时。而如果采用自动化测试,每组测试数据实际执行所需时间还是 1s,但每次自动化输入测试数据只需要 0.1s,记录和对比执行结果也只需要 0.1s,自动化完成这一测试任务总共需要(0.1＋1＋0.1)×50 000s,大约为 17 个工时。

　　总的来说,随着技术和工具的发展,软件测试工作当中,自动化的程度会越来越高,在测试中要尽可能通过使用自动化测试工具来提高测试工作效率,但并不是所有测试工作都可以自动化地来完成,也不是所有情况自动化测试都能适用。

1.6　信　创　测　试

1.6.1　信创战略

　　"信创"是信息技术应用创新的简称,来源于"信息技术应用创新工作委员会",该委员会于 2016 年 3 月 4 日成立,是由从事信息技术软硬件关键技术研究、应用和服务的企事业单位发起建立的非营利性社会组织。

　　推进信创的背景在于,过去中国 IT 底层标准、架构、产品、生态大多数都由国外 IT 公司掌控,因此存在底层技术、信息安全、数据保存方式等被限制的风险,中国要逐步建立自主 IT 底层架构和标准,形成自有开放技术生态,解决核心技术被"卡脖子""受制于人"等问题。

　　信息技术应用创新发展已是目前的一项国家战略,也是当今形势下国家经济发展的新动能。在国家政策层面,自主可控、国家创新体系建设、国产替代等成为"关键词",信创不仅可以让我国拥有自主可控的 IT 生态系统,也是拉动新经济发展的重要抓手之一,据分析评估,信创产业拥有创造万亿元市场空间的潜力。

　　2020 年,国家制定信创产业发展多项政策:1 月,国务院发布《国家政务信息化项目建设管理办法》;3 月,科学技术部发布《关于推进国家技术创新中心建设的总体方案(暂行)》;4 月,公安部、国家安全部、财政部等联合发布《网络安全审查办法》;8 月,国务院发布《关于新时期促进集成电路产业和软件产业高质量发展若干政策的通知》;9 月,国家发展和改革委员会、科技部、工业和信息化部和财政部等联合发布《关于扩大战略性新兴产业投资培育壮大新增长点增长级的指导意见》,这些政策说明信创事业发展的紧迫性和重要性。

1.6.2　信创体系

　　信创体系的核心是构建以国产芯片和操作系统为核心的安全自主先进的生态体系,通过对 IT 硬件、软件等各个环节的重构,建设我国自有 IT 底层架构和标准,形成自有开放生态,从根本上解决本质安全问题,实现信息技术可掌控、可研究、可发展、可生产。

1. CPU

国产 CPU 芯片的开发和研制起步较晚。目前我国国产 CPU 芯片的主要厂商有龙芯、飞腾、兆芯、华为鲲鹏、申威和海光等，见表 1-5。

表 1-5　国产 CPU 芯片主要厂商

品　牌	研发单位	指令集体系	架构来源	代表产品
龙芯	中科院计算所	MIPS	指令集授权＋自研	龙芯 1 龙芯 2 龙芯 3 龙芯 4
飞腾	天津飞腾	ARM	指令集授权	FT-2000/4 FT-2000＋/64 腾云 S2500
兆芯	上海兆芯	x86（VIA）	威盛合资	KX-6000 KH-30000
华为鲲鹏	华为	ARM	指令集授权	鲲鹏 920
申威	江南计算所	ALPHA	指令集授权＋自研	申威 SW1600 申威 SW26010
海光	天津海光	x86（AMD）	IP 授权	Hygon C86

2. 操作系统

国产操作系统都是基于 Linux 内核进行的二次开发，主要厂商有统信、麒麟等。操作系统通过不断升级迭代，可提供稳定的基础平台，并逐步向统一操作系统过渡。国产通用操作系统已经达到可用和基本好用的阶段，其功能与性能以及安全性、可用性等方面能够基本满足党政军及关键领域的信息化自主安全可控需求。

3. 数据库

国产数据库厂商如达梦、神通、人大金仓等，在政策的支持引导下，投入力度不断加大，产品在党政领域具备替换国外数据库的能力，并形成多项数据库标准规范。根据源代码来源不同，国产数据库可以分为四大类，即 Oracle 系、MySQL 系、Informix 系和 PostgreSQL 系。

1.6.3　信创测试

信创产品催生了大量具有信创特性的测试需求，改变了传统测试模式和方法，催生了新的测试技术和工具，正在形成规模更大更具创新活力的测试生态。以美国技术为核心的"Windows＋Intel＋SQL"信息技术体系，即将被国产化的从底层芯片到外围设备、从操作系统到应用软件的信创技术体系所取代，以瀑布模型为代表的传统软件测试模式已经不再适应现代信创系统的测试要求。探索国产 CPU 的操作系统适配测试技术，平台软件的操作系统适配测试技术；面向信创产品测试技术的研究，面向移动应用的自动化测试技术和协同众包测试技术、基于交叉学科的软件缺陷定位技术、基于群体智能协同演化的测试技术；以及为云平台、端平台、桌面平台和网络平台的功能测试、性能测试、可靠性测试、兼容性测试、安全测试等提供技术和方法支持等,已经成为信创软件测试的主流。传统测试结构体系与信创测试结构体系的对比如图 1-26 所示。

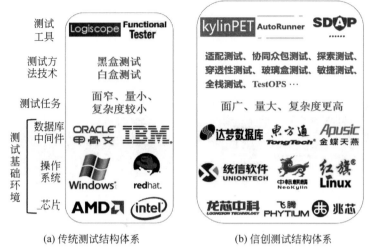

(a) 传统测试结构体系　　　　　　(b) 信创测试结构体系

图 1-26　传统测试结构体系与信创测试结构体系

1.7　移动应用测试

1.7.1　移动应用技术简介

Android 应用大部分是使用 Java 语言编写的,Android SDK 工具包将源代码以及相关的数据和资源文件全部打包到 Android 包中,是一个扩展名为 apk 的压缩文件,可以用解压缩工具(如 7-zip 等)解压 apk 并查看其中的内容。一个 apk 文件可以看成一个应用并可以安装在 Android 设备上。

1. Android 权限系统

Android 操作系统是一个多用户的 Linux 操作系统,每个应用都是不同的用户。在默认情况下,系统为每个应用分配一个用户——这个用户只被系统使用,对应用是透明的。系统为应用的所有文件设置权限,因此只有同一个用户的应用可以访问它们。所有 Android 应用都运行在自己的安全沙盒里,每个应用都有自己单独的虚拟机,这样应用的代码在运行时是隔离的,即一个应用的代码不能访问或意外修改其他应用的内部数据。

在默认情况下,每个应用都运行在单独的 Linux 进程中,当应用的任意一部分要被执行时(如由用户显式启动或由其他应用发送的 Intent 启动),Android 都会为其启动一个 Java 虚拟机,即一个新的进程,因此不同的应用运行在相互隔离的环境中。当应用退出或系统在内存不足要回收内存时,才会将这个进程关闭。

通过这种方式,Android 系统采用最小权限原则确保系统的安全性。也就是说,每个应用默认只能访问满足其工作所需的功能,这样就创建了一个非常安全的运行环境,因为应用不能访问其无权使用的功能，如图 1-27 所示。

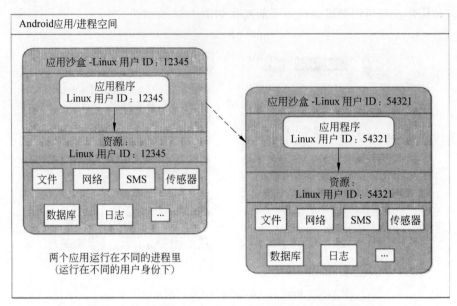

图 1-27　不同签名的 Android 应用运行在不同的进程中

在 Android 系统中，可以用 ps 命令查看系统为每个应用分配的用户 ID，如图 1-28 所示。

```
student@student:~$ adb shell ps
USER      PID    PPID   VSIZE   RSS     WCHAN     PC          NAME
root      1      0      296     204     c009b74c 0000ca4c S /init
......
radio     31     1      5392    704     ffffffff afd0e1bc S /system/bin/rild
root      32     1      102056  25864   c009b74c afd0dc74 S zygote
root      36     1      740     328     c003da38 afd0e7bc S /system/bin/sh
......
root      39     1      3400    192     ffffffff 0000ecc4 S /sbin/adbd
app_3     118    32     137656  20824   ffffffff afd0eb08 S com.android.inputmethod.latin

radio     122    32     146648  22864   ffffffff afd0eb08 S com.android.phone
app_25    123    32     146184  24216   ffffffff afd0eb08 S com.android.launcher
system    129    32     137096  19312   ffffffff afd0eb08 S com.android.settings
......
app_22    185    32     132052  18472   ffffffff afd0eb08 S com.android.music
......
app_15    231    32     144660  19812   ffffffff afd0eb08 S com.android.mms
app_30    248    32     135192  20256   ffffffff afd0eb08 S com.android.email
app_28    262    32     130696  17516   ffffffff afd0eb08 S com.svox.pico
app_36    279    32     135252  20176   ffffffff afd0eb08 S cn.hzbook.android.test.chapter1
......
```

图 1-28　查看 Android 系统应用的用户 ID

从图 1-28 中可以看到，最左边的一列是应用的用户 ID，第二列是应用的进程 ID，可以看到前 39 个进程大部分都运行在 root 权限下，因此这些进程对整个系统拥有绝对的访问权;而从进程 ID 为 118 的应用开始,基本上每个应用都分配了一个独立的用户名(用户名以 app 开头)。而在 Android 系统中,/data/data 文件夹用于存放所有应用(包括在 /system/app、/data/app 和/mnt/asec 等文件夹中安装的软件)的数据信息。在/data/data 文件夹中,每个应用都有自己的文件夹存取数据,文件夹默认以应用的包名命名,而文件夹的所有者就是系统分配给应用的用户,可以用"1s-l"命令列出这些文件夹的详细信息,如图 1-29 所示。

```
student@student:~$ adb shell ls-l /data/data
drwxr-x--x app_36    app_36    2012-11-09 11:22 cn.hzbook.android.test.
chapter1
drwxr-x--x app_5     app_5     2012-11-03 18:04 com.android.cardock
drwxr-x--x system    system    2012-11-03 18:04 com.android.server.vpn
......
drwxr-x--x app_16    app_16    2012-11-03 18:05 com.android.fallback
drwxr-x--x app_2     app_2     2012-11-03 18:05 com.android.gallery
drwxr-x--x app_17    app_17    2012-11-03 18:05 com.android.carhome
drwxr-x--x app_0     app_0     2012-11-09 11:25 com.android.contacts
drwxr-x--x app_18    app_18    2012-11-03 18:05 com.android.htmlviewer
......
drwxr-x--x system    system    2012-11-03 18:10 com.android.settings
......
```

图 1-29　查看 Android 系统应用数据的所有者

在图 1-29 中,第一列是用户权限设置,第二列是文件夹的所有者,第三列是文件夹所有者所在的用户组,输出的第一行表示应用" cn.hzbook.android.test.chapter1"的数据只有用户"app_36"才能访问,而"app_36"恰好是在图 1-28 中查看 Android 系统应用的用户 ID 的命令的输出中系统分配给应用的用户名。通过限定应用数据的所有者是分配给应用的用户的方式,Android 系统有效地防范了其他应用非法读写应用私有的数据。

但是不同的应用程序也可以运行在相同的进程中,要实现这个功能,首先必须使用相同的密钥签名这些应用程序,然后必须在 AndroidManifest.xml 文件中为这些应用分配相同的 Linux 用户 ID,这要通过用相同的值/名定义 AndroidManifest.xml 属性 android:sharedUserId 才能做到,如图 1-30 所示。

由于 Android 系统提供多种多样的 API 来允许应用访问设备硬件(如拍照应用、WiFi、用户数据和设备设置等),有些 API 需要进行特别处理才能防止应用被滥用,例如无人希望一个应用在后台运行时仍然通过网络 API 访问数据网络浪费流量。Android 系统采用在应用安装时执行权限检查的策略来控制应用访问与用户隐私相关的数据和执行不安全的操作。每个应用都必须显式声明所需要的权限,在安装应用时 Android 系统会提示用户每个应用需要哪些权限并要求用户同意才能继续安装。这种在安装时进行权限控制策略有效地帮助最终用户保护自己的隐私并避免受到恶意攻击。因为 Android 用户通过多种 Android 应用市场来安装应用,这些应用的质量和可信任度的差别非常大,所以 Android 系统默认将所有应用都当作不稳定和邪恶的。Android 2.2 定义 134 种权限,分成以下 3 类。

(1) 用以控制调用一些无害但是会让人烦躁的 API 的普通权限。例如,权限 SET

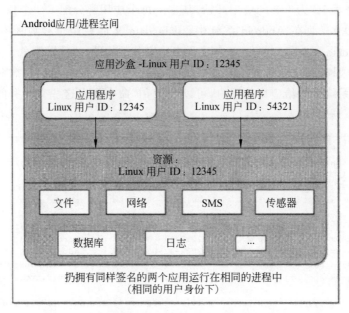

图 1-30　相同签名的应用可以运行在同一个进程中

WALLPAPER 用来控制修改用户背景图片的能力。

（2）用以控制支付和收集隐私等危险 API 调用的高危权限。例如,发短信和读取联系人列表这些功能就要求高危权限。

（3）用于控制运行后台程序或删除应用等危险操作的系统权限。获取这些权限非常难:只有使用设备生产商密钥签名的程序才有 Signature 权限,而只有安装在特定的系统文件夹的应用才有 SignatureOrSystem 权限。这些限制确保了只有设备厂商预装的应用才有能力获取这些权限,而所有其他应用试图获取这些权限的要求都会被系统忽略。

当应用需要与其他应用共享数据,或者应用需要访问系统服务时,可以采取以下行为。

（1）可以为两个应用分配相同的 Linux 用户 ID,这样两个应用可以互相访问对方的文件。为了节省系统资源,同一个用户 ID 的应用也可能会运行在同一个 Linux 进程中并共享同一个虚拟机。为了让多个应用分配有相同的用户 ID,这些应用必须使用同一个数据签名。

（2）一个应用可以申请访问敏感数据的权限,但是必须在安装应用的时候由用户显式同意才会被授权。这些敏感数据包括用户的联系人信息、短消息、SD 卡存储、相机、蓝牙服务等。

2. 应用的组成与激活

（1）应用组件

在 Android 系统中,一共有 4 种应用组件,每个组件都有不同的目的和生命周期。

① 活动（Activity）

用户界面上每个屏幕就是一个活动,例如,一个邮件应用会有一个活动用于展示邮件列表界面,一个活动用于写邮件,还有一个活动用于读邮件。虽然这些活动组成了一个完整的邮件应用,但是它们相互是独立的。也就是说,另一个应用可以随时启动它们中的任意一个。比如为了发送用户的照片,一个照片应用就可以直接启动邮件应用的写邮件的活动。

② 后台服务(Service)

后台服务是在后台运行用于处理长时间任务而不影响前台用户体验的组件。后台服务没有用户界面。例如,用户正在前台使用一个应用时,一个后台服务同时在后台播放音乐。再比如,当应用在通过网络下载大量数据时,为了避免影响前台与用户的交互,也会通过后台服务下载数据。Android 的其他组件,例如一个活动,可以启动后台服务,也可以绑定到一个后台服务上与它交互。

③ 内容供应组件(Content Provider)

内容供应组件用来管理应用的可共享部分的数据。例如,应用可以将数据存储在文件系统、SQLite 数据库、网络或任何一个应用可以访问的永久存储设备。通过内容供应组件,其他应用可以查询、设置和修改应用的数据。例如,Android 系统提供了一个内容供应组件来管理用户的联系人信息,其他应用只要有相应的权限都可以通过查询内容供应组件(如 Contacts Contract Data)来读取和修改某个联系人的信息。即使应用不需要共享数据,也可以通过内容供应组件来读取和修改应用的私有数据,例如 Android 示例程序 NotePad 就使用内容供应组件来保存笔记。

④ 广播接收组件(Broadcast Receivers)

广播接收组件是用来响应系统层面的广播通知的组件。系统会产生很多广播,例如通知关闭屏幕的广播和电池电量低的广播。应用本身也可以广播通知,例如告诉其他应用有些数据已经下载完毕需进行处理的广播。虽然接收广播并不要求有用户界面,但是一般会显示状态栏消息通知用户有广播事件发生。

Android 系统的特别之处是它将任意一个应用可以复用其他应用的部分组件作为设计时的关键考量。例如,开发的应用 A 允许用户通过相机设备抓取一张照片,而用户的手机上可能已经安装拍照应用 B,与其在应用 A 中重复编写代码从相机上拍取一张照片,不如通过复用现有拍照应用 B 的组件得到照片。在 Android 系统中,应用 A 甚至不需要链接应用 B 的任何代码,只需要简简单单地在应用 A 中启动应用 B 拍摄一张照片,在完成拍照后,应用 B 会将拍摄的照片返回给应用 A,由应用 A 使用。对最终用户来说,看起来拍照应用 B 好像就是应用 A 的一部分。

系统在启动一个组件时实际上会为组件所属的应用启动一个进程,并且初始化组件用到的所有类型。例如,当应用启动了照相应用并用于拍照活动时,活动实际上是运行在照相应用自己的进程中的。因此,与其他大部分操作系统不同的是,Android 应用是没有单一的入口点(类似其他操作系统中程序的 main 函数)的。

因为系统将不同应用运行在自己单独的进程中,而这个进程又拥有自己的文件系统访问权限以限制其他进程的访问,所以一个应用是无法直接激活其他应用的某个组件的,必须通过 Android 系统本身来激活。为了激活其他应用的组件,必须通过向系统传递消息指明要激活的组件,由系统来激活它。

（2）组件的激活

前面说的 4 种组件，其中活动、后台服务和广播接收这 3 种组件都可以通过一个叫作意图（Intent）的异步消息激活。可以将意图想象成一个要求其他组件执行某个操作的信使，它附带有协同两个组件工作方式的消息，而不管这两个组件是包含在同一个应用还是两个应用中。在图 1-31 中，用户首先打开 Gmail 应用查看邮件列表。在用户从列表中选择一封邮件后，邮件列表活动会发送一个"查看消息"的意图，这个意图由 Android 系统（而不是由应用本身）处理。Android 系统发现 Gmail 本身的"查看邮件具体信息"活动可以满足这个意图，因此在 Gmai 进程内启动它。要阅读的邮件中有一个外部网页链接，当用户单击这个链接时，由于 Gmail 本身并没有查看处理网页浏览的能力，因此 Android 系统启动浏览器，另外一个进程打开网页。而当浏览的网页要打开一个视频时，浏览器又通过发送一个"观看视频"的意图向 Android 系统请求外部进程打开视频。虽然在这个过程中实际上启动了 3 个进程，但是用户感觉浏览器和用于观看视频的 YouTube 程序都是 Gmail 应用的一部分。由于匹配意图和活动的过程是 Android 系统的工作，Gmail 应用在向系统发出"打开网站"意图的时候，甚至都不需要去了解哪个应用会去处理这个意图，Android 系统就巧妙地解决了应用层面上的代码复用问题。

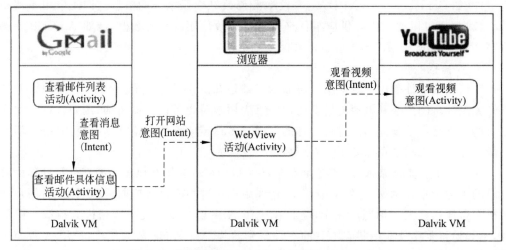

图 1-31　使用意图（Intent）打开多个活动（Activity）

对于活动和后台服务，一个意图对象定义了要执行的操作（例如"查看"或"发送"什么），或许还会指定要处理的数据的 URI 地址及启动组件所需要的其他数据。例如一个意图在请求活动显示图片或打开网页时，会包含要显示的图片地址或网页地址，有的时候被请求的活动在处理完请求后，会将结果放到意图中返回给发出请求的组件，例如，发送邮件的组件 A 发出一个意图请求组件 B 显示联系人列表供用户选择，用户在组件 B 上选择了邮件收件人后，可以将所选的联系人信息放回意图中返回给组件 A。

而对于广播组件，意图中可能就只定义需要广播的数据，例如在系统电量很低的时候，广播的意图就只包含一个已知的动作，用于指明"电池没电了"，由系统将其广播到正在运行的各个活动上，每个活动根据需要决定是否处理意图，如图 1-32 所示。

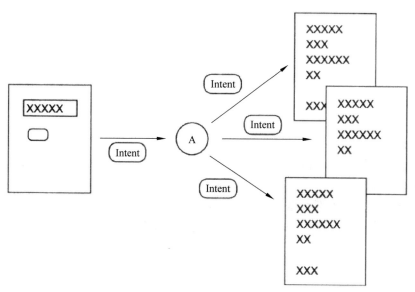

图 1-32　使用意图广播隐式激活应用组件

但内容供应组件不是通过意图来激活的,而是通过响应一个内容解析 (ContentResolver)请求被激活的,详细方式不属于本书要讲解的内容,不再多述。

3. 清单文件

在 Android 系统启动应用的一个组件之前,需要读取应用的 AndroidManifest.xml 文件(也叫清单文件)来获知应用中是否包含该组件。AndroidManifest.xml 文件在应用工程的根目录下,必须将应用中的所有组件在该清单文件里声明。

除了列出应用中包含的所有组件列表,清单文件中还包含下面这些信息。

① 应用需要申请的权限,如访问网络或读取用户的联系人列表。

② 应用要求的最低的 Android 系统版本。

③ 应用将会用到的硬件或软件功能,如是不是要用到相机、蓝牙设备和触摸屏等。

④ 应用要用到的非 Android 标准开发库,如 Google 地图 API。

（1）声明组件列表

清单文件的主要工作是列明应用所包含的组件列表,例如,图 1-33 的清单文件表明应用包含一个 Activity。

在<application>节点,android:icon 属性指向应用图标在资源文件中的位置。在<activity>节点,android:name 属性说明了应用所包含的 Activity 的全名,而 android:label 属性则声明了在 Activity 运行时 Android 系统显示该 Activity 的标题。

应用中所有组件应该以下面的方式声明。

<activity>节点声明应用中的活动。

<service>节点声明后台服务。

<receiver>节点声明接收广播的组件。

```
1. <?xml version="1.0" encoding="utf-8"?>
2. <manifest ...="" >
3.   <application android:icon="@drawable/app_icon.png" ...="" >
4.     <activity android:name="com.example.project.ExampleActivity"
5.               android:label="@string/example_label" ...="" >
6.     </activity>
7.     ...
8.   </application>
9. </manifest>
```

图 1-33　在清单文件中指明应用包含的活动

<provider>节点声明内容供应组件。

如果活动、后台服务、内容供应这些组件没有在清单中声明,即使它们在源代码中已经实现,对于系统来说也是不可见的,因此也没有办法运行它们。但是一个广播的接收器除了可以在清单文件中声明以外,还可以在应用运行时动态创建并通过调用registerReceiver系统 API 来注册。

(2)声明组件的能力

在前面说过,可以显式在意图中指明目标组件的名称来启动活动、后台服务和广播接收等组件。但是,意图真正强大的地方是意图动作(Intent Action)。通过意图动作,只需要在意图中指明动作的类型和执行动作所要求的数据,系统自己会找到可以执行该动作的组件并启动它。如果系统中有多个组件可以执行该动作,那么系统会让用户选择一个组件。

Android 系统是通过对比组件清单文件里的意图漏斗(Intent Filter)和请求的意图动作来找到可以满足要求的组件。可以在清单文件中为组件元素添加一个<intent-filter>节点来声明一个意图漏斗。例如,一个邮件程序中包含写邮件的活动,可以通过在清单文件中加上其可响应"send"的意图漏斗,另外一个应用可以创建一个意图对象,并且标注意图动作是"send",在将意图对象传递给 startActivity 函数时,系统看到邮件程序的写邮件的活动的意图漏斗并满足该意图,然后启动它。

(3)声明应用的必备条件

Android 系统可支持多种设备。不同的设备所具备的功能是不一致的。为了避免用户将应用安装在其不支持的设备上,如缺少应用所必需的功能,需要在清单文件中详细列出应用所要求的硬件和软件功能。一般来说,这些都是资讯类的信息,Android 系统不会去读取它。而 Android 应用商店(如 Google Play)会根据清单文件列明的硬件要求,在用户搜索应用时过滤应用,或者在用户尝试安装应用时提示用户。

如果应用需要使用相机,那么必须在清单文件中声明这项要求,这样一来,在 Google Play 等应用商店中,针对没有相机的设备,就不会显示这个应用。当然,即使应用要求使用相机,也可以不在清单文件中列明该项要求,因此应用商店不会限制用户在没有相机的设备中安装应用,但应用应该在运行时动态检测设备是否配备相机,没有则禁用相应的功能。

在开发 Android 应用时需要考虑以下重要的设备特性。

① 屏幕大小和像素密度。为了根据设备使用的屏幕对其归类,Android 系统采用两个归类维度:屏幕的物理尺寸和像素密度,即 1 英寸(1 英寸=0.0254 米)屏幕可以显示多少像素。为简单起见,Android 系统对屏幕的分类方法如下。

• 按屏幕尺寸分为小屏、中屏、大屏和超大屏。

• 按像素密度分为低、中、高和极高密度。

Android 系统会根据设备屏幕调整应用的界面布局和图片,因此在默认情况下,应用应该兼容所有的屏幕尺寸和密度。但是为了提供更良好的用户体验,应该为不同的屏幕尺寸制定特定的界面布局,针对不同的屏幕像素密度显示特定的图像。

② 设备特性。不同的设备会采用不同的硬件配置,如相机、蓝牙设备、特定版本的 OpenGL 和光敏感元件并不是在每台设备上都有的。因此,在应用的清单文件中必须使用<uses-feature>节点指明应用需要用到的设备特性。

③ 平台版本。每个 Android 版本都会增添一些新的功能,如果应用使用的功能是新版本 Android 系统才提供的,那么在应用的清单文件中,也应该用<uses-sdk>节点指明应用要求 Android 系统的最低版本。

4. Android 应用程序的单 UI 线程模型

虽然 Android 支持多线程编程,但只有 UI 线程也就是主线程才可以操作控件,如果在非 UI 线程中直接操作 UI 控件,会抛出

```
andorid.view. View RootSCalled From Wrong ThreadException:
        Only the original thread that created a view hierarchy can touch
        its views
```

这是因为 UI 操作不是线程安全的,如果允许多线程同时操作 UI 控件,可能会发生灾难性结果。假设线程 A 和 B 均可直接操作文本框 T,A 希望将 T 显示的文本更新为"iphone5 很烂!",B 则希望将 T 的文本更新为" android 很不错!",当 A 将 T 的文本更新到" iphone5 很烂"(感叹号还没有绘制)时,线程调度程序将 A 暂停,转入执行线程 B 的代码,线程 B 则从头开始更新 T 要显示的文本,如更新到" android"又被调度程序暂停,切换到 A,线程 A 恢复代码执行后补全尚未绘制的感叹号,这样一来,T 的文本实际上就变成了" android 很烂!"。虽然可以通过线程同步的方式规定线程 A 和 B 操作控件 T 的顺序,但是由于这种编程方式不容易掌握,因此 Android 系统索性限制只有 UI 线程才能操作控件。

但是有的时候后台线程需要更新控件显示信息,例如一个在后台下载图片的程序在完成下载后,需要更新 UI 提醒用户。Android 系统采用消息队列的机制来满足这个要求,如图 1-34 所示。

在消息队列机制中,不管是硬件(如触摸屏)还是后台线程,都可以向消息队列中放入 UI 消息,UI 线程循环处理消息队列的消息,按消息的语义更新控件状态。

由于 UI 线程负责事件的监听和绘图,因此,必须保证 UI 线程能够随时响应用户的需求,UI 线程中的操作应该向中断事件那样短小,费时的操作(如网络连接)需要另开线

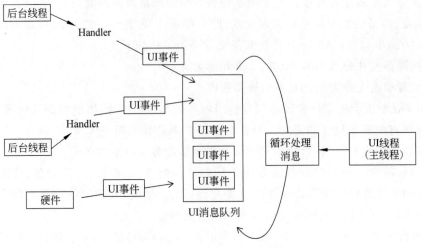

图 1-34　Android 的单 UI 线程模型

程,否则,如果 UI 线程超过 5s 没有响应用户请求,会弹出对话框提醒用户终止应用程序。

1.7.2　移动应用的特点

Android 是一个平台,主要包括 Linux 微内核、中间件(SQLite 等)、关键应用(电话本、邮件、短消息、Google Map、浏览器等),提供的 Java 框架,以及 Android 中的 JVM。Android 移动应用是运行在这个平台上的应用,具有如下特点。

1. 四大组件

Android 开发四大组件分别是:活动(Activity),用于表现功能;服务(Service),后台运行服务,不提供界面呈现;广播接收器(Broadcast Receiver),用于接收广播;内容提供商(Content Provider),支持在多个应用中存储和读取数据,相当于数据库。

(1) 活动

在 Android 中,Activity 是所有程序的根本,所有程序的流程都运行在 Activity 之中,Activity 可以算是开发者遇到的最频繁,也是 Android 中最基本的模块之一。在 Android 的程序中,Activity 一般代表手机屏幕的一屏。如果把手机比作一个浏览器,那么 Activity 就相当于一个网页。在 Activity 中可以添加一些 Button、Check box 等控件。可以看到,Activity 概念和网页的概念相当类似。一般一个 Android 应用是由多个 Activity 组成的。多个 Activity 之间可以进行相互跳转,例如,按下一个 Button 按钮后,可能会跳转到其他的 Activity。和网页跳转稍微有些不一样的是,Activity 之间的跳转可能有返回值,例如,从 Activity A 跳转到 Activity B,那么当 Activity B 运行结束的时候,有可能会给 Activity A 一个返回值。这样做在很多时候是相当方便的。

当打开一个新的屏幕时,之前一个屏幕会被置为暂停状态,并且压入历史堆栈中。用户可以通过回退操作返回到以前打开过的屏幕。可以选择性地移除一些没有必要保留的屏幕,因为 Android 会把每个应用的开始到当前的每个屏幕保存在堆栈中。

（2）服务

Service 是 Android 系统中的一种组件,它跟 Activity 的级别差不多,但是它不能自己运行,只能后台运行,并且可以和其他组件进行交互。Service 是没有界面的长生命周期的代码。Service 是一种程序,它可以运行很长时间,但是它却没有用户界面。这么说有点枯燥,来看个例子。打开一个音乐播放器的程序,这个时候若想上网,那么,打开 Android 浏览器,此时虽然已经进入浏览器这个程序,但是,歌曲播放并没有停止,而是在后台继续一首接着一首地播放。其实这个播放就是由播放音乐的 Service 进行控制的。当然这个播放音乐的 Service 也可以停止,例如,当播放列表里边的歌曲都结束,或者用户按下停止音乐播放的快捷键等。Service 可以在和多场合的应用中使用,如播放多媒体的时候用户启动其他 Activity,这个时候程序要在后台继续播放,如检测 SD 卡上文件的变化,再或者在后台记录地理信息位置的改变等。

开启 Service 有以下两种方式。

① Context.startService()：Service 会经历 onCreate()→onStart()。如果 Service 还没有运行,则 Android 先调用 onCreate(),然后调用 onStart()；如果 Service 已经运行,则只调用 onStart(),所以一个 Service 的 onStart()方法可能会重复调用多次；StopService()的时候直接 onDestroy,如果是调用者自己直接退出而没有调用 stopService()的话,Service 会一直在后台运行。该 Service 的调用者再启动起来后可以通过 stopService()关闭 Service。注意：多次调用 Context.startService()不会嵌套(即使会有相应的 onStart()方法被调用),所以无论同一个服务被启动多少次,一旦调用 Context.stopService()或者 StopSelf(),它都会被停止。

② Context.bindService()：Service 会经历 onCreate()→onBind(),onBind()将返回给客户端一个 IBind 接口实例,IBind 允许客户端回调服务的方法,如得到 Service 运行的状态或其他操作。这个时候调用者(Context,如 Activity)会和 Service 绑定在一起,Context 退出了,Srevice 就会调用 onUnbind → onDestroyed 相应退出,所谓绑定在一起就共存亡了。

（3）广播接收器

在 Android 中,Broadcast 是一种广泛运用的在应用程序之间传输信息的机制。而 BroadcastReceiver 是对发送出来的 Broadcast 进行过滤接受并响应的一类组件。可以使用 BroadcastReceiver 来让应用对一个外部的事件做出响应。这是非常有意思的,例如,当电话呼入这个外部事件到来的时候,可以利用 BroadcastReceiver 进行处理。例如,当下载一个程序成功完成的时候,仍然可以利用 BroadcastReceiver 进行处理。BroadcastReceiver 不能生成 UI,也就是说对于用户来说不是透明的,用户是看不到的。BroadcastReceiver 通过 NotificationManager 来通知用户这些事情发生了。BroadcastReceiver 既可以在 AndroidManifest.xml 中注册,也可以在运行时的代码中使用 Context.registerReceiver 进行注册。只要是注册了,当事件来临的时候,即使程序没有启动,系统也在需要的时候启动程序。各种应用还可以通过使用 Context.sendBroadcast()将它们自己的 Intent Broadcasts 广播给其他应用程序。

（4）内容提供

Content Provider 是 Android 提供的第三方应用数据的访问方案。

在 Android 中,对数据的保护是很严密的,除了放在 SD 卡中的数据,一个应用所持有的数据库、文件等内容,都是不允许其他应用直接访问的。Android 当然不会真的把每个应用都做成一座孤岛,它为所有应用都准备了一扇窗,这就是 Content Provider。应用想对外提供的数据,可以通过派生 Content Provider 类,封装成一枚 Content Provider,每个 Content Provider 都用一个 URL 作为独立的标识,如 content://com.xxxxx。所有东西看着像 REST 的样子,但实际上,它比 REST 更为灵活。和 REST 类似,URI 也可以有两种类型,一种是带 ID 的,另一种是列表的,但实现者不需要按照这个模式来做,给 ID 的 URI 也可以返回列表类型的数据,只要调用者明白就无妨,不用苛求所谓的 REST。

2. 丰富的系统控件

Android 系统为开发者提供了丰富的系统控件,可以编写漂亮的界面,也可以通过扩展系统控件,自定义控件来满足自我的需求,常见控件有 TextView、Button、EditText、一些布局控件等。

3. 持久化技术

Android 系统还自带 SQLite 数据库。SQLite 数据库是一种轻量级、运算速度极快的嵌入式关系数据库。它不仅支持标准的 SQL 语法,还可以通过 Android 封装好的 API 进行操作,让存储和读取数据变得非常方便。

4. 地理位置定位

移动设备和 PC 相比,地理位置定位是一大亮点,现在基本 Android 手机都内置 GPS,可以通过 GPS,结合我们的创意,打造一款基于 LBS 的产品,是不是很酷的事情啊,再说,目前火热的 LBS 应用也不是空穴来风的。

5. 强大的多媒体

Android 系统提供了丰富的多媒体服务,如音乐、视频、录音、拍照、闹铃等,这一切都可以在程序中通过代码来进行控制,让应用变得更加丰富多彩。

6. 传感器

Android 手机中内置了多种传感器,比如加速度传感器、方向传感器,这是移动设备的一大特点,我们可以灵活地使用这些传感器,可以做出很多在 PC 上无法实现的应用,如"微信摇一摇""搜歌摇一摇"等功能。

1.7.3 移动应用测试简介

移动应用测试是指对移动应用进行测试,包括自动化测试和人工测试等。目前市面上主要的测试包括 Appium 测试(如功能测试,用户接受度测试,黑盒测试)、Robotium 测试(如功能测试,用户接受度测试,黑盒测试＋白盒测试)、AndroidTest(如单元测试,逻辑测试,白盒测试)、Monkey(压力测试)、monkeyRunner(如功能测试,用户接受度测试,黑盒测试)等。

移动应用测试的内容包括以下方面。

(1) 功能测试。

(2) 性能测试。

(3) 安全性测试。

(4) 人机界面交互测试。

(5) 安装/卸载测试。

(6) 特殊或异常情况测试。

以上内容将在后续章节专门讲述。除此之外,还有以下需要关注的测试内容。

1. 前/后台切换

(1) App 切换到后台,再回到 App,检查是否停留在上一次操作界面。

(2) App 切换到后台,再回到 App,检查功能及应用状态是否正常。

(3) 手机锁屏,解锁后再回到 App,检查是否停留在上一次操作界面。

(4) 手机锁屏,解锁后再回到 App,检查功能及应用状态是否正常。

(5) 当 App 使用过程中有电话进来中断后再切换到 App,检查功能状态是否正常。

(6) 当关闭 App 进程后,再开启 App,检查 App 能否正常启动。

(7) 出现必须处理的提示框后,切换到后台,再切换回来,检查提示框是否还存在,有时候会出现应用自动跳过提示框的缺陷。

(8) 对于有数据交换的页面,每个页面都需要进行前/后台切换、锁屏的测试,这种页面最容易出现崩溃。

2. 免登录

很多移动应用提供免登录功能,当应用开启时自动以上一次登录的用户身份来使用 App。

(1) 应测试无网络情况下能否正常进入免登录状态。

(2) 切换用户登录后,要校验用户登录信息及数据内容是否相应更新,确保原用户退出。

(3) 应检查一个账户登录多台移动设备的情况。

(4) 用户密码更换后,保存的免登录信息应及时更新。

(5) 支持自动登录的应用在进行数据交换时,应检查系统是否能自动登录成功并且数据操作无误。

(6) 用户主动退出登录后,下次启动 App,免登录应失效,应停留在登录界面。

3. App 更新

(1) 当客户端有新版本时,应有更新提示。

（2）如果版本为非强制升级版时，用户可以取消更新，老版本能正常使用。用户在下次启动 App 时，仍能出现更新提示。

（3）如果版本为强制升级版时，给出强制更新提示后，当用户没有做更新时，应退出客户端。下次启动 App 时，仍能出现强制升级提示。

（4）当客户端有新版本时，在本地不删除客户端的情况下，直接更新是否能正常完成，还是必须要删除旧版本。

（5）当客户端有新版本时，在本地不删除客户端的情况下，检查资源同名文件如图片是否能正常更新成最新版本。如果无法更新成功，就属于缺陷。

4. 时间设置测试

客户端可以自行设置手机的时区、时间，因此需要测试该设置对 App 的影响。

中国为东八区，当手机设置的时区为非东 8 区时，应查看需要显示时间的地方时间是否显示正确，应用功能是否正常。

时间一般需要根据服务器时间再转换成客户端对应的时区来展示，这样的用户体验比较好。例如，发表一篇微博，在服务端记录的是 8：00，此时，华盛顿时间为 20：00，客户端去浏览时，如果设置的是华盛顿时间，则显示的发表时间即为 20：00，当时间设回东 8 区时间时，再查看则应显示为 8：00。

5. Push 测试

（1）应检查 Push 消息是否按照指定的业务规则发送。

（2）应检查用户不会在设置为"不接受推送消息"时再接收到 Push 消息。

（3）如果用户设置了免打扰的时间段，应检查在免打扰时间段内，用户不会接收到 Push 消息。

（4）在非免打扰时间段，用户应能正常收到 Push 消息。

（5）当 Push 消息是针对登录用户的时候，需要检查收到的 Push 消息与用户身份是否相符，不应错误地将其他人的消息推送过来。一般情况下，只对手机上最后一个登录用户进行消息推送。

（6）测试 Push 时，需要采用真机进行测试。

6. 交叉事件测试

交叉事件测试又叫事件或冲突测试，是指一个应用正在执行过程中，同时另外一个事件或操作对该过程进行干扰的测试。这是针对智能终端应用的服务等级划分方式及实时特性所提出的测试方法。例如，App 在前/后台运行状态时，与来电、文件下载、音乐收听等应用的交互情况测试等。交叉事件测试非常重要，能发现很多应用中潜在的问题。

（1）多个 App 同时运行时，是否相互干扰，影响正常执行。

（2）App 运行时拨打/接听电话。

（3）App 运行时发送/接收信息。

（4）App 运行时发送/收取邮件。

（5）App 运行时切换网络（2G～5G、WiFi）。

（6）App 运行时浏览网络。

（7）App 运行时使用蓝牙传送/接收数据。

（8）App 运行时使用相机、计算器等手机自带应用。

7. 兼容测试

（1）与各种移动设备是否兼容，若有跨系统支持则需要测试是否在各个系统下，移动应用的各种行为是否一致。

（2）与不同操作系统的兼容性，是否能适配。

（3）与不同手机屏幕分辨率的兼容性。

（4）与不同手机品牌的兼容性。

（5）与本机已安装的各个移动应用是否兼容。

（6）与各大主流 App 是否兼容。

（7）在各类网络环境，各种网络连接下，App 是否能正常运行，并联网进行数据交换。

8. 客户端数据库测试

（1）测试基本的数据增、删、改、查。

（2）当表不存在时，是否能自动创建。

（3）当数据库表被删除后能否再自建，数据是否还能自动从服务器端中获取并保存。

（4）在业务需要从服务器端取回数据保存到客户端的时候，客户端能否将数据保存到本地。

（5）当业务需要从客户端获取数据，检查到客户端数据存在时，App 是否能从客户端数据中取出，还是仍然会从服务器端获取；检查客户端数据不存在时，App 数据能否自动从服务器端获取并保存到客户端。

（6）当业务对数据进行修改后，客户端和服务器端是否都会有相应的更新。

习　题　一

一、选择题

1. 缺陷产生的原因包括（　　）。

　A. 交流不充分及沟通不畅；软件需求的变更；软件开发工具的缺陷

　B. 软件的复杂性；软件项目的时间压力

　C. 程序开发人员的错误；软件项目文档的缺乏

　D. 以上都是

2. 下面有关软件缺陷的说法中错误的是（　　）。

　A. 缺陷就是软件产品在开发中存在的错误

　B. 缺陷就是软件维护过程中存在的错误、毛病等各种问题

　C. 缺陷就是导致软件系统崩溃的错误

D. 缺陷就是系统所需要实现某种功能的失效和违背

3. 以下（　　）不属于软件缺陷。

    A. 软件没有实现产品规格说明所要求的功能

    B. 软件中出现了产品规格说明不应该出现的功能

    C. 软件实现了产品规格没有提到的功能

    D. 软件满足用户需求，但测试人员认为用户需求不合常理

4. 下面有关测试原则的说法正确的是（　　）。

    A. 测试用例应由测试的输入数据和预期的输出结果组成

    B. 测试用例只需选取合理的输入数据

    C. 软件最好由开发该软件的程序员自己来做测试

    D. 使用测试用例进行测试是为了检查程序是否做了它该做的事

5. 在软件生命周期的（　　）阶段，软件缺陷修复费用最低。

    A. 需求分析（编制产品说明书）　　　　B. 设计

    C. 编码　　　　　　　　　　　　　　　D. 产品发布

6. 为了提高测试的效率，应该（　　）。

    A. 随机地选取测试数据

    B. 取一切可能的输入数据作为测试数据

    C. 在完成编码以后制订软件的测试计划

    D. 选择发现错误可能性大的数据作为测试数据

7. 下列说法不正确的是（　　）。

    A. 测试不能证明软件的正确性

    B. 测试员需要良好的沟通技巧

    C. QA 与 testing 属于一个层次的概念

    D. 成功的测试是发现了错误的测试

8. 下列（　　）项不属于软件缺陷。

    A. 测试人员主观认为不合理的地方

    B. 软件未达到产品说明书标明的功能

    C. 软件出现了产品说明书指明不会出现的错误

    D. 软件功能超出产品说明书指明范围

9. 产品发布后修复软件缺陷比项目开发早期这样做的费用要高（　　）。

    A. 1～2 倍　　　　B. 10～20 倍　　　　C. 50 倍　　　　D. 100 倍或更高

10. 软件测试的目的是（　　）

    A. 发现程序中的所有错误　　　　B. 尽可能多地发现程序中的错误

    C. 证明程序是正确的　　　　　　D. 调试程序

二、填空题

1. 软件测试是使用人工或自动的手段来_____或_____某个软件系统的过程，其目的在于检验它是否满足规定的需求或弄清预期结果与实际结果之间的差别。

2. 软件质量成本包括所有由质量工作或者进行与质量有关的活动所导致的成本，包

括_____、_____、_____。

3._____是存在于软件(如文档、数据、程序)之中的那些不希望或不可接受的偏差。它的存在会导致软件产品在某种程度上不能_____。

4.动态测试的两个基本要素是_____和_____。

5.软件测试的 W 模型由两个 V 字形组成,分别代表_____与_____过程。

三、判断题

1.好的测试员不懈追求完美。　　　　　　　　　　　　　　　　　　(　　)

2.软件测试工具可以代替软件测试员。　　　　　　　　　　　　　　(　　)

3.在软件开发过程中,若能推迟暴露其中的错误,则为修复和改正错误所花费的代价就会降低。　　　　　　　　　　　　　　　　　　　　　　　　　　　(　　)

4.程序员与测试工作无关。　　　　　　　　　　　　　　　　　　　(　　)

5.我是个很棒的程序员,我无须进行单元测试。　　　　　　　　　　(　　)

6.软件缺陷是导致软件失效的必要要素,而非充分要素。　　　　　　(　　)

7.在软件产品计划阶段,不必进行 SQA 活动。　　　　　　　　　　　(　　)

8.黑盒测试的测试用例是根据程序内部逻辑设计的。　　　　　　　　(　　)

9.软件测试是有效地发现软件缺陷的手段。　　　　　　　　　　　　(　　)

10.集成测试计划在需求分析阶段末提交。　　　　　　　　　　　　　(　　)

四、解答题

1.辐射治疗仪器缺陷案例分析。

Therac-25 是 Atomic Energy of Canada Limited 所生产的一种辐射治疗仪器,包括硬件和软件,按当时的技术来说,是一个较为复杂的系统,由于其软件设计时的瑕疵,导致在 1985 年 6 月到 1987 年 1 月之间,发生多起医疗事故,患者受到过量辐射,导致灼伤甚至死亡。

事后的调查发现整个软件系统没有严格的质量保证,没有经过充分的测试,有关系统安全性分析,只考虑了系统硬件,没有把计算机故障(包括软件)所造成的隐患考虑在内。

试分析软件质量保证、软件测试工作者应从这一案例获得哪些警示?

2.针对以下代码,请分析代码中存在的问题和缺陷。

```java
public class getScoreAverage
{   public float getAverage( int [] scores )
    {   if (scores==null || scores.length==0)
        {   throw new NullPointerException();
        }
        float sum =0.0F;
        int j=scores.length;
        for (int i=1; i<j; i++)
        {   sum +=scores[i];
        }
    return sum/j;
        }
```

```
        }
```

3. 有程序段如下：

```java
public int get_max(int x, int y, int z) {
    int max;
    if(x>=y)
    {   max =x; }
    else
    {   max =y; }
    if( z>=x )
    {   max =z; }
        return max;    }
```

（1）试分析该程序段有何逻辑错误。

（2）设计一个测试数据，使得执行该测试时会执行到缺陷代码但不会触发错误。

（3）设计一个测试数据，使得执行该测试时会执行到缺陷代码并触发错误，但不会引起失败。

（4）设计一个测试数据，使得执行该测试时会执行到缺陷代码，触发错误，并引起失败。

黑盒测试

2.1 黑盒测试概述

黑盒测试是指把被测试软件看作一个打不开的黑盒子,不考虑软件内部的逻辑结构和特性,只依据软件的规格说明书,运行软件,输入测试数据,根据运行结果检验该软件的功能是否能实现并检验性能等其他特性是否满足用户需求。黑盒测试是一种从用户角度出发,基于规格说明书的测试。黑盒测试又叫数据驱动测试等。

2.1.1 黑盒测试的特点

由于黑盒测试可以不用考虑程序内部结构和实现细节,只关注软件的执行结果和外部特性,所以针对软件整体的测试,如系统测试、验收测试一般都采用黑盒测试,如图2-1所示。

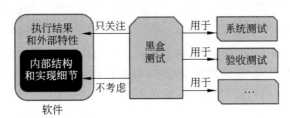

图 2-1 黑盒测试的特点和用途

设计黑盒测试用例可以和软件需求分析、软件设计同时进行,这样可以缩短整个软件项目所需的时间。例如,在对软件做需求分析时就可以为验收测试做准备,编写验收测试所需的黑盒测试用例;在对系统做规格说明书时就可以为系统测试做准备,编写系统测试所需的黑盒测试用例等。

对软件进行黑盒测试的主要依据是软件规格说明书,因此,在进行黑盒测试之前应确保软件规格说明书是经过评审的,其质量达到了既定的要求。如果没有规格说明书,则可以采用探索式测试。

黑盒测试思想不仅可以用于测试软件的功能,同时,也可用于测试软件的非功能特性,如性能、安全性等。例如,2022年冬奥会在我国举行,为了让不能亲临北京冬奥会开幕式现场的观众,也能通过大屏幕身临其境般观看开幕式,山东浪潮超高清视频产业有限公司历时 10 个月艰苦攻关，突破 8K 超高清直播技术瓶颈，为此次冬奥会开幕式直播及赛事直播提供 8K 超高清解码器和超高清视频服务系统。8K 是一种超高清的分辨率，但目前国内城市户外大屏幕仅支持 4K 分辨率。为了保证视觉体验，技术人员把视频解码成 4 路 4K 信号，然后再把 4 部分画面无缝拼接和同步播放出来。开幕式之前，技术人员对大屏幕电路和控制软件进行了大量测试，要做到 4 个画面看起来几乎是完全同步的，同时还要和各种大屏幕设备、市场上主流拼接器厂商的产品进行兼容性测试等。整个团队40 多人反复测试，仅压力测试就进行了上万次。

2.1.2　主要的黑盒测试方法

黑盒测试用例设计方法主要有以下几种：等价类划分、边界值、错误推测、因果图、判定表驱动、正交实验设计、场景法等。

在面对实际的软件测试任务时，如果仅采用一种黑盒测试用例设计方法，是无法获得理想的测试用例集、高质量地解决复杂软件测试问题的。比较实用的方法是，综合运用多种设计技术来设计测试用例，取长补短，只有这样才能有效提高测试的效率和测试覆盖率。这就需要我们认真掌握这些方法的原理，积累一定的软件测试经验，才能有效地提高软件测试水平。

2.1.3　黑盒测试针对的软件缺陷

黑盒测试主要可以有针对性地发现以下类型的错误。

1. 输入、输出错误

例如，某 App 的用户注册界面上有一个文本框，用于输入用户的手机号码，但测试时发现，该 App 对用户输入的手机号码没有任何校验，输入字母都可以，而程序的规格说明书中要求接收用户的有效手机号码并用于后面发送验证码。这是一种输入错误，没有对输入数据的有效性进行必要的校验，不符合程序的规格说明，并会影响后续功能的正常实现。

2. 初始化、终止性错误

初始化错误是指无法正常打开应用软件，如图 2-2 所示，对某 App 程序在进行兼容性测试发现，在某个特定的环境中，该 App 程序安装后打开时会提示"安全初始化失败，请重新打开 App"。

终止性错误：测试执行某 App 程序后发现，该 App 始终处于运行状态，但不再对用户的操作给出响应，没有提示，也不能正常退出。

3. 功能不正确或者有遗漏

某学生课表查询 App 的规格说明书中说，该 App 可以根据学号查询到本人本教学周的课表，但对其进行黑盒测试时发现，实际只能查询到本人所在行政班级的周课表，一些选修课是查不出来的，这就是程序的功能存在遗漏。

图 2-2　App 初始化失败

4. 界面错误

对某成绩管理 App 进行黑盒测试,执行后主界面显示:"欢迎进入网上书店",这是程序界面上有信息错误。

5. 性能不符合要求

例如,某售票 App 的规格说明书要求该系统能满足十万个移动端客户同时买票,但对其进行黑盒测试时发现,模拟 5 万个移动端客户同时买票时该系统就瘫痪了,这说明该系统性能不符合要求。

6. 数据库或其他外部数据访问错误

例如,某 App 执行时需要访问后台数据库,对其进行黑盒测试时提示数据获取失败,这就是数据库或其他外部数据访问错误,如图 2-3 所示。错误的原因可能是网络不畅,系统繁忙,也可能是程序中有其他错误。

7. 用户隐私、安全性问题等

例如,某学生管理 App,对其进行黑盒测试时发现,用某个学生账号登录系统后,可以查询到其他同学的信息,并且可以修改。这样的系统就存在用户隐私、安全性问题,可能导致信息泄露和信息篡改。

图 2-3　数据库或其他外部数据访问错误

2.2　等价类划分测试概述

从理论上讲，黑盒测试只有对一个程序穷举所有可能的输入来进行测试，才能发现程序中所有的错误，不仅要测试所有合法的输入，而且还要对那些不合法但有可能出现的输入进行测试。前面章节在介绍软件测试的技术原则时已经说过，穷举测试是不可能的，所以必须要提高测试的针对性，既要测试各种可能的情况，提高测试的完备性，又要避免重复，降低冗余，节约测试成本。等价类划分测试就是这样一种黑盒测试方法。

2.2.1　等价类划分

什么是等价类划分？先看一个例子，某学校要做校服，校服工厂拿过来样品请同学试穿看是否合身，那么需不需要每个同学都去试穿呢？如果学校学生很多，每个人都去试穿是一件很费时费力的事情，我们很容易想到一种简便的方法，那就是把学生按照身材分成不同的组，如图 2-4 所示。同一组只需要去一个人试一下就可以了，如果这个同学合身，那么同组其他同学由于身材跟他基本一样，所以也会合身。这就是等价类划分的思想。

某个元素相应的等价类是指，对某一个等价关系而言，与其等价的所有元素的集合。简单地说，等价类是数据集的某个子集，等价类中的各个元素具有某种相同的特性。例如，按照奇偶性，整数可以分为奇数和偶数两个等价类。

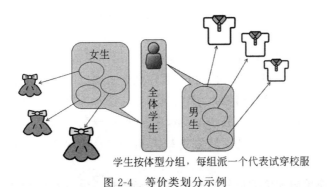

学生按体型分组，每组派一个代表试穿校服

图 2-4　等价类划分示例

奇偶性 $\begin{cases} 0,2,4,\cdots\cdots都等价，都是偶数，它们构成偶数等价类 \\ 1,3,5,\cdots\cdots都等价，都是奇数，它们构成奇数等价类 \end{cases}$

在进行等价类划分时需要注意的是，各个等价类之间不应存在相同的元素，所有等价类的并集应当是被划分集合的全集，如图 2-5 所示。

从软件测试的角度来说，由于等价类中的各个元素具有相同的特性，所以对于发现或者揭露程序中的缺陷，它们的作用是等价的，或者说效果是相同的，于是等价类划分法合理地假定：对于某个等价类而言，只需要测试其中的某个代表数据，就等于对这一等价类中所有数据的测试。

等价类划分用于软件测试，就是把所有可能的输入数据，划分成若干等价类，然后从每个等价类中选取一个或者少量数据，作为测试数据去测试程序，如图 2-6 所示。

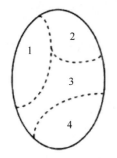

我来做代表

2
4，6，8
…

偶数

图 2-5　等价类划分　　　　图 2-6　对于某个等价类，只需选取其中的某个代表来进行测试

通过等价类划分，把可能无限的输入，变成有限的等价类，然后从中选出代表作为测试用例，以期达到在测试工作尽可能完备的同时又尽可能避免测试冗余，降低测试成本，提高测试的有效性。等价类划分是最基本和最常用的黑盒测试方法。

等价类划分测试通常针对输入数据而进行，即依据软件规格说明书，将输入数据按照处理方式的不同，划分为不同的等价类，再从等价类中选出代表作为测试用例，这样既能测试各种可能的输入类型，也能避免对某些输入类型反复测试，形成冗余。但有时等价类划分测试也可以对输出数据或者中间过程数据等进行应用实施，这主要针对那些输出或者中间过程处理较为复杂的情况。

等价类可以分为有效等价类和无效等价类,有效等价类是指对于程序规格说明来说,合理的、有意义的输入数据构成的集合。利用它,可以检验程序是否实现了规格说明预先规定的功能和性能等特性。而无效等价类是指对于程序规格说明来说,不合理的、无意义的输入数据构成的集合。利用它,可以检验程序能否正确应对异常的输入,而不至于产生不希望出现的后果。设计测试用例时,要同时考虑这两种等价类,因为软件不仅要能接收并处理合理的数据,也要能经受意外的考验,在遇到不合理的、无意义的数据输入时,能妥善处理,而不至于无法应对,出现意外的结果,只有通过这样的测试,才能确保软件具有更高的可靠性。

来看一个最简单的等价类划分的示例,符号函数输入 x,输出 y,如果 $x>0$, 则 $y=1$;如果 $x=0$,则 $y=0$;如果 $x<0$ 则 $y=-1$。

$$\begin{cases} x>0 \rightarrow y=1 \\ x=0 \rightarrow y=0 \\ x<0 \rightarrow y=-1 \end{cases}$$

不难对 x 划分等价类,x 的有效等价类有 3 类,分别是 $x>0$,$x=0$ 和 $x<0$。

而 x 的无效等价类可以归为一类,即所有不能和 0 进行大小比较的数据。

在符号函数这一示例中,对 x 的有效等价类是按照区间来划分的,而对于不同的数据类型及处理规则,划分等价类的方式是不一样的,常见的划分方式如下。

(1) 按区间划分。

(2) 按数值划分。

(3) 按集合划分。

(4) 按限制条件或者限制规则划分。

(5) 按处理方式划分。

例如,对个人所得税计算软件进行测试,可以按照个人所得税分等级计算标准,把输入数据"全年应纳税所得额"按区间进行等价类划分,见表 2-1。

表 2-1 "全年应纳税所得额"按区间进行等价类划分

等价类编号	全年应纳税所得额	税率/%	速算扣除数
1	不超过 36 000 元的部分	3	0
2	超过 36 000~144 000 元的部分	10	2520
3	超过 144 000~300 000 元的部分	20	16 920
4	超过 300 000~420 000 元的部分	25	31 920
5	超过 420 000~660 000 元的部分	30	52 920
6	超过 660 000~960 000 元的部分	35	85 920
7	超过 960 000 元的部分	45	181 920

又如,对把五级计分制成绩转换成百分制成绩的程序进行测试,可以把输入数据"五级计分制成绩"按照转换的处理方式进行等价类划分,见表 2-2。

表 2-2　"五级计分制成绩"按照转换的处理方式进行等价类划分

等价类编号	五级计分制成绩	转换的处理方式
1	优秀	转换成 90 分
2	良好	转换成 80 分
3	中等	转换成 70 分
4	及格	转换成 60 分
5	不及格	转换成 40 分

到目前为止,还没有高质量划分等价类的标准方法,针对软件不同的规格说明可能使用不同的等价类划分方法,不同的等价类划分得到的测试用例的质量不同。在划分等价类时,可以参考下面的建议。

(1) 如果输入条件规定了取值的范围,那么可以确定一个有效等价类和两个无效等价类。

例如,程序输入条件为小于或等于 100 且大于或等于 0 的整数 x,则有效等价类为 $0 \leqslant x \leqslant 100$,两个无效等价类为 $x < 0$ 和 $x > 100$。

(2) 如果输入条件规定了一个输入值的集合,那么可以确定一个有效等价类和一个无效等价类。

例如,某程序规定了输入数据职称的有效取值来自集合 R = {助教、讲师、副教授、教授、其他、无},则有效等价类为职称属于 R,无效等价类为职称不属于 R。

(3) 如果输入条件规定了输入值必须满足某种要求,那么可以确定一个有效等价类和一个无效等价类。

例如,某程序规定输入数据 x 的取值条件为数字符号,则有效等价类为 x 是数字符号,无效等价类为 x 含有非数字符号。

(4) 在输入条件是一个布尔量的情况下,可以确定一个有效等价类和一个无效等价类。

例如,某程序规定其有效输入为布尔真值,则有效等价类为布尔真值 true,无效等价类为布尔假值 false。

(5) 如果规定了输入数据为一组值(假定 n 个),并且程序要对每一组输入值分别进行处理,那么可以确定 n 个有效等价类和一个无效等价类。

例如,某程序输入 x 取值于一组值{优秀,良好,中等,及格,不及格},且程序中会对这 5 个值分别进行处理,则有效等价类有 5 个,分别为 x = "优秀"、x = "良好"、x = "中等"、x = "及格"、x = "不及格",无效等价类为 x 不属于集合{优秀,良好,中等,及格,不及格}。

(6) 如果规定输入数据必须符合某些规则,那么可以确定一个有效等价类(符合规则)和若干分别从不同角度违反规则的无效等价类。

例如,某种信息加密代码由 3 部分组成,这 3 部分的名称和内容分别如下。

加密类型码:空白或 3 位数字。

前缀码：非"0"或"1"开头的 3 位数。

后缀码：4 位数字。

假定被测试的程序能接受一切符合上述规定的信息加密代码，拒绝所有不符合规定的信息加密代码，用等价类划分法，可分析得出，它所有的等价类包括 4 个有效等价类和 11 个无效等价类，见表 2-3。

表 2-3　有效等价类和无效等价类划分示例

组 成 部 分	有效等价类	无效等价类
加密类型码	(1) 空白 (2) 3 位数字	(1) 有非数字字符 (2) 少于 3 位数字 (3) 多于 3 位数字
前缀码	(3) 从 200 到 999 之间的 3 位数字	(4) 有非数字字符 (5) 起始位为"0" (6) 起始位为"1" (7) 少于 3 位数字 (8) 多于 3 位数字
后缀码	(4) 4 位数字	(9) 有非数字字符 (10) 少于 4 位数字 (11) 多于 4 位数字

（7）在初步划分等价之后，如果发现某一等价类中的各元素在程序中的处理有区别，则应再将该等价类进一步划分为更小的等价类。

2.2.2　等价类划分测试

用等价类划分的方法来设计测试用例的步骤如下。

（1）划分等价类，包括有效等价类和无效等价类，建立等价类表，并为每一个等价类规定一个唯一的编号；

（2）设计一个新的测试用例，使其尽可能多地覆盖尚未覆盖的有效等价类；重复这一步骤，直到所有的有效等价类都被覆盖为止。

（3）设计一个新的测试用例，使其仅覆盖一个无效等价类，重复这一步骤，直到所有的无效等价类都被覆盖为止。

以测试符号函数为例，第一步建立等价类表，见表 2-4。

表 2-4　建立等价类表

(a) 有效等价类

输入数据	有效等价类	编号
x	$x < 0$	Y1
x	$x = 0$	Y2
x	$x > 0$	Y3

(b) 无效等价类

输入数据	无效等价类	编号
x	不能和 0 比较大小的输入	N1

第二步,设计测试用例,覆盖所有的有效等价类,见表 2-5。

表 2-5　设计测试用例覆盖所有有效等价类

测试用例编号	覆盖的有效等价类	测试数据	预期结果
T1	Y1	$x = -4$	$y = -1$
T2	Y2	$x = 0$	$y = 0$
T3	Y3	$x = 8$	$y = 1$

第三步,设计测试用例,一次仅覆盖一个无效等价类,重复这一步骤,直到所有的无效等价类都被覆盖为止。对符号函数而言,输入数据 x 的无效等价类可以归为一类,即所有不能和 0 进行大小比较的数据,所以只需要设计一个测试用例覆盖它即可,见表 2-6。

表 2-6　设计测试用例覆盖无效等价类

测试用例编号	覆盖的无效等价类	测试数据	预期结果
T1	N1	$x = $"GOOD"	提示输入数据错误

为什么设计一个测试用例可覆盖多个有效等价类,而一般只能覆盖一个无效等价类呢?假设有一个成绩输入软件,输入的成绩由平时成绩 cj1 和期末成绩 cj2 两部分组成,cj1、cj2 的无效等价类都是两个,小于 0 和大于 100。

程序员在编写程序时,用两条语句来应对可能的无效输入,代码本应当如下。

```
If  ( cj1<0 or cj1>100 )     Return "平时成绩超出 0～100 范围!"
If  ( cj2<0 or cj2>100 )     Return "期末成绩超出 0～100 范围!"
```

但程序员在敲代码时出现了疏忽,把 cj2>100,写成了 cj2>1000,代码变成了:

```
If  ( cj1<0 or cj1>100 )     Return "平时成绩超出 0～100 范围!"
If  ( cj2<0 or cj2>1000 )    Return "期末成绩超出 0～100 范围!"
```

现在设计一个测试用例 cj1 = -10,cj2 = 800,覆盖了两个无效等价类,分别是 cj1 的小于 0 无效等价类,和 cj2 的大于 100 无效等价类。

输入这一测试数据,程序执行在执行完第一行对 cj1 进行有效性检验之后,就提示"平时成绩超出 0～100 范围!"并退出执行返回了,根本就没有继续执行第二行代码。这样第二行的错误就发现不了,而我们很可能还错误地认为程序顺利通过了针对 cj2 的大于 100 无效等价类的测试。如果一次只覆盖一个无效等价类,如 cj1 = 70,cj2 = 800,就可以发现第二行代码中的错误。

所以说一个测试用例可覆盖多个有效等价类,而一般只能覆盖一个无效等价类,除非是一次覆盖一个无效等价类已经做完了,专门再来对多个变量做无效等价类的组合覆盖。

2.2.3 等价类的组合测试

如果有多个输入条件,并且各个条件之间存在关联,那么仅仅只是覆盖所有的等价类还不够,还需要考虑等价类之间的组合。组合可分为完全组合和部分组合两种,如果输入条件比较多,并且每个输入条件的等价类也比较多,那么总的完全组合数将非常大,此时可以采用部分组合。

1. 弱一般等价类

设计若干测试用例,每个测试用例应尽可能多地覆盖尚未覆盖的被测变量的有效等价类,并且每个被测变量的有效等价类应至少出现一次。测试用例个数为各个被测变量中的最大有效等价类个数。

2. 强一般等价类

设计若干测试用例,使其覆盖所有被测变量有效等价类的组合。测试用例个数为各个被测变量有效等价类数的乘积。

3. 弱健壮等价类

设计若干测试用例,每个测试用例应尽可能多地覆盖尚未覆盖的有效等价类。对于无效等价类,每个测试用例只考虑一个被测变量的无效等价类。测试用例的个数为:各个被测变量中的最大有效等价类个数+∑各个被测变量的无效等价类个数。

4. 强健壮等价类

设计若干测试用例,使其覆盖所有被测变量的有效等价类和无效等价类的组合。

测试用例的个数为:各个被测变量的等价类总数的乘积,各个被测变量的等价类总数等于其有效等价类个数+无效等价类个数。

等价类组合中的强和弱、一般和健壮,其含义如下。

$$\begin{cases} 弱:至少覆盖一次即可 \\ 强:覆盖组合 \end{cases} \quad \begin{cases} 一般:只覆盖有效等价类 \\ 健壮:覆盖有效和无效等价类 \end{cases}$$

下面看一个示例。函数 $y=f(x_1,x_2)$ 的输入变量的取值范围分别为 $x_1\in[a,d]$,$x_2\in[e,g]$,根据函数的规格说明划分得到相应的等价类。

x_1:有效等价类 $[a,b),b,c),[c,d]$;无效等价类 $(-\infty,a),(d,+\infty)$

x_2:有效等价类 $[e,f),[f,g]$;无效等价类 $(-\infty,e),(g,+\infty)$

对函数 y 采用等价类划分进行测试时,弱一般等价类测试用例、强一般等价类测试用例、弱健壮等价类测试用例、强健壮等价类测试用例分别如图 2-7 所示。

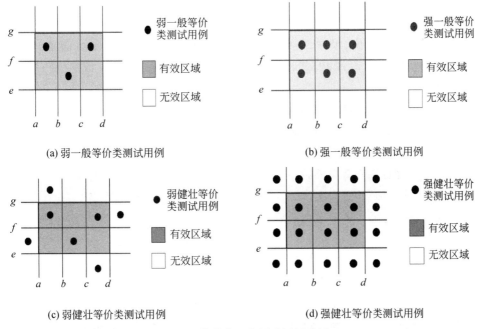

图 2-7　等价类组合测试用例示例

2.3　边界值测试

人们从长期的测试工作经验得知,大量的错误往往发生在输入和输出数据范围的边界上,如图 2-8 所示。

图 2-8　错误往往发生在数据范围的边界上

如果针对各种边界情况设计测试用例,往往可以发现更多的错误。边界值分析法就是对输入或输出数据的边界值进行测试的一种黑盒测试方法。边界值分析法可以和等价类划分法结合起来使用,在划分等价类的基础上,选取输入等价类、输出等价类的边界数据来进行测试。边界值分析法与等价类划分法的区别是,边界值分析不是从等价类中随便挑一个作为代表,而是把等价类的边界作为测试条件。

2.3.1　边界值

使用边界值分析法设计测试用例,首先应确定等价类的边界,然后选取正好等于,略大于,略小于边界的值作为测试数据。

需要注意的是，边界值不仅可以是数据取值的边界，还可以是数据的个数，文件的个数，记录的条数等。通常情况下，软件测试可能针对的边界有多种类型，如数字、字符、位置、重量、大小、速度、方位、尺寸、空间等。相应地，边界值对应的情况可能是：最大/最小、首位/末位、最上/最下、最快/最慢、最高/最低、最短/最长、空/满、最左/最右等情况，例如以下各种情况。

（1）屏幕上的边、角（最左/最右/最上/最下）位置。

（2）字符串的第一个符号和最后一个符号。

（3）报表的第一行和最后一行。

（4）数组元素的第一个和最后一个。

（5）循环一次和循环最大次。

（6）数据表中的第一条记录和最后一条记录。

除了边界端点之外，还应考虑略大于和略小于边界端点的情况。

在实际应用中，对于一个取值范围，选取边界值个数主要有 4 点法和 6 点法两种。4 点法是指选取取值范围的两个端点，以及每个端点内侧各一个点。6 点法是指选取取值范围的两个端点，以及每个端点内外两侧各一个点，如图 2-9 所示。

4 点法再结合等价类中的正常值，就是 5 点法。6 点法再结合等价类中的正常值，就是 7 点法，如图 2-10 所示。

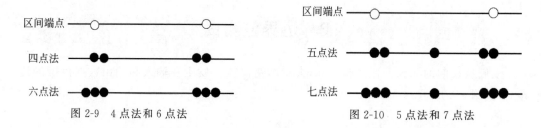

图 2-9　4 点法和 6 点法　　　　　　图 2-10　5 点法和 7 点法

在多数情况下，边界值可以从软件的规格说明书或常识中得到，然而某些边界值并没有直接呈现在软件的规格说明书当中，很容易被忽视，但却也是边界值测试中需要关注的边界条件，这些被称为内部边界值条件或子边界值条件。

内部边界值条件主要有以下几种。

（1）数值的边界值检验。计算机是基于二进制进行工作的，因此，软件的任何数值运算都有一定的范围限制。

（2）字符的边界值检验。在计算机软件中，字符也是很重要的表示元素，其中 ASCII 和 Unicode 是常见的编码方式。

（3）误差的边界值检验。有些计算过程存在误差，需要检验误差是否会超过可以接受的范围。

2.3.2　边界值测试用例设计

用边界值设计测试用例的原则如下。

（1）如果输入条件规定了值的范围，则应选取刚好等于、略大于，略小于范围端点的值作为测试输入数据。

例如，如果程序的规格说明书中规定："质量在 10～50kg 范围的邮件，其邮费计算公式为……"。作为测试用例，我们应取 10 及 50，还应取 9.99,10.01,49.99,及 50.01 等。

（2）如果输入条件规定了值的个数，则用最大个数、最小个数和比最大个数、最小个数多一个、少一个的数作为测试数据。

例如，一个输入文件应包括 1～255 个记录，则测试用例可取 1 和 255，还应取 0,2 及 254,256 等。

（3）根据程序规格说明的每个输出条件，使用原则（1）。

例如，某程序的规格说明书规定该程序的计算结果应为[0,100]，那么可以设计测试用例，使得预期的计算结果应当为 0,略大于 0,略小于 100,以及 100。

（4）根据程序规格说明书的每个输出条件，使用原则（2）。

如某程序一次可输出最多 5 个文件，那么可以设计测试用例，使得预期的输出分别为 0、1、4、5 个文件。

（5）如果程序的规格说明书给出的输入域或输出域是有序集合（如有序表、顺序文件等），则应选取集合中的第一个和最后一个元素作为测试用例。

（6）如果程序中使用了一个内部数据结构，则应当选择这个内部数据结构边界上的值作为测试用例。

（7）分析程序规格说明，找出其他可能的边界条件。

2.3.3　边界值的组合测试

如果有多个变量，这些变量边界值的组合可分为多种情况。

1. 一般边界值

仅考虑单个变量在有效取值区间上的边界值，包括最小值，略高于最小值，略低于最大值和最大值，如果被测变量个数为 n，则总的边界值有 $4n$ 个。设计测试用例时每次只覆盖一个变量的边界值，其他变量应当用正常值，所以可以为每个变量再选取一个正常值，边界值和等价类划分相结合，总的测试用例个数为 $4n+1$ 个。

例如，程序 F 有两个输入变量 $x_1(a\leqslant x_1\leqslant d)$ 和 $x_2(e\leqslant x_2\leqslant g)$，则针对 (x_1,x_2) 的一般边界值测试用例形式如下。

```
{ <nom,min>, <nom,min+>, <nom,nom>,
  <nom,max>, <nom,max->, <min,nom>,
  <min+,nom>, <max,nom>, <max-,nom>}
```

其中 nom 表示正常值，min 表示最小值，max 表示最大值，min+ 表示略大于最小值，max- 表示略小于最大值。总的测试用例个数为 $4n+1=4\times2+1=9$。

2. 一般最坏情况边界值

将多个变量在有效区间上的边界值的组合情况纳入测试范围，用各个变量的最小值、略高于最小值、正常值、略低于最大值和最大值的完全组合作为测试用例集。如果被测变量个数为 n，则总的测试用例个数为 5^n。

3. 健壮边界值

同时考虑单个变量在有效区间和无效区间上的边界值，除了选取最小值、略高于最小值、正常值、略低于最大值和最大值作为边界值之外，还要选取略超过最大值以及略小于最小值的值。如果被测变量个数为 n，则测试用例个数为 $6n+1$。

4. 健壮最坏情况边界值

同时考虑多个变量在有效区间和无效区间上的边界值的组合情况，用各个变量的略小于最小值、最小值、略高于最小值、正常值、略低于最大值，最大值和略超过最大值这些边界值进行完全组合。如果被测变量个数为 n，则测试用例个数为 7^n。

函数 $y=f(x_1,x_2)$ 的输入变量的取值范围分别为 $x_1 \in [a,d]$，$x_2 \in [e,g]$，则其一般边界值有 9 组，如图 2-11 所示。

一般最坏情况边界值有 25 组，如图 2-12 所示。

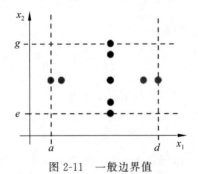

图 2-11 一般边界值　　　　图 2-12 一般最坏情况边界值

健壮边界值有 13 组，如图 2-13 所示。

健壮最坏情况边界值有 49 组，如图 2-14 所示。

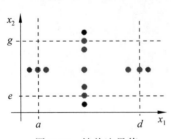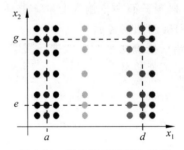

图 2-13 健壮边界值　　　　图 2-14 健壮最坏情况边界值

多变量同时取边界值看上去测试更彻底更完善,但花费的代价确实不小,例如,当 n =3 时,实现健壮边界值覆盖的测试用例个数为 $6n+1=6\times3+1=19$,而实现健壮最坏情况边界值覆盖的测试用例个数为 $7^n=7^3=343$,大约为前者的 18 倍。当各个变量之间相对独立时,仅考虑使用一个变量取边界值,另外一个变量取正常值就可以了,这样既可以达到应有的测试效果,又可以节约大量的测试成本。

2.4　错误推测法

2.4.1　错误推测法介绍

基于经验、问题分析或者直觉,推测程序中可能存在的各种错误,有针对性地设计测试用例来对程序进行测试,这就是错误推测法,如图 2-15 所示。

图 2-15　错误推测法

错误推测法的基本想法是,列举出程序中可能有的缺陷,或程序执行时可能出错的特殊情况,根据它们选择或者设计测试用例,然后有针对性地对程序进行测试。例如,软件中常见的缺陷如下。

(1) 对输入数据没有限制和校验。

(2) 对单次数据查询的结果集大小没有约束。

(3) 网站页面执行出错时会将服务器的调试信息显示在页面上。

程序执行时容易发生错误的情况如下。

(1) 对空数据表执行删除记录操作。

(2) 重复删除记录。

(3) 添加两条相同的记录。

(4) 采用空字符串进行登录等。

针对这些常见的软件缺陷和程序执行时容易发生错误的情况,设计测试用例,来对程序进行测试,这样就很可能发现软件中的问题。

运用错误推测法来对软件进行测试,需要测试人员具有一定的经验积累,通过经验积累可以知道哪些是软件中的常见缺陷,哪些是程序执行时容易出错的地方,然后有针对性地进行测试。

例如,测试员通过自己的测试实践积累,对软件的缺陷分布情况进行系统的分析,包括功能缺陷,接口缺陷和界面缺陷等,结合学习借鉴别人的测试心得和经验,总结出软件常见缺陷表,程序常见错误表等,后面对类似软件进行测试时,就可以根据这些表中的项目来设计测试用例。

错误推测法设计的测试用例对软件缺陷的命中率较高,但要很好地运用错误推测法,除了需要经验积累之外,还需要测试人员熟悉被测软件的用户需求、业务流程、软件特点等,并具有良好的问题分析能力和洞察力,尤其是遇到原来没有测试过的软件类型时,由于没有太多的经验可以借鉴,就需要测试人员充分发挥自己的能力和水平,包括创新性思维,只有这样,才能推测出软件哪些地方可能会不符合用户需求,可能会出错等。错误推测法无法保证测试的覆盖率,通常不宜单独应用,而是作为对其他测试方法的一种补充。

2.4.2　移动应用错误推测法应用

针对移动应用,有以下方面需要有针对性地进行测试。

(1)在当前多个品牌型号、软硬件配置不同的各种移动终端设备上,移动应用是否都能正常运行。

(2)当网络带宽发生变化,以及断网、重新联网时,移动应用是否会出错。

(3)当网络环境发生变化时,移动应用是否会出错。网络环境变化包括移动数据与WLAN等的切换、不同移动数据类型(2G～5G)的切换等。

(4)移动终端的屏幕设置、字体设置等发生变化后,移动应用是否会出错,或者显示效果是否会出问题。

(5)移动应用先被切换到后台,再切换回前台后能否继续正常运行。

(6)移动应用执行时,如果有弹窗,能否继续正常运行。

(7)移动应用执行时,如果有来电、短信等能否继续正常运行。

(8)移动应用执行时,闹铃突然响起,能否继续正常运行。

(9)有其他高内存占用应用执行时,移动应用能否正常运行。

(10)如果移动应用的安装需要通过网络验证,应测试断网情况下安装是否有相应提示。

(11)移动应用卸载过程中如果出现死机,断电,重启等意外的情况,待环境恢复后是否可以正确卸载。

(12)移动应用运行时,使用相机、计算器等手机功能,移动应用能否正常运行。

2.5　判定表驱动法

等价类划分法和边界值分析方法都是着重考虑输入条件,但没有考虑输入条件的各种组合,这样的话,虽然各种输入条件可能出错的情况已经测试到了,但多个输入条件组合起来可能出错的情况却被忽视了。判定表驱动法重点就是针对输入条件的各种组合情况进行测试。

2.5.1　判定表

判定表也叫决策表,是一种逻辑分析和表达工具,用于分析和表达多个输入条件在不同的取值组合下,会分别执行哪些不同的操作。

例如,有一个"阅读指南",它会对读者提 3 个问题,读者对每一个问题只需要简单地回答是或否,"阅读指南"就会根据读者的回答,给出阅读建议。3 个问题,每个问题有两种答案,那么不同的答案组合共有 $2 \times 2 \times 2 = 8$ 个,为分析和表达这 8 种条件组合情况和相应的阅读建议,可以采用如表 2-7 所示的表格。

表 2-7　阅读指南

你觉得累吗?	Y	Y	Y	Y	N	N	N	N
你对书中的内容感兴趣吗?	Y	Y	N	N	Y	Y	N	N
书中的内容使你糊涂吗?	Y	N	Y	N	Y	N	Y	N
回到本章开始重读	√				√			
继续读下去		√				√		
跳过本章到下一章							√	√
不读了,休息一下			√	√				

这样的表格就是判定表。在程序设计发展的初期,判定表就已被当作编写程序的辅助工具。判定表可以把多个条件的组合情况以及复杂的逻辑关系表达得既条理清楚又具体明确,能将复杂的问题进行分解,按照各种可能的情况,全部列举出来,然后给出应当执行的操作,做到既简洁明了又避免遗漏。

在程序规格中,若不同操作的具体实施依赖于多个逻辑条件的不同组合,那么就可以考虑使用判定表来进行分析和表达。一个判定表由如下 4 部分组成,如图 2-16 所示。

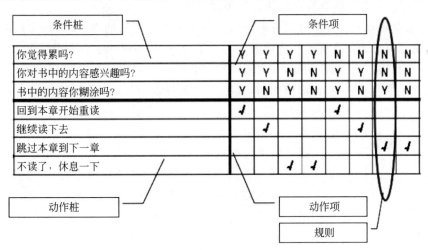

图 2-16　判定表构成图

(1) 条件桩:列出问题的所有条件,通常认为条件的次序无关紧要。

(2) 动作桩:列出所有可能的操作,通常这些操作的排列顺序没有约束。

(3) 条件项:列出各个条件的具体取值。

(4) 动作项:列出在各个条件的具体取值下,应该采取的具体动作。

判定表中的每一列称为一条规则。也就是说,一个特定的条件取值组合及其相应要执行的动作称为一条规则。一条规则包含具体的条件项和动作项,定义了动作在什么条件下发生。显然,判定表中列出多少组不同的条件取值组合,就会有多少条规则。

从处理逻辑上说,判定表可以把复杂的程序处理逻辑分解为多条处理规则,以便于对程序进行分析和理解,并可以进行相应的程序编写。

根据条件取值的个数,判定表可以分为有限项判定表和扩展项判定表。有限项判定表是指每个条件只有两个取值,如 Y/N,T/F,1/0。扩展项判定表是指条件项的取值大于 2 个,可以是很多个。

2.5.2 判定表的建立

判定表的建立步骤如下。

(1)确定规则的条数。

假如有 N 个条件,第 i 个条件有 M_i 种取值,则规则总的数量如下。

$$\prod_{i=1}^{N} M_i$$

例如,某程序有 3 个输入条件,条件 1 有 2 种取值,条件 2 有 4 种取值,条件 3 有 6 种取值,则总共有 2×4×6＝48 条规则。

(2)列出所有的条件桩和动作桩。

(3)填入条件的不同取值组合。

(4)填入具体动作,得到初始判定表。

(5)化简,合并一些具有相同动作的相似规则。

化简就是将规则合并。如果有两条或多条规则具有相同的动作,并且它们的条件项很相似,则可以考虑能否把这些规则合并为 1 条规则,从而使判定表得到简化。

有一种化简较为常见,例如,某有限项判定表有三个条件,其中有两条规则,前两个条件取值相同,只有一个条件取值不同,但不管这个条件取什么值,动作都一样,这说明这个条件在另外两个条件取当前值的前提下对结果不产生影响,或者说在另外两个条件取当前值的前提下结果与第三个条件无关,此时可以把这两条规则合并成一条规则,无关的条件其取值可用横线填充,如图 2-17 所示。

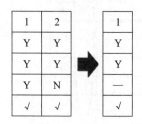

图 2-17 化简

得到判定表后,对软件测试有什么用呢? 实际上,判定表中每一条规则就是程序的一种处理逻辑,为每一条规则设计一个测试用例,对程序进行测试,就相当于测试了程序的各种处理逻辑。为每条规则设计测试用例时,条件项构成测试用例的输入,相应的动作项则是预期的输出结果。

2.5.3 判定表驱动测试应用

某程序规格要求为:"……对功率大于 50 马力(1 马力＝135W)并且维修记录不全,或者已运行 10 年以上的机器,给予优先维修处理……"。假定"维修记录不全"和"优先维修处理"均已有严格的定义,下面按照 5 个步骤来建立判定表。

（1）确定规则的条数。

这里有 3 个条件,每个条件有两个取值,故应有 $2 \times 2 \times 2 = 8$ 条规则。

（2）列出所有的条件桩和动作桩。

条件桩有三项:功率大于 50 马力、维修记录不全、已运行 10 年以上。

动作桩有两项:给予优先处理、作其他处理。

（3）填入条件项。

		1	2	3	4	5
条 件	功率大于 50 马力吗	Y	Y	Y	N	N
	维修记录不全吗	Y	N	N	—	—
	运行超过 10 年吗	—	Y	N	Y	N
动 作	进行优先处理	√	√		√	
	作其他处理				√		√

条件项共有 8 种不同的组合,把它们填入表中。

（4）填入动作顶,得到初始判定表。

根据程序规格要求,把每种条件组合应执行的操作填入表中相应的位置,这样便得到如表 2-8 所示的初始判定表。

表 2-8　初始判定表

		1	2	3	4	5	6	7	8
条 件	功率大于 50 马力吗	Y	Y	Y	Y	N	N	N	N
	维修记录不全吗	Y	Y	N	N	Y	Y	N	N
	运行超过 10 年吗	Y	N	Y	N	Y	N	Y	N
动 作	进行优先处理	√	√	√		√		√	
	作其他处理				√		√		√

（5）化简。

合并相似规则后得到最终的判定表,如表 2-9 所示。

表 2-9　合并相似规则后的判定表

		1	2	3	4	5
条 件	功率大于 50 马力吗	Y	Y	Y	N	N
	维修记录不全吗	Y	N	N	—	—
	运行超过 10 年吗	—	Y	N	Y	N
动 作	进行优先处理	√	√		√	
	作其他处理			√		√

接下来，根据最终判定表的 5 条规则，设计 5 个测试用例，见表 2-10。

表 2-10   根据判定表设计测试用例

		1	2	3	4	5
条件	功率大于 50 马力吗	Y	Y	Y	N	N
	维修记录不全吗	Y	N	N	—	—
	运行超过 10 年吗	—	Y	N	Y	N
动作	进行优先处理	√	√		√	
	作其他处理			√		√
测试用例	输入数据	功率 80 马力维修记录不全	功率 80 马力维修记录全运行 12 年	功率 80 马力维修记录全运行 5 年	功率 40 马力运行 12 年	功率 40 马力运行 5 年
	预期结果	进行优先处理	进行优先处理	作其他处理	进行优先处理	作其他处理

判定表是一种简洁明了的多条件逻辑分析和表达的工具，当然，也不是任何时候都适合使用判定表驱动法来设计测试用例，适合使用判定表驱动法的条件如下。

(1) 规格说明以判定表形式给出，或很容易转换成判定表。

(2) 条件的排列顺序不会也不影响执行哪些操作。

(3) 规则的排列顺序不会也不影响执行哪些操作。

(4) 每当某一规则的条件已经满足，并确定要执行的操作后，不必检验别的规则。

(5) 如果某一规则得到满足要执行多个操作，这些操作的执行顺序无关紧要。

2.6 因 果 图 法

程序可以理解为按照某种规则把输入转换为输出，对于程序而言，输入条件是因，程序输出或程序状态的改变是果，如图 2-18 所示，有什么样的原因就会有什么样的结果，有什么样的输入就会有什么样的输出。

图 2-18   输入是因，输出是果

因果图是一种将多个原因和不同结果之间的对应关系用图来表达的工具。因果图的优点是，可以用图解的形式，直观地表达输入条件的组合、约束关系和输出结果之间的因果关系，因果图一般和判定表结合起来使用。

因果图法，是指从用自然语言描述的程序规格说明书中找出因和果，用因果图来表达它们的逻辑关系，然后根据因果图写出判定表，再由判定表来设计测试用例的方法，如图 2-19 所示。

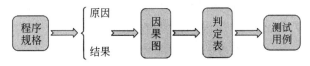

图 2-19　因果图法

如果由程序规格说明书可以较为容易地得出判定表,那就不必先画因果图,而是可以直接利用判定表驱动法来设计测试用例,但在较为复杂的问题中,因果图法常常是十分有效的。例如,在输入条件比较多的情况下,直接使用判定表可能会产生过多的条件组合,从而导致判定表的列数太多,过于复杂。实际上,这些条件之间可能会存在约束条件,所以很多条件的组合是无效的,也就是说,它们在判定表中也完全是多余的。此时,可先画出因果图,下一步根据因果图画出判定表时,可以有意识地排除这些无效的条件组合,从而会使判定表的列数大幅度减少。

2.6.1　因果图介绍

在因果图中,通常用 C_i 表示原因,置于图的左部;E_i 表示结果,置于图的右部。C_i 和 E_i 均可取值 0 或 1,0 表示某状态不出现,1 表示某状态出现。原因和结果之间以直线连接。

1. 关系

因果图用 4 种符号分别表示程序规格说明书中的 4 种因果关系,如图 2-20 所示。

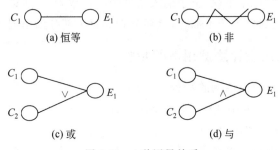

图 2-20　4 种因果关系

(1) 恒等:若原因出现,则结果出现;若原因不出现,则结果也不出现。

(2) 非(～):若原因出现,则结果不出现;若原因不出现,则结果出现。

(3) 或(∨):若几个原因中有一个出现,则结果出现;若几个原因都不出现,则结果不出现。

(4) 与(∧):若几个原因都出现,结果才出现;若其中有一个原因不出现,则结果不出现。

2. 约束

各个输入条件相互之间还可能存在某种关系,称为约束。例如,某些输入条件不可能同时出现。输出状态之间也往往存在约束。在因果图中,用特定的符号标明这些约束。

输入条件的约束有以下 5 类。

（1）E 约束（互斥）：表示不同时为 1，即 a,b,c 中至多只有一个 1。

（2）I 约束（包含）：表示至少有一个 1，即 a,b,c 中不同时为 0。

（3）O 约束（唯一）：表示 a,b,c 中有且仅有一个 1。

（4）R 约束（要求）：表示若 $a=1$，则 b 必须为 1。即不可能 $a=1$ 且 $b=0$。

（5）输出的约束只有 M 约束（屏蔽）：若结果 a 是 1，则结果 b 强制为 0。

5 类约束如图 2-21 所示。

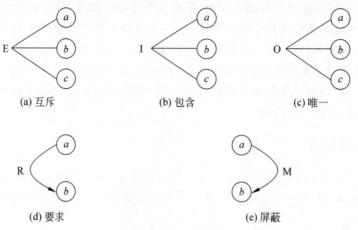

图 2-21　5 类约束

对于规模比较大的程序来说，由于输入条件的组合数太大，所以很难整体上使用一个因果图，此时可以把它划分为若干部分，然后分别对每个部分画出因果图。

2.6.2　采用因果图法设计测试用例的步骤

采用因果图法设计测试用例的步骤如下。

（1）分析软件规格说明描述中，哪些是原因，原因即输入条件或输入条件的等价类，哪些是结果，结果即操作和输出，并给每个原因和结果赋予一个标识符。

需要注意的是原因和结果都需要原子化，例如，"职称是工程师的男职工基本工资加100，奖金加 50"这一软件规格说明描述中，原因有两个，即职称＝工程师，性别＝男；结果也是两个，即基本工资＝基本工资＋100，奖金＝奖金＋50。

（2）分析软件规格说明描述中的语义，找出原因与结果之间，原因与原因之间的关系，并根据这些关系，画出因果图。

（3）标明约束条件。由于某种限制，有些原因与原因之间，原因与结果之间的组合情况不可能出现，为表明这些特殊情况，应在因果图上使用标准的符号来标记约束条件。

（4）把因果图转换为判定表。

（5）根据判定表设计测试用例。

2.6.3　因果图法测试应用

设有一个处理单价为 5 角钱的饮料自动售货机软件，其规格说明如下。

若投入 5 角钱或 1 元钱的硬币,按下【橙汁】或【啤酒】的按钮,则相应的饮料就送出来。若售货机没有零钱找,则一个显示【零钱找完】的红灯亮,这时在投入 1 元硬币并按下按钮后,饮料不送出来而且 1 元硬币也退出来;若有零钱找,则显示【零钱找完】的红灯灭,在送出饮料的同时退还 5 角硬币。

用因果图法为此软件设计测试用例的过程如下。

(1) 分析这一自动售货机软件的规格说明,列出原因和结果。

原因如下。

① 售货机有零钱找。

② 投入 1 元硬币。

③ 投入 5 角硬币。

④ 按下橙汁按钮。

⑤ 按下啤酒按钮。

结果如下。

㉑ 售货机【零钱找完】灯亮。

㉒ 退还 1 元硬币。

㉓ 退还 5 角硬币。

㉔ 送出橙汁饮料。

㉕ 送出啤酒饮料。

(2) 画因果图。

原因在左,结果在右,根据软件规格说明把原因和结果连接起来。在因果图中还可以引入一些中间节点,表示处理的中间状态。本例的中间节点如下。

⑪ 投入 1 元硬币且按下饮料按钮。

⑫ 已按下按钮(【橙汁】或【啤酒】)。

⑬ 应当找 5 角零钱并且售货机有零钱找。

⑭ 钱已付清。

(3) 在因果图中加上约束条件,得到完整的因果图,如图 2-22 所示。

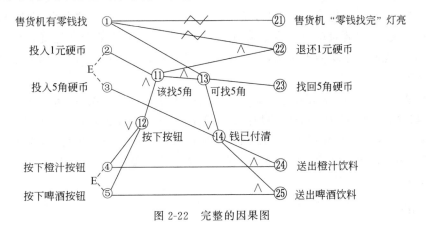

图 2-22　完整的因果图

（4）把因果图转换成判定表，见表 2-11。

表 2-11　根据因果图得到的判定表

		1	2	3	4	5	6	7	8	9	10	1	2	3	4	5	6	7	8	9	20	1	2	3	4	5	6	7	8	9	30	1	2
条件	①	1	1	1	1	1	1	1	1	1	1	1	1	1	1	1	1	1	1	0	0	0	0	0	0	0	0	0	0	0	0	0	0
	②	1	1	1	1	1	1	1	1	0	0	0	0	0	0	0	0	0	1	1	1	1	1	1	1	1	1	0	0	0	0	0	0
	③	1	1	1	1	0	0	0	0	1	1	1	1	0	0	0	0	1	1	1	0	0	0	0	1	1	1	1	0	0	0	0	0
	④	1	1	0	0	1	1	0	0	1	1	0	0	1	1	0	0	1	1	0	1	1	0	0	1	1	0	0	1	1	0	0	0
	⑤	1	0	1	0	1	0	1	0	1	0	1	0	1	0	1	0	1	0	1	0	1	0	1	0	1	0	1	0	1	0	1	0
中间结果	⑪						1	1	0	0	0	0	0	0	0							1	1	0	0	0	0	0	0	0			
	⑫						1	1	0	1	1	0	1	1	0							1	1	0	1	1	0	1	1	0			
	⑬						1	1	0	0	0	0	0	0	0							1	1	0	0	0	0	0	0	0			
	⑭						1	1	0	1	1	1										0	0	0	1	1	1						
结果	㉑						0	0	0	0	0	0	0	0	0							1	1	1	1	1	1	1	1	1	1	1	1
	㉒						0	0	0	0	0	0	0	0	0							1	1	0	0	0	0	0	0	0	0	0	0
	㉓						1	1	0	0	0	0	0	0	0							0	0	0									
	㉔						1	0	0	1	0	0	0	0	0							0	0	0									
	㉕						0	1	0	0	1	0	0	0	0							0	0	0	0	1	0	0	0	0	0	0	0

在以上判定表中，阴影部分表示因违反约束条件，不可能出现的情况，可删去。

（5）根据判定表设计测试用例。

2.7　场　景　法

前面几节介绍的黑盒测试方法，主要是针对单个功能点，不涉及多个操作步骤的连续执行，和多个功能点的组合，无法对涉及用户操作的动态执行过程进行测试覆盖，对于复杂的软件系统，不仅要对单个功能点做测试，更重要的是，需要从全局把握整个系统的业务流程，确保在有多个功能点交叉，存在复杂约束的情况下，测试可以充分覆盖程序执行的各种情况。

场景法是通过运用场景来对系统的功能点或业务流程进行覆盖，从而提高测试效果的一种测试用例设计方法。提出这种测试思想的是 Rational 公司，在 RUP 2000 中文版当中有对场景法详尽的解释和应用实例。这种在软件设计方面的思想，被引入到软件测试中，可以描绘出事件触发时的情景，有利于测试设计者设计测试用例，同时使测试用例更容易理解和执行。

2.7.1　事件流

现在的软件几乎都是用事件来触发控制流程的，例如，申请一个项目，需先提交审批单据,再由部门经理审批,审核通过后由总经理来最终审批,如果部门经理审核不通过,就直接退回,如图 2-23 所示。

多个事件的依次触发形成事件流,场景法中把事件流分为基本流和备用流,基本流指程序每个步骤都"正常"运作时所经过的执行路径,它是程序执行最简单的路径,程序只有一个基本流;备选流是程序执行可能经过,也可能不经过的路径,可以有多个,是基本流之外可选的或备选的情况,一般对应的是异常的事件流程,如图 2-24 所示,图中用黑色的直线表示基本流,用不同颜色的弧线表示备选流。一个备选流可能从基本流开始,在某个特定条件下执行,然后重新加入基本流中(如备选流 1 和 3);也可能起源于另一个备选流(如备选流 2),或者结束用例而不再重新加入到某个流(如备选流 2 和 4)。

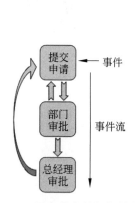

图 2-23　用事件来触发控制流程

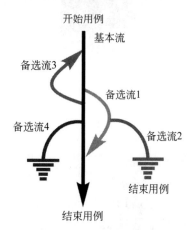

图 2-24　基本流和备选流

2.7.2　场景

从基本流开始,通过描述经过的路径可以确定某一个场景,场景是事件流的一个实例,它对应用户执行软件的一个操作序列,如图 2-25 所示。场景法要求通过遍历基本流和所有的备用流来完成整个场景。

场景主要包括 4 种主要的类型:正常的用例场景,备选的用例场景和异常的用例场景,假定推测的场景。场景法要求根据软件需求规格说明书中的用例所包含的事件流信息,设计场景覆盖所有的事件流,并设计相应的测试用例,使每个场景至少发生一次,如图 2-26 所示。

采用场景法设计测试用例的步骤如下。

(1) 根据说明,描述出程序的基本流及各项备选流。

(2) 根据基本流和各项备选流生成不同的场景。

(3) 对每个场景设计生成相应的测试用例。

(4) 对生成的所有测试用例重新复审,去掉多余的测试用例,测试用例确定后,对每个测试用例确定测试数据值。

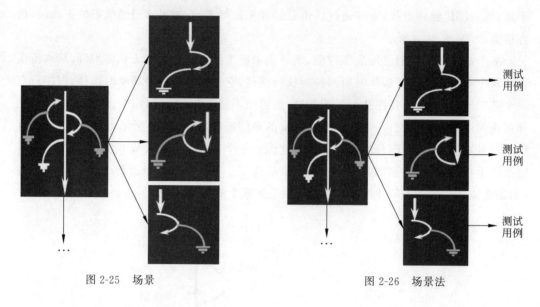

图 2-25　场景　　　　　　　　　　　　　　　　图 2-26　场景法

针对图 2-24 为某程序的事件流图，采用场景法，可以设计 8 个场景来覆盖基本流和各项备选流。

场景 1：基本流。

场景 2：基本流、备选流 1。

场景 3：基本流、备选流 1、备选流 2。

场景 4：基本流、备选流 3。

场景 5：基本流、备选流 3、备选流 1。

场景 6：基本流、备选流 3、备选流 1、备选流 2。

场景 7：基本流、备选流 4。

场景 8：基本流、备选流 3、备选流 4。

注：场景 5、6 和 8 只考虑了备选流 3 循环执行一次的情况。

除上述 8 个场景之外，还可以构建更多的场景，场景的构建实际上等同于业务执行路径的构建，备选流越多，则执行路径越多，场景越多，有时，同样的备选流按照不同的顺序执行就可能形成不同的业务流程和执行结果。由此带来的问题是：当备选流数量很多时，将导致场景爆炸。

如何选取典型场景进行测试，以满足测试的完备性和无冗余性要求，基本原则如下。

（1）最少场景数等于基本流和备选流的总数。

（2）有且唯一有一个场景仅包含基本流。

（3）对应某个备选流，至少应有一个场景覆盖它，并且在该场景中，应尽量避免覆盖其他的备选流。

2.7.3　场景法应用

有一个购物 App，用户成功登录系统后，先选购商品，然后在线支付购买，支付成功后生成订单,完成购物。对这样一个系统,采用场景法设计测试用例过程如下。

(1)根据说明,画出程序的基本流及各项备选流,如图 2-27 所示。

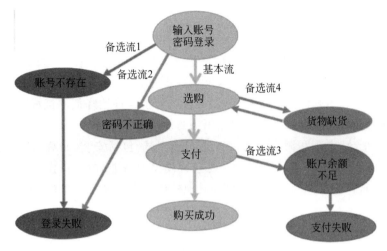

图 2-27 程序的基本流及各项备选流

(2)根据基本流和各项备选流生成不同的场景。

场景 1:基本流。

场景 2:基本流,备选流 1。

场景 3:基本流,备选流 2。

场景 4:基本流,备选流 3。

场景 5:基本流,备选流 4。

(3)对每个场景生成相应的测试用例。

假如存在一个合法账号,其用户名为 abc,密码为 123,账户余额为 200 元。针对每个场景,设计的测试用例见表 2-12。

表 2-12 针对每个场景设计的测试用例表

用例 id	场景/条件	账　号	密码	操　作	预期结果
1	成功购物	abc	123	登录系统,选购一个有库存、价值为 50 元的货物	支付成功,生成订单
2	账号不存在	aaa(账设此账号不存在)	123	登录系统	登录失败
3	密码错误	abc	345	登录系统	登录失败
4	缺货	abc	123	登录系统,选购一个无库存、价值为 50 元的货物	提示货物无库存,需重新选购
5	余额不足	abc	123	登录系统,选购一个有库存、价值为 500 元的货物	提示余额不足,购买失败

2.8　正交实验法

2.8.1　正交实验法应用背景

在利用因果图设计测试用例时，输入条件与输出结果之间的因果关系有时很难从软件需求规格说明中得出，或者很多时候因果关系非常复杂，以至于根据因果图得到的测试用例数目多得惊人，给软件测试带来沉重的负担，为了合理地降低测试成本，提高测试效率，可利用正交实验设计方法来进行测试用例的设计。

假设有一个 App，现在需要对其进行兼容性测试，包括安装、卸载、各项功能在内共有 100 个测试点。App 的兼容性测试主要包含硬件设备兼容性、操作系统兼容性、分辨率与显示设置兼容性、网络运营商兼容性、其他软件兼容性等几个方面，经过初步分析，具体情况如下。

（1）手机硬件。

根据当前市场占有率数据，挑选出市场占有率排在前 15 名的手机品牌型号，再从剩下的品牌型号中随机挑选 5 个手机品牌型号，共 20 个手机品牌型号作为测试硬件环境。

（2）操作系统版本。

Android 操作系统有多种版本，经过调研，设当前主要的 Android 操作系统版本有 4 个。

（3）分辨率、显示设置兼容性。

不同的移动设备，分辨率不同，同一个移动设备，也可能有多种显示设置，假设每个手机品牌型号可能有 4 种不同的分辨率或显示设置。

（4）网络类型。

网络类型包括 2G、3G、4G、5G、WiFi、热点等，假设共有 6 种。

（5）与其他软件的兼容性网络类型。

在各大应用市场获取 App 的排行，按照分类下载量等选出 6 个 App 要与其做软件的兼容性测试。

如果要在上述执行环境要素完全组合的情况下，对所有测试项进行测试，总的测试任务数如下。

$$20 \times 4 \times 4 \times 6 \times 6 \times 100 = 1\ 152\ 000$$

要把所有这些情况都测试一遍，工作任务量太大。为了解决这种因为可能的条件组合太多，难以进行全面测试的问题，可以采用正交实验法。正交实验法，又称为正交设计实验法，或正交设计试验法。其应用背景为：有多个因素的取值变化会影响到某个事件的结果，现需要通过实验来验证这种影响；影响因素个数比较多，并且每一个因素又有多种取值，实验量非常大；不能对每组可能的数据都进行实验。

2.8.2　正交实验设计方法

正交实验设计方法是从大量的实验数据中挑选适量的，有代表性的，合理地安排实验的一种科学实验设计方法。它根据正交性从全部实验中挑选出部分有代表性的数据进行实验,这些有代表性的数据具备"均匀分散,齐整可比"的特点。它是一种高效率、快速、经济的实验设计方法。

实验工作者在长期的工作中总结出一套办法,创造出所谓的正交表。按照正交表来安排实验,既能使实验分布得很均匀,又能减少实验次数,而且计算分析简单,能够清晰地阐明实验条件与结果之间的关系。利用正交表来安排实验及分析实验结果,这种方法叫正交实验设计法。简单地说,就是前人总结正交表,后人直接应用,解决具体问题。

正交实验法中,把有可能影响实验结果的条件称为因子,把条件取值可能的个数称为因子的水平(或状态)。

正交表是一整套规则的设计表格,用 L 作为正交表的代号,n 为需要实验的次数,c 为列数,也就是影响结果的因素的个数,t 为水平数,也就是因素可能的取值的个数。正交表的构造需要用到组合数学和概率学知识,现在广泛使用的 $L_n(t^c)$ 类型的正交表构造思想比较成熟,$L_4(2^3)$、$L_8(4^1 \times 2^4)$ 正交表如图 2-28 所示。

实验编号	因子		
	1	2	3
1	0	0	0
2	0	1	1
3	1	0	1
4	1	1	0

因子的状态

(a) $L_4(2^3)$

实验编号	因子				
	1	2	3	4	5
1	0	0	0	0	0
2	0	1	1	1	1
3	1	0	0	1	1
4	1	1	1	0	0
5	2	0	1	0	1
6	2	1	0	1	0
7	3	0	1	1	0
8	3	1	0	0	1

(b) $L_8(4^1 \times 2^4)$

图 2-28　$L_n(t^c)$ 类型正交表

$L_8(4^1 \times 2^4)$ 表示在有一个 4 水平的因子、4 个 2 水平的因子的情况下,需要的实验次数为 8,也就说如果有 5 个输入条件,条件 1 有 4 种取值可能,条件 2、3、4、5 各有 2 种取值可能,则需要测试的次数为 8。如果不用正交表,而是对所有可能的情况都进行测试,则总共需要测试 $4 \times 2 \times 2 \times 2 \times 2 = 64$ 次。正交表在有效地、合理地减少需进行的实验次数上的作用是明显的。

正交表可分为统一水平数正交表和混合水平数正交表,统一水平数正交表是指表中各个因子的水平数是一样的;混合水平数正交表是指表中的各个因子的水平数不相同。

2.8.3　正交实验法应用步骤

应用正交实验法时,把被测对象的条件因素看作是正交表的因子,各条件因素的取值个数看成是因子的水平数,先根据被测软件的规格说明书找出影响其功能实现的操作对象和外部因素,把它们当作因子,然后把各个因子的不同取值当作状态,明确各个因子的水平数,接下来选择合适的正交表;最后利用正交表进行各因子的状态组合,构造有效的测试输入数据集。具体步骤如下。

(1) 明确有哪些因素(变量)。

(2) 每个因素有哪几个水平(变量的取值)。

(3) 选择一个合适的正交表。

(4) 把变量的值映射到表中。

(5) 把每行的各因素水平的组合作为一个测试数据。

(6) 可以再补充一些其他测试数据。

已经公开发布了很多正交表,可以从因特网、数理统计书籍、相关软件等渠道获得规范的正交表。在选择合适的正交表时,需要考虑因素(即变量)的个数,因素水平(即变量的取值)的个数,和正交表的行数,在有多个正交表符合需要的情况下,应取行数最少的一个。如果因素数(变量)、水平数(变量值)都相符,那么直接套用符合需要的正交表即可。如果因子数和水平数与正交表不吻合,可以遵循以下原则。

(1) 正交表的列数不能小于因子数。

(2) 正交表的水平数不能小于因子的最大状态数。

(3) 正交表的行数取最小值。

以上原则可以概括为最小包含,即要找出大于或等于所需因子数和因子状态数、行数最小的正交表。

2.8.4　正交实验法应用示例

某系统有 5 个独立的参数配置变量(如 A,B,C,D,E),变量 A 和 B 都有两个取值(如 A1、A2)和(如 B1、B2)。变量 C 和 D 都有 3 个可能的取值(C1、C2、C3 和 D1、D2、D3),变量 E 有 6 个可能的取值(E1、E2、E3、E4、E5、E6)。现要求测试系统在不同参数配置下的执行情况。

如果测试所有可能的参数配置,则需要测试 $2 \times 2 \times 3 \times 3 \times 6 = 216$ 次。为合理减少测试的次数,可以采用正交实验法。在选择正交表时,要求满足以下条件:

(1) 因子数 $\geqslant 5$。

(2) 水平数应满足以下要求。

① 有 2 个因子的水平数 $\geqslant 2$。

② 有 2 个因子的水平数 $\geqslant 3$。

③ 有 1 个因子的水平数 $\geqslant 6$。

满足上面条件的正交表有两个:$L_{49}(7^8)$ 和 $L_{18}(3^6 \times 6^1)$,按照行数少的原则,应选取 $L_{18}(3^6 \times 6^1)$。选定 $L_{18}(3^6 \times 6^1)$ 后,由于实际变量只有 5 个,而这个正交表有 7 个因子列,所以应把正交表中多余的列删去,如图 2-29 所示,注意不能删除水平数为 6 的第七列。

然后进行变量映射,具体过程如下。

A:0→A1,　1→A2。

B:0→B1,　1→B2。

C:0→C1,　1→C2,　2→C3。

实验编号	因子						
	1	2	3	4	5	6	7
1	0	0	0	0	0	0	0
2	0	0	1	1	2	1	1
3	0	1	0	2	2	2	2
4	0	1	2	0	1	3	3
5	0	2	1	2	1	4	4
6	0	2	2	1	0	5	5
7	1	0	1	2	1	5	5
8	1	0	2	0	2	4	4
9	1	1	1	1	1	0	0
10	1	1	0	2	0	1	1
11	1	2	1	1	2	3	3
12	1	2	0	0	2	2	2
13	2	0	1	2	0	3	3
14	2	0	2	1	1	2	2
15	2	1	0	1	0	4	4
16	2	1	1	0	2	5	5
17	2	2	0	0	1	1	1
18	2	2	2	2	0	0	0

实验编号	因子						
	1	2	3	4			7
1	0	0	0	0			0
2	0	0	1	1			1
3	0	1	0	2			2
4	0	1	2	0			3
5	0	2	1	2			4
6	0	2	2	1			5
7	1	0	1	2			5
8	1	0	2	0			4
9	1	1	1	1			0
10	1	1	0	2			1
11	1	2	1	1			3
12	1	2	0	0			2
13	2	0	1	2			3
14	2	0	2	1			2
15	2	1	0	1			4
16	2	1	1	0			5
17	2	2	0	0			1
18	2	2	2	2			0

图 2-29　删除多余因子列

D：0→D1，　1→D2，　2→D3。

E：0→E1，　1→E2，　2→E3，　3→E4，　4→E5，　5→E6。

有的变量的取值个数也小于这一正交表因子的状态数，此时需要把没有的取值，均匀地替换成有的取值，如图 2-30 所示。

实验编号	因子						
	1	2	3	4			7
1	0	0	0	0			0
2	0	0	1	1			1
3	0	1	0	2			2
4	0	1	2	0			3
5	0	2	1	2			4
6	0	2	2	1			5
7	1	0	1	2			5
8	1	0	2	0			4
9	1	1	1	1			0
10	1	1	0	2			1
11	1	2	1	1			3
12	1	2	0	0			2
13	2	0	1	2			3
14	2	0	2	1			2
15	2	1	0	1			4
16	2	1	1	0			5
17	2	2	0	0			1
18	2	2	2	2			0

实验编号	因子					
	1	2	3	4		7
1	A1	B1	C1	D1		E1
2	A1	B1	C2	D2		E2
3	A1	B2	C1	D3		E3
4	A1	B2	C3	D1		E4
5	A1	B1	C2	D3		E5
6	A1	B2	C3	D2		E6
7	A2	B1	C2	D3		E6
8	A2	B1	C3	D1		E5
9	A2	B2	C2	D2		E1
10	A2	B2	C1	D3		E2
11	A2	B1	C2	D2		E4
12	A2	B2	C1	D1		E3
13	A1	B1	C2	D3		E4
14	A2	B1	C3	D2		E3
15	A1	B2	C1	D2		E5
16	A2	B2	C2	D1		E6
17	A1	B1	C1	D1		E2
18	A2	B2	C3	D3		E1

图 2-30　把没有的取值进行均匀替换

习 题 二

一、选择题

1. 凭经验或直觉推测可能的错误，列出程序中可能有的错误和容易发生错误的特殊情况，选择测试用例的测试方法叫（　　）。

　　A. 等价类划分　　　B. 边界值分析　　　C. 错误推测法　　　D. 逻辑覆盖测试

2. 黑盒测试技术中不包括（　　）。

　　A. 等价类划分　　　B. 边界值分析　　　C. 错误推测法　　　D. 逻辑覆盖

3. 黑盒测试技术，使用最广的用例设计技术是（　　）。

　　A. 等价类划分　　　B. 边界值分析　　　C. 错误推测法　　　D. 逻辑覆盖

4. 在某大学学籍管理信息系统中，假设学生年龄的输入范围为 16～40，则根据黑盒测试中的等价类划分技术，下面划分正确的是（　　）。

　　A. 可划分为 2 个有效等价类，2 个无效等价类

　　B. 可划分为 1 个有效等价类，2 个无效等价类

　　C. 可划分为 2 个有效等价类，1 个无效等价类

　　D. 可划分为 1 个有效等价类，1 个无效等价类

5. 有一组测试用例使得被测程序的每一个分支至少被执行一次，它满足的覆盖标准是（　　）。

　　A. 语句覆盖　　　B. 判定覆盖　　　C. 条件覆盖　　　D. 路径覆盖

6. 在确定黑盒测试策略时，优先选用的方法是（　　）

　　A. 边界值分析法　　B. 等价类划分　　　C. 错误推断法　　　D. 决策表方法

7. （　　）方法根据输出对输入的依赖关系设计测试用例。

　　A. 路径测试　　　B. 等价类　　　C. 因果图　　　D. 归纳测试

8. 对于参数配置类的软件，要用（　　）选择较少的组合方式达到最佳效果。

　　A. 等价类划分　　B. 因果图法　　　C. 正交试验法　　　D. 场景法

9. 对于业务流清晰的系统可以利用（　　）贯穿整个测试用例设计过程并在用例中综合使用各种测试方法。

　　A. 等价类划分　　B. 因果图法　　　C. 正交试验法　　　D. 场景法

10. 用边界值分析法，假定 $1 < X < 100$，那么整数 X 在测试中应取的边界值不包括（　　）。

　　A. $X=1, X=100$　　　　　　　　　B. $X=0, X=101$

　　C. $X=2, X=99$　　　　　　　　　D. $X=3, X=98$

二、填空题

1. 等价类划分有两种不同的情况：_____ 和 _____。

2. 如果有多个输入条件，并且各个条件之间存在关联，那么仅仅只是覆盖所有的等价类还不够，还需要考虑等价类之间的 _____。

3. 各个被测变量的等价类总数等于其 _____ 加上 _____。

三、判断题

1. 一个测试用例可覆盖多个有效等价类和无效等价类。 （ ）

2. 不同的等价类划分得到的测试用例的质量不同。 （ ）

3. 强健壮等价类测试中,测试用例个数为各个被测变量的等价类总数的和。（ ）

四、解答题

1. 某种信息加密代码由三部分组成,这三部分的名称和内容分别如下。

加密类型码：空白或三位数字。

前缀码：非"0"或"1"开头的三位数。

后缀码：四位数字。

假定被测试的程序能接受一切符合上述规定的信息加密代码,拒绝所有不符合规定的信息加密代码,试用等价类划分法,分析它所有的等价类,并设计测试用例。

2. 某"银行网站系统"登录界面如下图所示,试采用错误推测法,举出 10 种常见问题或错误,并设计 10 个测试用例。

3. 有一个在线购物网站系统,其主要功能包括登录、商品选购、在线支付完成购物等。用户在使用这些功能时可能会出现各种情况,如账号不存在、密码错误、账户余额不足等。设目前该系统中仅有一个账号 abc,密码为 123,账户余额为 200 元;仅有商品 A,售价均为 50 元,库存为 15,商品 B 售价为 50 元,库存为 0。

试采用场景法：

(1) 分析画出事件流图,标注出基本流和备选流。

(2) 分析生成测试场景。

(3) 对每个场景设计相应的测试用例。

4. 某软件需求规格说明中包含如下要求：第一列字符必须是 A 或 B,第二列字符必须是一个数字,在此情况下进行文件修改。但是,如果第一列字符不正确,则输出信息 L;如果第二列字符不是数字,则输出信息 M。请采用因果图进行分析,并绘制出该软件需求规格说明对应的因果图。

5. 有以下程序,其中变量 $x \in (100, 200]$,请分析其等价类,设计测试用例实现等价类划分测试。(注：测试用例应包括测试输入和预期输出)

```
short Func(int x)
{   short ix;
       ix = 0;
       if((x <= 100) || (x > 200))
    {  printf("变量 x 输入数据超出范围!\n");
       return ix;    }
```

```
        else if(x <150)
            {  ix=3;  }
        else if (x ==200)
            {   Ix = 4;  }
                else ix =5;
    return ix;                    }
```

6.某程序功能为输出某个输入日期明天的日期,例如,输入 2020 年 2 月 2 日,则该程序的输出为 2020 年 2 月 3 日。该程序有 3 个输入变量 year、month、day,分别表示输入日期的年、月、日。

(1)请根据程序规格说明,分别为输入变量 year、month、day 划分有效等价类。

(2)分析程序的规格说明,并结合以上等价类划分的情况,给出程序所有可能采取的操作。

(3)根据(1)和(2),画出简化后的决策表,并为每条规则设计测试用例。

7.某网上商城,会根据会员的积分给予不同的打折优惠,如下表所示。设积分取值为整数,请采用边界值方法,设计测试数据。

级数	积分额度	打折优惠
0	0	无
1	1～99	9.5 折
2	100～999	9 折
3	1000～4999	8.5 折
4	5000～9999	8 折
5	10 000～99 999	7.5 折
6	100 000 及以上	7 折

第3章

白盒测试

3.1　白盒测试概述

3.1.1　白盒测试简介

白盒测试是对一类软件测试方法的统称,这类测试方法针对的测试对象是程序代码,它要求已知程序的逻辑结构、工作过程,检查程序所有内部成分是否符合相关标准和要求,验证程序的每种内部操作是否符合设计规格。

白盒测试把被测软件看成是透明的盒子,内部是可视的,测试人员需要清楚盒子内部的结构以及程序流程是如何执行的。白盒测试对程序及其执行过程做细致的检查,对程序的执行过程进行测试覆盖,检查程序中的每条通路是否符合预定要求,能正确工作,并可以通过在程序中的不同位置设立检查点,来检查程序执行的内部状态,以确定实际运行状态与预期状态是否一致。

通过白盒测试,要尽可能检查发现程序代码中的问题和缺陷,让代码达到正确性、高效性、清晰性、规范性、一致性等要求。

3.1.2　静态白盒测试和动态白盒测试

白盒测试既有静态方法也有动态方法,如图 3-1 所示。

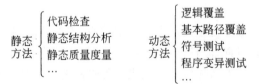

图 3-1　白盒测试方法

静态白盒测试是指在不执行程序的情况下,对程序进行检查和分析。

动态白盒测试是指先针对程序的内部逻辑结构设计测试用例,然后运行程序,输入测试用例,检验程序执行过程及最终结果是否符合预期要求,查找问题和缺陷。逻辑覆盖、基本路径覆盖、程序变异测试等都是动态白盒测试方法。

3.2 静态白盒测试

静态白盒测试是指在不执行被测试程序的情况下，对程序代码进行检查和分析，并争取发现问题，找出缺陷的过程，如图 3-2 所示。

对程序最基本的检查是找出源代码的语法错误，这类检查可由编译器来完成，编译器可以逐行分析程序的语法，找出错误并报告。除此之外，有许多非语法方面的错误，编译器无法发现，开发或者测试人员还需采用人工或自动化的方法来检查、分析源代码，争取能够检测发现，如图 3-3 所示。

```
public class gys
{ public int getGYS(int x,int y)
    { int Q=x;
      int R=y;
      while(Q!=R)
        { if (Q>R)
              Q=Q-R;
          else R=R-Q;
        }
        return Q;
    }
    public static void main(String[] args)
    { gys g = new gys();
        System.out.println(g.getGYS(63, 14));
    }
}
```

图 3-2　静态白盒测试示意图

图 3-3　静态白盒测试针对的是非语法错误

静态白盒测试通过检查或分析程序代码的逻辑、结构、过程、接口、编码规范等来发现问题，找出缺陷和可疑之处，如不匹配的参数、不适当的循环嵌套和分支嵌套、不允许的递归、未使用过的变量、空指针的引用和可疑的计算等。静态白盒测试的结果可用于进一步的查错，并为测试用例选取提供指导。最常见的静态测试包括代码检查、静态结构分析、静态质量度量等。

3.2.1　代码检查

代码检查就是直接对源程序代码进行各项检查，看是否符合相关规范要求。以前的代码检查又可分为桌面检查、代码审查和走查方式等不同形式，随着技术的发展，现在的代码检查一般都是由测试工具软件自动完成。代码检查的主要内容如下。

（1）代码和设计的一致性。

（2）代码逻辑表达的正确性。

（3）代码的可读性。

（4）代码风格、格式的规范性和一致性。

（5）代码对编码规则、编码规范等的遵循情况。

（6）代码结构的合理性。

（7）程序中是否存在不安全、不明确和模糊的部分。

代码检查一旦发现错误，通常能在代码中对其进行精确定位，这与动态测试只能发现错误的外部征兆不同,因而可以降低修正错误的成本。另外,在代码检查过程中,有时可以发现成批的错误,典型的如分散在多处的同一类错误,而动态测试通常只能一个一个地测试和报错。

1. 静态结构分析

一个软件通常由多个部分组成,总是存在着一定的组织结构,各个部分之间也总是存在一定关联,在静态结构分析中,通常通过使用测试工具,分析程序代码的控制逻辑、数据结构、模块接口、调用关系等,生成控制流图、调用关系图、模块组织结构图、引用表、等价表、常量表等各种图表,清晰地呈现软件的组织结构和内在联系,使得程序便于被宏观把握和微观分析。

借助这些图表,可以进行控制流分析、数据流分析、接口分析、表达式分析等,可以发现程序中的问题或者不合理的地方,然后通过进一步检查,就可以确认软件中是不是存在缺陷或错误。

静态结构分析通常采用以下一些方法进行程序的静态分析。

(1) 通过生成各种表,来帮助对源程序的静态分析。

① 标号交叉引用表。

② 变量交叉引用表。

③ 子程序(宏、函数)引用表。

④ 等价表。

⑤ 常数表。

(2) 通过分析各种关系图、控制流图来检查程序是否有问题。

① 控制流图:由许多节点和连接节点的边组成的图形,其中每个节点代表一条或多条语句,边表示控制流向,可以直观地反映出一个函数的内部结构。

② 函数调用关系图:列出所有函数,用连线表示调用关系,通过应用程序各函数之间的调用关系展示了系统的结构。

③ 文件或者页面调用关系图。

④ 模块结构图。

(3) 其他常见错误分析。分析程序中是否有某类问题、错误或"危险"的结构。

① 数据类型和单位分析。

② 引用分析。

③ 表达式分析。

④ 接口分析。

2. 程序流程分析

一个程序要能够正常执行,不出现问题、不留下隐患,在流程上会有一些基本要求,下面分别从控制流和数据流的角度来对程序做流程上的分析。

(1) 控制流分析

从控制流的角度来说,程序不应存在以下问题。

① 转向并不存在的函数、方法、页面等。

如果转向并不存在的函数、方法、页面等，程序执行就会意外中止。

② 有从程序入口无法到达的语句。

有从程序入口无法到达的语句，就意味着这些语句根本就不会被执行到，其对应的功能也无法被调用。

③ 有不能退出执行的语句、函数、方法、界面等。

例如，某 App 的主界面没有退出按钮，这会导致用户使用的不便。

（2）数据流分析

数据流分析就是对程序中数据的定义、引用及其之间的依赖关系等进行分析的过程。某一语句执行时能改变变量 V 的值，则称 V 是被该语句定义的。某一语句的执行用到内存变量 V 的值，则称变量被语句引用。其示例如下。

语句　X:＝Y＋Z 定义了变量 X，引用了 Y，Z。

语句　if　Y＞Z　then…，引用了变量 Y 和 Z。

语句　READ　X，引用了变量 X。

语句　WRITE　X，定义了变量 X。

一般而言，变量应当先定义再使用，不会用到的变量，就不要定义。

（3）示例

程序的控制流分析和数据流分析，有的编译器就带有相关功能，并能给出提示。例如，在 Eclipse 中编写如图 3-4 中代码。

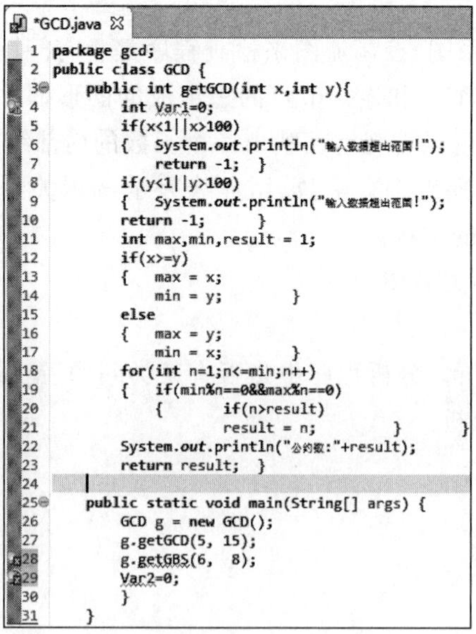
*GCD.java

```
1  package gcd;
2  public class GCD {
3      public int getGCD(int x,int y){
4          int Var1=0;
5          if(x<1||x>100)
6          {   System.out.println("输入数据超出范围!");
7              return -1;  }
8          if(y<1||y>100)
9          {   System.out.println("输入数据超出范围!");
10         return -1;      }
11         int max,min,result = 1;
12         if(x>=y)
13         {   max = x;
14             min = y;        }
15         else
16         {   max = y;
17             min = x;        }
18         for(int n=1;n<=min;n++)
19         {   if(min%n==0&&max%n==0)
20             {       if(n>result)
21                     result = n;         }       }
22         System.out.println("公约数:"+result);
23         return result;  }
24
25     public static void main(String[] args) {
26         GCD g = new GCD();
27         g.getGCD(5, 15);
28         g.getGBS(6,  8);
29         Var2=0;
30         }
31 }
```

图 3-4　Eclipse 中的控制流、数据流分析提示

鼠标指针放在第 4 行行首的叹号上，开发平台提示：

The value of the local variable Var1 is not used

就是提醒说定义的变量 Var1 没有被使用到。

鼠标指针放在第 28 行行首的×号 上,开发平台提示:

The method getGBS(int, int) is undefined for the type GCD

就是提醒说要调用的方法 getGBS()没有被定义。

鼠标指针放在第 29 行行首的×号 上,开发平台提示

Var2 cannot be resolved to a variable

就是提醒说变量 Var2 没有被定义。

3.2.2 编码规则和编程规范

在程序编写中,根据代码分析、经验教训等,我们会发现如果遵循某些规则,则程序出现问题的概率会降低,反之,则会导致程序执行出错或者至少是留下了问题隐患,于是可以把这些应当遵守的规则称为编码规则,用这些规则去检查待测试的代码有没有遵守,起到尽可能避开软件编码过程中容易出现的错误和疏漏,提升软件产品质量的效果。

随着软件规模越来越大,很多时候需要很多人参与到同一个项目中,共同完成规模庞大、结构复杂的软件系统。在这种情况下,如何统一程序风格,规范代码的编写,让不同的程序员开发的代码能够合成一个整体,容易阅读和理解,就成为了一个巨大的挑战。于是编程规范应运而生,它要求所有参与编程的人,按照统一的风格、格式、规范编写程序代码,起到统一代码风格,降低协同成本,提高代码的可读性和可理解性的效果。

由于编码规则与编程规范的重要性,部分大型软件开发公司相继提出并开放属于自己的编程标准,例如,Google 公司针对多种语言(包括 Java、C++、Object-C 等)提出相应的编码规范,国内如阿里巴巴公司也提出中英文版本的面向 Java 程序的开发手册,同时还提供了 Java 开发规约插件,用以帮助研发人员自动化检测自己编写的代码。

编程规范或者规则分成多种情况,有的是推荐遵循或建议参考的,有的则是要求必须遵守的;有的只是某一个软件开发组织自行制定和使用,有的则是在一定范围内普遍认同并遵循;有的是和某一种编程语言相关的,有的则是与具体的编程语言无关的;有的是由手工来进行检查和确认,有的则可以通过工具软件来进行分析和度量;有的是为了统一代码风格、便于代码阅读和理解,有的则是为了防止编码错误和疏漏、提升软件产品质量;有的针对代码的逻辑结构、异常处理、网络、数据库等,有的针对可测试性、安全性等;有的比较简单,如变量的命名格式,有的较为复杂,如数据库操作等。下面分类列举一些常见的编码规则和编程规范。

1. 常见 Java 编码规则违背示例

常见 Java 编码规则违背示例见表 3-1。

2. 常见编程规范

(1) 注释

① 注释要简单、清楚、明了,含义准确,防止二义性。

表 3-1   常见 Java 编码规则违背示例

分　　类	规　　则	说　　明	代码示例
Input Validation and Representation	Cross-Site Scripting：DOM	向一个 Web 浏览器发送未经验证的数据会导致该浏览器执行恶意代码	insert ＝ $（nNewNode）;
	Cross-Site Scripting：Persistent	向一个 Web 浏览器发送未经验证的数据会导致该浏览器执行恶意代码	＜buttonclass ＝ "btn btn-mini btn-danger" type ＝ "button" onclick ＝ "dormBuildDelete（ $｛ dormBuild. dormBuildId｝)"＞删除＜/button＞ ＜/td＞
	Cross-Site Scripting：Reflected	向一个 Web 浏览器发送未经验证的数据会导致该浏览器执行恶意代码	＜td＞＜input type ＝ "text" id ＝ "dormBuildName" name ＝ "dorm-BuildName" value ＝ " $｛dorm-Build. dormBuildName ｝" style ＝ "margin-top：5px；height：30px；" /＞ ＜/td＞
	SQL Injection	通过不可信赖的数据源输入构建动态 SQL 语句，攻击者就能够修改语句的含义或者执行任意 SQL 命令	PreparedStatement pstmt ＝ con. prepareStatement（sb. toString（）. replaceFirst("and"，"where")）;
	Header Manipulation：Cookies	包含未验证的数据，这可产生 Cookie Manipulation 攻击，并导致其他 HTTP 响应头文件操作攻击	Cookie user ＝new Cookie （"dormuser"，userName ＋ "－" ＋ password＋"－"＋userType ＋"－"＋ yes"）;
Security Features	Password Management：Password in HTML Form	对 HTML 表单中的密码字段进行填充可能会危及系统安全	＜td＞＜input type＝"password" id＝ "password"name＝"password" value＝ "${dormManager.password}" style＝ "margin-top：5px；height：30px；" /＞ ＜/td＞
	Privacy Violation	对机密信息（如客户密码或社会保障号码）处理不当会危及用户的个人隐私	＜td＞ ${dormManager.id}＜/td＞
Environment	Password Management：Password in Configuration File	在配置文件中存储明文密码，可能会危及系统安全	dbUserName＝sa dbPassword＝123456

② 在必要的地方注释，注释量要适中。

③ 修改代码的同时修改相应的注释，以保证注释与代码的一致性。

④ 注释的就近原则，即保持注释与其对应的代码相邻，并且应放在上方或者与代码同行，不可放在下面。

⑤ 全局变量要有较详细的注释，包括对其功能、取值范围、哪些函数或过程存取它以及存取时注意事项等的说明。

⑥ 在每个源文件的头部要有必要的注释信息,包括文件名,版本号,作者,生成日期,模块功能描述(如功能、主要算法、内部各部分之间的关系、该文件与其他文件关系等),主要函数或过程清单及本文件历史修改记录等。

⑦ 在每个函数或过程的前面要有必要的注释信息,包括函数或过程名称,功能描述,输入、输出及返回值说明,调用关系及被调用关系说明等。

(2)命名

① 命名应有统一的规则。

② 避免使用不易理解的名称。

③ 较短的单词可通过去掉"元音"形成缩写。

④ 较长的单词可取单词的头几个字符形成缩写。

⑤ 需要包含多个单词的命名可采用下画线来进行分段。

(3)变量

① 去掉没必要的公共变量。

② 构造仅有一个模块或函数可以修改、创建,而其余有关模块或函数只访问的公共变量,防止多个不同模块或函数都可以修改、创建同一公共变量的现象。

③ 仔细定义并明确公共变量的含义、作用、取值范围及公共变量间的关系。

④ 明确公共变量与操作此公共变量的函数或过程的关系,如访问、修改及创建等。

⑤ 当向公共变量传递数据时,要十分小心,防止赋予不合理的值或越界等现象发生。

⑥ 防止局部变量与公共变量同名。

⑦ 仔细设计结构中元素的布局与排列顺序,使结构容易理解、节省占用空间,并减少引起误用现象。

⑧ 结构的设计要尽量考虑向前兼容和以后的版本升级,并为某些未来可能的应用保留余地(如预留一些空间等)。

⑨ 注意具体的编程语言及编译器处理不同数据类型的原则及有关细节。

⑩ 严禁使用未经初始化的变量。声明变量的同时应对变量进行初始化。

⑪ 编程时,要注意数据类型的强制转换。

(4)函数、过程

① 单个函数的规模尽量限制在 200 行以内。

② 一个函数最好仅完成一个功能。

③ 为简单但常用功能编写函数。

④ 尽量不要编写依赖于其他函数内部实现的函数。

⑤ 尽量减少函数的参数,降低函数调用时出错的概率。

⑥ 用注释详细说明每个参数的作用、取值范围及参数间的关系。

⑦ 应检查函数所有参数输入的有效性。

⑧ 应检查函数所有非参数输入的有效性,如数据文件、公共变量等。

⑨ 函数名应准确描述函数的功能。

⑩ 函数的返回值要清楚明了,尤其是出错返回值的意义要准确。

⑪ 明确函数功能,代码应能精确(而不是近似)地实现函数功能。

⑫ 减少函数本身或函数间的递归调用。

⑬ 编写可重入函数时，若使用全局变量，则应通过关中断、信号量（即 P、V 操作）等手段对其加以保护。

（5）代码可测性

① 采用漏斗型设计，公共逻辑归一化。

② 降低模块耦合度。

③ 面向接口编程，使用函数接口将外部依赖隔离。

④ 在编写代码之前，应预先设计好程序调试与测试的方法和手段，并设计好各种调测手段及相应测试代码，如测试脚本、输出语句等。

（6）程序效率

① 编程时要经常注意代码的效率。尤其是需要反复执行、并发执行的代码。

② 应在保证软件系统的正确性、稳定性、可读性及可测性的前提下，提高代码效率。而不能一味地追求代码效率，却对软件的正确性、稳定性、可读性及可测性造成影响。

③ 要仔细地构造或直接用汇编语言编写调用频繁或性能要求极高的函数。

④ 通过对系统数据结构划分与组织的改进，以及对程序算法的优化来提高效率。

⑤ 在多重循环中，应将最忙的循环放在最内层。

⑥ 尽量减少循环嵌套层次。

⑦ 尽量用乘法或其他方法代替除法，特别是浮点运算中的除法。

3.2.3 质量度量

软件质量度量是指按照某种质量模型、质量标准指标体系对软件的各个质量特性进行测度，并给出度量结果。随着技术的发展，一般可以借助自动化测试工具来对程序代码进行质量度量，并得到质量度量报告。例如，图 3-5 为使用静态白盒测试工具 Logiscope 对某软件源代码进行测试后得到的质量报告示例。

图 3-5 Logiscope 质量报告

3.3 逻辑覆盖

3.3.1 简介

逻辑覆盖是白盒测试中主要的动态测试方法之一,是以程序内部的逻辑结构为基础的测试技术,是通过对程序逻辑结构的遍历来实现对程序的测试覆盖,所谓覆盖就是作为测试标准的逻辑单元、逻辑分支、逻辑取值都被执行到。这一方法要求测试人员对程序的逻辑结构有清楚的了解。逻辑覆盖的标准有语句覆盖、判定覆盖、条件覆盖、判定/条件覆盖、条件组合覆盖等。设有程序段 P1 如下。

```
IF ( x>0 OR    y>0  ) then a =10
IF ( x<10 AND    y<10  ) then b =0
```

其中,变量 a,b 的初始值在其他地方已经定义了,都为-1。程序段 P1 对应的流程图如图 3-6 所示。

下面看一下应如何分别实现语句覆盖、判定覆盖、条件覆盖、判定/条件覆盖和条件组合覆盖。

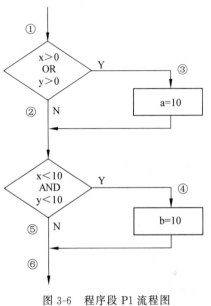

图 3-6 程序段 P1 流程图

3.3.2 语句覆盖

语句覆盖要求设计若干测试用例,使得程序中的每个可执行语句至少都能被执行一次。对图 3-6 所示程序段 P1 流程图,按照这一标准,程序需要执行通过的位置有①③④⑥,而②⑤位置,由于没有语句,所以不需要覆盖。

首先可能想到的是,可以设计以下两个测试用例,分别覆盖第一个 IF 结构有执行语句的分支③,和第二个 IF 结构有执行语句的分支④。

```
case1: x=1 ,y=1, 覆盖 ③。
case2: x=-1,y=-1, 覆盖 ④。
```

这样即可达到语句覆盖要求,但从节约测试成本的角度出发,可以优化测试用例设计,实际上只需要一个测试用例,具体如下。

```
case3: x=8,y=8。
```

即可同时覆盖①③④⑥,执行通过路径如图 3-7 所示。

一方面,对于一个具有一定规模的软件而言,要达到 100%的语句覆盖,可能是相当难的,例如,有的代码是用来进行错误处理或是应对某些特殊情况的,如果这种错误或者特殊情况不出现,这些代码就不会被执行到。此时要提高语句覆盖率,需要有针对性地进行测试用例设计。另一方面,语句覆盖实际上是一种比较弱的覆盖准则,从图 3-7 中可以

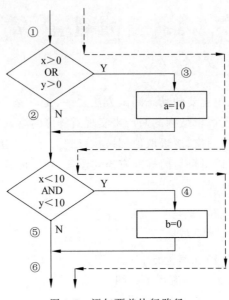

图 3-7　语句覆盖执行路径

看出，两个判断语句的都只执行了一个分支，而另外一个分支根本就没有被执行到。语句覆盖说起来是测试了程序中的每一个可执行语句，似乎能够比较全面地对程序进行检验，但实际上，它并不是一个测试很充分的覆盖标准，有时一些明显的错误语句覆盖测试也发现不了。

如果程序段 P1 中，两个判断语句的逻辑运算符号由于疏忽写错了，第一个判断语句中的 OR 错写成了 and，第二个判断语句中的 AND 错写成了 OR，用测试用例 case3 进行测试，则执行的路径仍然是①③④⑥，如图 3-8 所示，测试结果也依然正确，测试没有能够发现程序中的错误。

语句覆盖的优点是分析和应用起来比较简单，缺点是它对控制结构是不敏感的，对程序执行逻辑的覆盖很低，往往发现不了判断中逻辑运算符可能出现的错误。语句覆盖率的计算公式如下。

$$语句覆盖率 = \frac{被测试到的可执行语句数}{可执行语句总数} \times 100\%$$

3.3.3　判定覆盖

比语句覆盖稍强的覆盖标准是判定覆盖。判定覆盖，是指设计若干测试用例，运行被测程序，使得程序中每个判断的真值结果和假值结果都至少出现一次。判定覆盖又称为分支覆盖，因为判断取真值结果就会执行取真分支，判断取假值结果就会执行取假分支，每个判断的真值结果和假值结果都至少出现一次也就相当于每个判断的取真分支和取假分支至少经历一次。

以程序段 P1 为例，对照流程图，按照这一标准，程序需要执行通过的位置有①②③④⑤⑥。程序段 P1 中存在 IF 语句，由于每个判断有真假两种判断结果，所以至少需要两

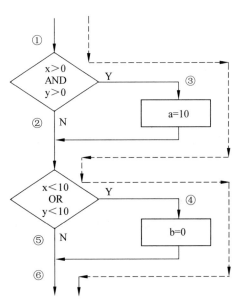

图 3-8　语句覆盖测试未能发现错误

个测试用例。P1 中的两个 IF 语句是串联的,而不是嵌套,所以如果设计合理的话,两个测试用例也确实足够,如下两个测试用例可以达到判定覆盖要求。

case4: x=20,y=20,覆盖 ①③⑤⑥;　　case5: x=-2,y=-2, 覆盖 ①②④⑥。

具体覆盖情况见表 3-2。

表 3-2　判定覆盖表

测试用例编号	x	y	第 1 个判定表达式 x>0 OR y>0	第 2 个判定表达式 x<10 AND y<10
case4	20	20	Y	N
case5	-2	-2	N	Y

如果测试达到判定覆盖,则显然程序流程的所有分支都是会被测试到的,各个分支上的所有语句都会被测试到,所以只要满足判定覆盖,就必定会满足语句覆盖,这一点从图中可以直观地看出来。

在判定覆盖中,如果一个判定表达式中有多个条件,由于只关注这个判断表达式的最终结果,而不是每个条件的判定结果,所以有的条件可能始终只取过真值或者假值,而另外一种取值根本就没有出现过,如果这个条件写错,那么判定覆盖测试显然是发现不了的。也就是说,当程序中的判定表达式是由几个条件组合而成时,判定覆盖对各个条件的测试是不充分的,它未必能发现每个条件中可能存在的错误。判定覆盖率的计算公式如下。

$$判定覆盖率 = \frac{被测试到的判定分支数}{判定分支总数} \times 100\%$$

3.3.4 条件覆盖

条件覆盖就是要求判断表达式中的每个条件都要至少取得一次真值和一次假值,需要注意的是,每个条件都要至少取得一次真值和一次假值并不等于每一个判定也能至少取得一次真值和一次假值,即条件覆盖并不比判定覆盖强,两者只是关注点不同,不存在严格的强弱关系。

例如,对于程序段 P1,设计如下测试用例可以达到条件覆盖要求。

case6: x=20, y=-20;   case7: x=-2, y=20。

具体覆盖情况见表 3-3。

表 3-3 条件覆盖测试用例表

测试用例编号	x	y	条件 x>0	条件 y>0	条件 x<10	y<10
case6	20	-20	Y	N	N	Y
case7	-2	20	N	Y	Y	N

case6 和 case7 对第 1 个 IF 语句,只覆盖了 Y 分支,对第 2 个 IF 语句,只覆盖了 N 分支,因此并不满足判定覆盖。条件覆盖率的计算公式如下。

$$条件覆盖率 = \frac{被测试到的条件取值数}{条件取值总数} \times 100\%$$

3.3.5 条件/判定覆盖

条件覆盖并不比判定覆盖强,两者只是关注点不同,有时会把条件覆盖和判定覆盖结合起来使用,称为条件/判定覆盖,它的含义是指:设计足够多的测试用例,使得判定表达式中每个条件的真/假取值至少都出现一次,并且每个判定表达式自身的真/假取值也都要至少出现一次。

对于程序段 P1,在做判定覆盖时设计的测试用例 case4 和 case5,实际上也同时是满足条件/判定覆盖的,因为每个条件的真/假取值都出现一次,并且每个判定的真/假取值结果也都出现一次,具体覆盖情况见表 3-4。

表 3-4 case4、case5 满足条件/判定覆盖情况

测试用例编号	x	y	条件 x>0	条件 y>0	条件 x<10	y<10
case4	20	20	Y	Y	N	N
case5	-2	-2	N	N	Y	Y

来看一个三角形判定问题的案例,有程序段 P2 如下。

```
if ((a<b+c) && (b<a+c) && (c<a+b))
    is_Triangle = true;
else
```

```
is_Triangle = false;
```

对该程序段进行测试时,如果要满足条件/判定覆盖,则 4 个条件表达式(见表 3-5)都要既有 true 取值,也有 false 取值。

表 3-5　4 个条件表达式

条件表达式编号	条件表达式
1	a＜b+c
2	b＜a+c
3	c＜a+b
4	(a＜b+c) && (b＜a+c) && (c＜a+b)

设计如下测试用例可满足条件/判定覆盖。

case8：a＝1,b＝1,c＝1。

case9：a＝1,b＝2,c＝3。

case10：a＝3,b＝1,c＝2。

case11：a＝2,b＝3,c＝1。

具体覆盖情况见表 3-6。

表 3-6　满足条件/判定覆盖的测试用例

测试用例编号	a	b	c	条件表达式 1	条件表达式 2	条件表达式 3	条件表达式 4
case8	1	1	1	Y	Y	Y	Y
case9	1	2	3	Y	Y	N	N
case10	3	1	2	N	Y	Y	N
case11	2	3	1	Y	N	Y	N

条件/判定覆盖率的计算公式如下。

$$条件/判定覆盖率 = \frac{被测试到的条件取值和判定分支数}{条件取值总数+判定分支总数} \times 100\%$$

3.3.6　条件组合覆盖

条件组合覆盖也叫多条件覆盖,它的含义是要设计足够多的测试用例,使得每个判定中条件取值的各种组合都至少出现一次。显然满足条件组合覆盖的测试用例一定也是满足判定覆盖、条件覆盖和条件/判定组合覆盖的。

对于程序段 P1,由于一个判定中有两个条件,而两个条件可能的组合情况有 4 种,所以,如果要达到条件组合覆盖,至少需要 4 个测试用例。如果能够合理设计,让 4 个测试用例在覆盖第 1 个判定 4 种条件组合的同时也覆盖第 2 个判定的 4 种条件组合,那么 4 个测试用例就够了,设计如下测试用例可以满足条件组合覆盖。

case12：x＝ 50,y＝ 50。

case13：x＝ －5，y＝ －5。

case14：x＝ 50，y＝ －5。

case15：x＝ －5，y＝ 50。

对 2 个判定表达式的条件组合覆盖情况见表 3-7。

表 3-7　条件组合覆盖情况

测试用例编号	x	y	第 1 个判定表达式		第 2 个判定表达式	
			条件 x＞0	条件 y＞0	条件 x＜10	y＜10
case12	50	50	Y	Y	N	N
case13	－5	－5	N	N	Y	Y
case14	50	－5	Y	N	N	Y
case15	－5	50	N	Y	Y	N

以上满足条件组合覆盖的 4 个测试用例，虽然能够覆盖判定表达式中条件的各种组合情况，但并不一定能覆盖程序中的每一条可能的执行路径，如路径①②⑤⑥，如图 3-9 所示，就没有被覆盖。

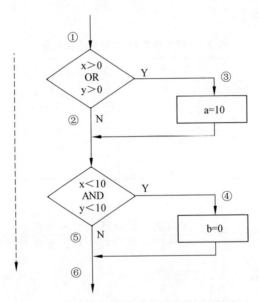

图 3-9　条件组合覆盖未能覆盖的执行路径

条件组合覆盖率的计算公式如下。

$$条件组合覆盖率 = \frac{被测试到的条件取值组合数}{条件取值组合总数} \times 100\%$$

如果某个判断表达式由 4 个条件组成，那么对其进行条件组合覆盖测试时，需要设计 2^4 个，也就是 16 个测试用例；如果某个判断表达式由 6 个条件组成，那么对其进行条件组合覆盖测试时，需要设计 2^6 个，也就是 64 个测试用例。条件组合覆盖的缺点是，当一个判定语句中条件较多时,条件组合数会很大,需要很多的测试用例。从便于测试的角度来说,在编写程序的时候,一个判定表达式中的条件个数不宜太多。

3.3.7　覆盖标准小结

覆盖标准用于描述在测试过程中对被测对象的测试程度,有时候也称为软件测试覆盖准则或者测试数据完备准则,它可以用于衡量测试是否充分,可以作为测试停止的标准之一,同时也是选取测试数据的依据,满足相同覆盖标准的测试数据集是等价的。

白盒测试覆盖标准是针对程序内部结构而言的,可以分为基于控制流的覆盖标准和基于数据流的覆盖标准。基于控制流的覆盖准则,可用于检查程序中的分支和循环结构的逻辑表达式,被工业界广泛采用。语句覆盖、判定覆盖、条件覆盖、条件/判定覆盖、条件组合覆盖、基本路径覆盖这些都属于基于控制流的覆盖标准,而基于数据流的覆盖标准则有 Rapps 和 Weyuker 的标准、Ntafos 的标准、Ural 的标准、Laski 和 Korel 的标准等。

不同的覆盖标准其测试的充分性是不一样的。如果说 A 标准的充分程度比 B 标准高,则意味着满足 A 标准的测试用例集合也满足 B 标准。语句覆盖、判定覆盖、条件覆盖、条件/判定覆盖、修正条件/判定覆盖、条件组合覆盖它们的测试充分程度存在如图 3-10所示的强弱关系,例如,修正条件/判定覆盖高于条件/判定覆盖,而条件覆盖并不一定比语句覆盖强。

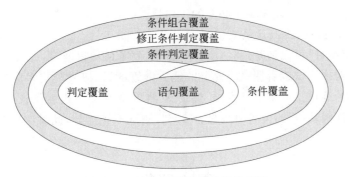

图 3-10　逻辑覆盖标准强弱关系图

测试覆盖标准的作用体现在以下多个方面。

(1) 可以定量地明确软件测试的要求和工作量。

对一段程序进行测试时,按照不同的测试标准,测试的要求和测试的工作量是不一样的。例如,对某一小段程序进行条件组合覆盖可能需要 8 个测试用例,而条件覆盖只需要 2 个测试用例,因为条件组合覆盖标准高于条件覆盖标准。

(2) 可以体现测试的充分程度。

根据逻辑覆盖标准,以及相应的覆盖率统计,可以体现测试进行的充分程度,覆盖标准越高,测试程度越高,覆盖率越高,测试越充分。例如,判定覆盖比语句覆盖测试程度更高。同样是判定覆盖,100%的覆盖率比 95%的覆盖率测试更充分。

(3) 是选取测试数据的依据。

在进行软件测试时,需要设计或者选择很多测试数据,覆盖标准就是选取测试数据的依据,按照不同的逻辑覆盖标准,就会选取不同的测试数据。

（4）可以作为测试停止的标准。

过度的测试是一种浪费,测试工作不能一直进行下去,测试停止的依据可以有很多种,其中达到某种逻辑覆盖标准就可以作为依据之一。例如,在对程序进行测试时,要求达到修正条件/判定覆盖,那么当测试达到这样的测试标准之后,这项测试任务即算完成,测试可以停止。

（5）对测试结果和软件质量评估具有重要影响。

测试结果是与测试标准挂钩的,不同的覆盖标准对同一个软件的测试结果有可能是不一样的,软件能通过一个覆盖标准的测试,不一定能通过另外一个覆盖标准的测试。不同的覆盖标准在对软件的测试程度上有区别,根据测试通过的覆盖标准的不同,可以对软件质量给出不同的评价意见。

在软件测试实践中,需要按照测试覆盖标准来统计覆盖率,如统计语句覆盖率、判定覆盖率等,这样做的目的如下。

（1）提高测试效率。

通过覆盖率统计,可以发现并去除冗余无效的测试数据,减少测试次数,提高测试效率。例如,张三李四两位测试工程师一起设计测试用例,通过覆盖率统计发现,两人的测试用例合并时李四设计的一部分测试用例对提高覆盖率没有任何贡献,也就是这些测试用例是冗余的,应当去掉,以减少不必要的工作量。

（2）发现更多问题,提高产品质量。

通过覆盖率统计,可以清楚地描述程序被检验到了何种程度,发现软件中尚未测试过的部分,然后针对未测试或者测试不充分的地方继续测试,以发现更多问题,提高软件产品的质量。例如,通过覆盖率统计发现,模块 X 的覆盖率为 0,也就是说这个模块根本就没有被测试到,而模块 Y 的覆盖率也只有 30%,测试不够充分,此时应针对模块 X 和 Y 继续测试。

3.4 基本路径覆盖

在黑盒测试中,对所有可能的输入数据做穷举测试是行不通的,类似地,在白盒测试中,对一个具有一定规模的软件做路径穷举测试也是行不通的,只能在所有可能的执行路径中选取一部分来进行测试,基本路径覆盖就是其中的一种。在对程序做结构分析,尤其是进行基本路径覆盖时,要用到控制流图,下面先来看一下什么是程序的控制流图。

3.4.1 控制流图

控制流图也叫控制流程图,它用图的方式来描述程序的控制流程,是对一个过程或程序的抽象表达。控制流图是一种有向图,其形式化表达如下。

$$G = (N, E, N\_entry, N\_exit)。$$

其中,N 是节点集,程序中的每个语句都对应图中的一个节点,有时一组顺序执行、不存在分支的语句也可以合并为用一个节点表示。E 为边集。

$$E=\{<n1,n2>\mid n1,n2\in \mathbf{N} \quad 且 \quad n1 执行后,可能立即执行 n2\}。$$

N_entry 和 N_exit 分别为程序的入口和出口节点,且 G 只具有唯一的入口节点 N_entry 和唯一的出口节点 N_exit。G 中的每个节点至多只能有两个直接后继节点。对于有两个直接后继的节点 v,其出边分别具有属性"T"或"F",并且在 G 中的任意节点 n,均存在一条从 N_entry 经 n 到达 N_exit 的路径。

在控制流图中,用节点来代表操作、条件判断及汇合点,用弧或者控制流线来表示执行的先后顺序关系。程序基本的控制结构对应的控制流图图形符号如图 3-11 所示。

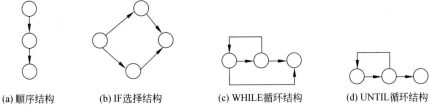

(a) 顺序结构　　　(b) IF 选择结构　　　(c) WHILE 循环结构　　　(d) UNTIL 循环结构

图 3-11　程序基本控制结构对应的控制流图

在图 3-11 所示的图形符号中,圆圈称为控制流图的一个节点,它表示一个或多个无分支的语句;有向箭头称为弧或者控制流线,表示执行的先后顺序关系。可以根据程序得出其控制流图,也可以由程序流程图来转换得到控制流图,但需要注意如下两点。

(1) 在将程序流程图转换成控制流图时,在选择或多分支结构中,分支的汇聚处应有一个汇聚节点。

(2) 如果判断中的条件表达式是由一个或多个逻辑运算符连接的复合条件表达式,则需要改为一系列只有单条件、嵌套的判断。

下面看几个例子。图 3-12(a)为一个局部的程序流程图,图 3-12(b)为由图 3-12(a)转换得到的控制流图。其中图 3-12(a)中标④的位置是没有节点的,只是分支的汇聚点,图 3-12(b)中的④号节点是由它转换得到的控制流图节点。

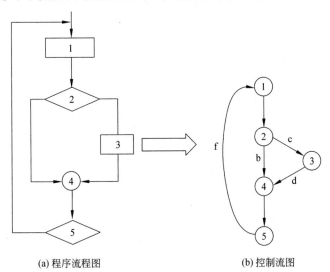

(a) 程序流程图　　　　　　　(b) 控制流图

图 3-12　程序流程图分支的汇聚点转换得到控制流图节点

图 3-13(a)为一个完整的程序流程图，图 3-13(b)为由图 3-13(a)转换得到的控制流图。

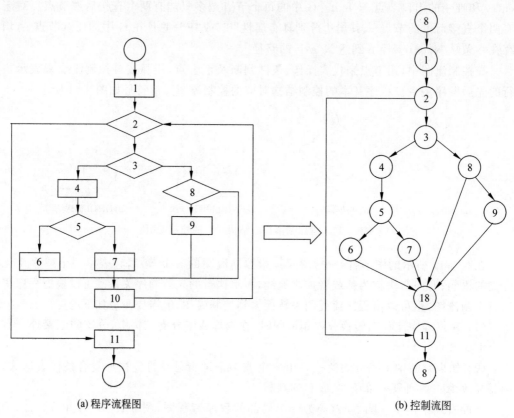

(a) 程序流程图　　　　　　　　　　　　　　　　　(b) 控制流图

图 3-13　完整的程序流程图及转换得到的控制流图

图 3-14(a)为一个带多条件判断框的程序流程图局部，图 3-14(b)为把多条件判断分解为多个单条件判断后得到的控制流图。

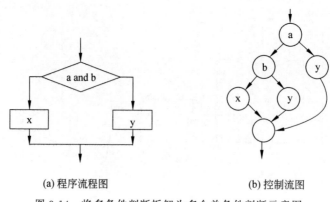

(a) 程序流程图　　　　　　　　　　　　(b) 控制流图

图 3-14　将多条件判断拆解为多个单条件判断示意图

3.4.2 环路复杂度

程序的复杂度如何度量呢？是否程序的大小就能准确反映程序的复杂程度呢？一个 1000 行的程序就一定比一个 100 行的程序复杂吗？答案是否定的。这就好比 100 道 100 以内加减法题并不比做一道二元积分题复杂是一样的道理。例如，一个由 1000 行顺序执行的赋值语句、输出语句组成的程序，并不比一个 100 行的排序算法程序复杂。用程序的大小来度量程序的复杂度是片面和不准确的，而环路复杂度是程序复杂度度量的方法之一。程序中的控制路径越复杂，环路越多，则环路复杂度越高，环路复杂度用来定量度量程序的逻辑复杂度。根据程序的控制流图，可以计算程序的环路复杂度。

在画出控制流图的基础上，程序的环路复杂度可用以下 3 种方法求得。

(1) 环路复杂度为控制流图中的区域数。边和节点圈定的区域叫作区域，当对区域计数时，图形外的区域也应记为一个区域。

(2) 设 E 为控制流图的边数，N 为图的节点数，则环路复杂度为 $V(G)=E-N+2$。

(3) 若设 P 为控制流图中的判定节点数，则有 $V(G)=P+1$。

对于同一个控制流图，3 种方法算出的结果是一样的。下面来看一个例子。图 3-15(a) 为一个程序的流程图，图 3-15(b) 为其对应的控制流图。

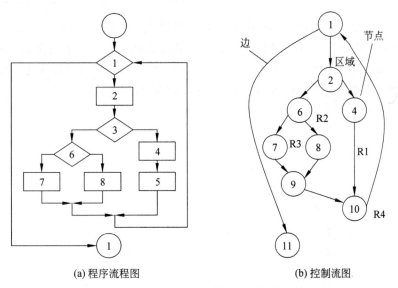

(a) 程序流程图   (b) 控制流图

图 3-15　程序流程图及其对应的控制流图

分别用 3 种方法来计算环路复杂度如下。

(1) 图中的区域数为 4，故环路复杂度 $V(G)=4$。

(2) 边数 $E=11$，节点数 $N=9$，环路复杂度 $V(G)=E-N+2=4$。

(3) 图中的判定节点数 $P=3$，则有 $V(G)=3+1=4$。

3 种方法算出的结果相等，环路复杂度为 4。

3.4.3 基本路径覆盖

1. 程序中的路径

在把程序抽象为有向图之后，从程序入口到出口经过的各个节点的有序排列被称为路径，可以用路径表达式表示这样的一条路径。路径表达式可以是节点序列，也可以是弧序列，例如，如图 3-16 所示程序控制流图，其可能的程序执行路径见表 3-8。

表 3-8　可能的程序执行路径

路径编号	弧序列表示	节点序列表示
1	acde	1-2-3-4-5
2	abe	1-2-4-5
3	abefabe	1-2-4-5-1-2-4-5
4	abefabefabe	1-2-4-5-1-2-4-5-1-2-4-5
5	abefacde	1-2-4-5-1-2-3-4-5
...	...	...

需要注意的是，在程序中存在循环时，如果程序执行的循环次数不同，那么对应的执行路径就不同，例如表 3-8 中，路径 3 和路径 4 就是如此。为增强表达能力，可以在路径表达式中引入加法和乘方表达方式，加法可以表达分支结构，乘方可以表达循环结构。设有程序控制流图如图 3-17 所示，则它所有可能的路径可表达为：$(ac+bd)e(fe)^n$，其中 n 为循环的次数。

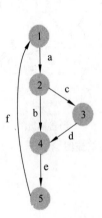

图 3-16　程序控制流图

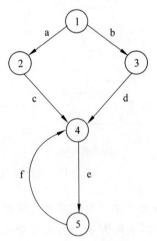

图 3-17　程序控制流图

2. 路径穷举测试不可行

一条 IF 语句就会有两条路径。两条 IF 语句的串联就会有四条路径，在实际问题中，即使一个不太复杂的程序,其可能的路径都是一个庞大的数字,而如果存在循环,则可能的路径基本上就是天文数字。图 3-18 是一个程序的流程图,如果每个循环的执行上限是 10 次,那么有多少条可能的执行路径呢? 可能的执行路径总数 L 计算如下。

$$L = 4^0 + 4^1 + 4^2 + 4^3 + \cdots + 4^{10} = 1\ 398\ 101$$

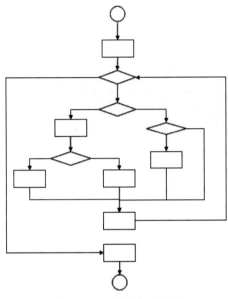

图 3-18　一个程序流程图

假设图 3-18 中所有可能的路径都是可执行路径,某台计算机对该程序执行一次循环大约需要 $10\mu s$,且一年 365 天每天 24 小时不停机,如果要把所有路径都测试一遍,则大约需要的时间如下。

$$1\ 398\ 101 \times 10 / 1\ 000\ 000 \approx 14(s)$$

如果每个循环的执行上限是 20 次,则需要约 4072h,循环上限 100 次则大约需要 6.79×10^{47} 年。对于实际的应用程序,对路径进行穷举测试是不可行的。

3. 基本路径覆盖

既然难以对一个实际的应用程序进行执行路径的穷举测试,那么就只能选取部分路径来进行测试。基本路径测试就是在程序控制流图的基础上,通过分析控制构造的环路复杂度,导出独立执行路径集合,再设计测试用例覆盖所有独立执行路径的方法。由于基本路径覆盖把程序中的所有节点都覆盖到了,所以程序中的每一条可执行语句也至少会被执行一次,也就是说满足基本路径覆盖就一定是满足语句覆盖的。基本路径覆盖测试法的基本步骤如下。

(1) 画出程序控制流图。

(2) 计算程序环路复杂度。

(3) 确定独立路径集合。

所谓独立路径是指和其他的独立路径相比,至少有一个路径节点是新的,未被其他独立路径所包含。

从程序的环路复杂度可导出程序基本路径集合中的独立路径条数。程序独立路径条数就等于程序的环路复杂度。这是确保程序中每个可执行语句至少执行一次所必须的测试用例数目的下界。

得出程序独立路径条数后，再根据控制流图，确定各条独立路径。所有独立路径组成独立路径集合，也就是基本路径集合。

（4）为每条独立路径设计测试用例。

设计测试用例，确保基本路径集中的每条路径都能被执行到。一般是为每条独立路径设计一个测试用例，执行这个测试用例时，就能确保该独立路径会被执行。

4. 基本路径覆盖示例

设有程序段 IsLeap 如下。

```
int IsLeap (int year){
    if(year % 4 ==0){
        if(year % 100 ==0){
            if(year % 400 ==0)
                Leap =1;
            else leap=0;
        }else
leap=1;
    }else  leap=0;
return leap;    }
```

针对程序段 IsLeap，设 year 的取值范围为 $1000\sim9999$，为变量 year 设计测试用例满足基本路径覆盖的过程如下。

（1）绘制出程序段代码对应的控制流图，如图 3-19 所示。

（2）计算环路复杂度 $V(G)$。

$V(G) = E - N + 2 = 14 - 12 + 2 = 4$

$V(G) = 判定点数 + 1 = 3 + 1 = 4$

$V(G) = 区域数 = 4$

（3）确定独立路径集合如下。

① 1-2-3-11-12。

② 1-2-4-5-10-11-12。

③ 1-2-4-6-7-9-10-11-12。

④ 1-2-4-6-8-9-10-11-12。

（4）设计测试用例。

针对各条独立路径设计测试用例见表 3-9。

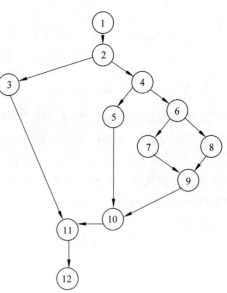

图 3-19　IsLeap 程序段对应的控制流图

表 3-9　满足基本路径覆盖的测试用例集

测试用例编号	测 试 数 据	预期执行结果	测 试 路 径
1	year＝1001	leap＝0	1-2-3-11-12
2	year＝1004	leap＝1	1-2-4-5-10-11-12
3	year＝1100	leap＝0	1-2-4-6-7-9-10-11-12
4	year＝2000	leap＝1	1-2-4-6-8-9-10-11-12

3.5　循　环　测　试

在基本的程序结构中,循环是最为复杂的一种,程序执行路径的膨胀主要是由循环结构引起的,循环次数不同,就会形成不同的执行路径。由于程序执行时循环结构的执行次数具有不确定性,可能会出现各种情况,也最容易出现错误,所以循环结构应当是测试的重点之一。有必要关注和分析程序中循环结构的正确性,对循环进行测试,以验证循环结构在不同的情况下都能正确运行,从而保证整个程序的正确。

3.5.1　基本循环结构测试

有一段简单的循环结构代码如下。

```
int i=1,s=0,a=100;
while (i<=a)
{   s=s+i;
    i=i+1; }
```

对于这样的基本循环结构,常用的测试方法有两种,Z 路径覆盖测试和循环边界条件测试。

1. Z 路径覆盖测试

Z 路径覆盖测试是对循环机制进行简化,简化的方法就是限制循环的次数,不管循环的形式是哪种。无论循环体实际执行的次数可能是多少,都只考虑执行零次循环体和执行一次循环体这两种情况,也就是说只测试跳过循环体和执行循环体一次这两种情况。Z 路径覆盖相当于把循环结构简化为判定结构,如图 3-20 所示。

在对程序进行测试时,如果采用上述方法对循环的次数加以限制,那么程序总的执行路径数就可能不会太大,因而有可能实现对循环简化的所有路径进行全覆盖,这就是路径枚举所要进行的工作。

2. 循环边界条件测试

对循环进行测试的第二种方法是循环边界条件测试,相当于对循环次数变量进行边界值测试,一般覆盖 7 个边界值点。设 i 为实际循环次数,n 是最大循环次数,那么循环

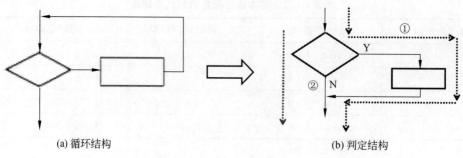

(a) 循环结构　　　　　　　　　　　(b) 判定结构

图 3-20　Z 路径覆盖相当于把循环结构简化为判定结构

边界条件测试应包括以下测试用例。

（1）直接跳过循环体，让 $i=0$。

（2）只执行一遍循环体，让 $i=1$。

（3）执行两遍循环体，让 $i=2$。

（4）执行 $m(2< m < n-1)$ 遍循环体，让 $i=m$。

（5）执行 $n-1$ 遍循环体，让 $i=n-1$。

（6）执行 n 遍循环体，让 $i=n$。

（7）超出最大循环次数。

这实际上相当于对循环次数变量进行 7 点法的边界值测试，如图 3-21 所示。

图 3-21　7 点法循环边界条件测试

下面来看一个循环边界条件测试的应用示例，有一个带有循环的程序段，需采用循环边界条件测试法来对其进行测试，其程序段如下。

```
// 被测程序
My_Sum { int j }
int i=1,s=0,a=100;
while (i<=j and i<=a)
{   s=s+i;
    i=i+1; }
```

对以上代码段做 7 点法循环边界条件测试，设计的测试数据如下。

CASE 1：j＝0　实际循环 0 次

CASE 2：j＝1　实际循环 1 次

CASE 3：j＝2　实际循环 2 次

CASE 4：j＝50 实际循环 50 次

CASE 5：j＝99 实际循环 99 次

CASE 6：j＝100 实际循环 100 次

CASE 7：j＝101 实际循环 100 次，且此时 i＝101 超出最大循环次数。

3.5.2 复合循环结构测试

除了基本的循环结构之外,在程序中可能出现复合循环结构。

(1) 连接循环,指两个或两个以上简单循环串联起来顺序执行。

(2) 嵌套循环,指循环结构中又包含循环结构。

(3) 非结构循环,指从一个循环体内直接跳转到另外一个循环体内的情况。

3 种复合循环结构如图 3-22 所示。

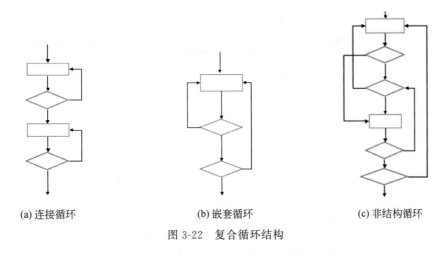

(a) 连接循环   (b) 嵌套循环   (c) 非结构循环

图 3-22   复合循环结构

1. 连接循环

如果相连接的循环体互相独立,那么按照基本循环测试每一个循环体即可。如果相连接的循环体 1 的循环变量的最终结果是循环体 2 循环变量的初始值,那么可采用针对嵌套循环的方法来进行测试。

2. 嵌套循环

嵌套循环的测试方法如下。

(1) 从最内层测试开始,其他层的循环变量置为最小值。

(2) 按照简单循环的测试方法测试最内层的循环体,外层循环仍旧取最小值。

(3) 向外扩展循环体,测试下一个循环。

(4) 所有外层循环变量取最小值。

(5) 其余内层嵌套的循环体取典型值。

(6) 继续步骤(1)～(5)直到所有的循环体均测试完毕。

3. 非结构循环

测试非结构循环是一件十分令人头痛的事情,最好是重新设计循环体结构,使其变成嵌套循环或者连接循环。

3.6　程序变异测试

假设在对某个软件进行测试时，我们设计并执行了大量测试数据，但没有发现程序有什么问题，执行结果都是正确的。这时有两种可能：一是这个软件确实质量很高，基本上没有什么问题；二是设计的测试数据质量太差，发现不了程序中的问题，如图 3-23 所示。

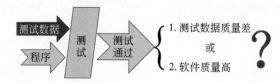

图 3-23　测试通过难以断定是软件质量高还是测试数据质量差

那么到底是哪种情况呢？有一个办法可以来检验，那就是人为地按照某种规则把程序修改一下，让它有错误，然后再去执行前面的测试数据，看能不能发现修改程序后人为植入的错误，如果能发现，则说明测试数据质量还是可以的，如果不能发现，则说明先前设计的测试数据质量确实不高，如图 3-24 所示。这个例子可以帮助我们理解什么是变异测试，它有什么作用，当然这个例子只是变异测试的一种情况，变异测试的作用也不止这一点。

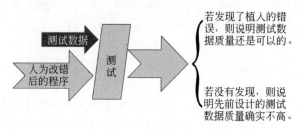

图 3-24　变异测试示意图

3.6.1　程序变异

程序变异通常只是一种轻微改变程序的操作，是按照某种规则把程序修改一下，让它有错误，以检验测试数据是否有效，那么什么样的修改最有现实意义呢？或者说对程序做怎样的修改，对检验测试数据有效性、对提高测试的质量是较为有现实作用的呢？

测试是为了发现错误和疏漏，所以要检查验证测试数据的有效性，首先应当模拟常见的错误和疏漏来修改程序，这样就能检查验证这些测试数据能不能发现这些常见的错误和疏漏，如果连这些都发现不了，那么测试数据的质量肯定是有问题的，需要进一步完善。

变异测试中的程序变异是指：基于良好定义的变异操作，对程序进行修改，得到源程序的变异程序。而良好定义的变异操作可以是模拟典型的应用错误。例如，模拟操作符使用错误，把大于等于写成小于等于，或者是强制出现特定数据，以便对特定的代码或者特定的情况进行有效的测试，例如使得每个表达式都等于 0，以测试某种特殊情况。

设有程序段 P1，可以用">"来替换程序中的">="，产生变异程序 P2，如图 3-25 所示。

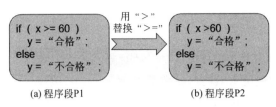

(a) 程序段P1   (b) 程序段P2

图 3-25 变异程序 P2

事先被良好定义的变异操作可以称为变异算子。程序变异需要在变异算子的指导下完成。目前研究人员已提出多种变异算子,但由于程序所属类型、自身特征的不同,在程序变异时可用的变异算子也是不同的。例如,对于面向过程程序,可以通过各种运算符变异、数值变异、方法返回值变异等算子对程序进行变异。而对于面向对象程序,在利用上述类型变异算子的同时,还可以针对继承、多态、重载等特性设计新的算子,来保证程序特征覆盖的完整性。

针对面向过程程序和面向对象程序,表 3-10 和表 3-11 分别列出了数种典型的变异算子。对于这些变异算子,PITest、MuJava 等工具提供了良好的实现和支持。

表 3-10 面向过程程序的变异算子

变异算子	描 述
运算符变异	(1) 对关系运算符"<""<="">"">="进行替换,如将"<"替换为"<="
	(2) 对自增运算符"++"或自减运算符"--"进行替换,如将"++"替换为"--"
	(3) 对与数值运算的二元算术运算符进行替换,如将"+"替换为"-"
	(4) 将程序中的条件运算符替换为相反运算符,如将"=="替换为"!="
数值变异	(1) 对程序中整数类型、浮点数类型的变量取相反数,如将"i"替换为"-i"
方法返回值变异	(1) 删除程序中返回值类型为 void 的方法
	(2) 对程序中方法的返回值进行修改,如将"true"修改为"false"

表 3-11 面向对象程序的变异算子

变异算子	描 述
继承变异	(1) 增加或删除子类中的重写变量
	(2) 增加、修改或重命名子类中的重写方法
	(3) 删除子类中的关键字 super,如将"return a * super.b"修改为"return a * b"
多态变异	(1) 将变量实例化为子类型
	(2) 将变量声明、形参类型改为父类型,如将"Integer i"修改为"Object i"
	(3) 赋值时将使用变量替换为其他可用类型
重载变异	(1) 修改重载方法的内容,或删除重载方法
	(2) 修改方法参数的顺序或数量

3.6.2 变异测试

变异测试有时也叫作"变异分析"，是一种对测试数据集的有效性、充分性进行评估的技术，以便指导我们创建更有效的测试数据集。

变异测试产生于 20 世纪 70 年代，最初是为了定位揭示软件测试中的不足，因为如果一个变异被引入，或者说一个已知的修改甚至是错误被植入到程序中，而测试结果不受影响，这就说明要么是变异代码没有被执行到，要么是程序的修改甚至是错误没有被测试工作检查出来。变异代码没有被执行到可能是源程序中有过剩代码，也可能是软件测试不充分，没有测试到这些代码。而如果是变异代码被执行到了，但测试结果不受影响，则是测试无效，不能发现程序中的问题。

变异测试通过对比源程序与变异程序在执行同一测试用例时的差异评价测试用例集的错误检测能力。当源程序与变异程序存在执行差异时，则认为该测试用例检测到变异程序中的错误，变异程序被关闭；反之，当两个程序不存在执行差异时，则认为该测试用例没有检测到变异程序中的错误，变异程序存活。执行差异主要表现为以下两个情形。

（1）执行同一测试用例时，源程序和变异程序产生了不同的运行时状态。

（2）执行同一测试用例时，源程序和变异程序产生了不同的执行结果。

根据满足执行差异要求的不同，可将变异测试分为弱变异测试和强变异测试。在弱变异测试过程中，当情形（1）出现时就可认为变异程序被关闭，而在强变异测试过程中，只有情形（1）和（2）同时满足才可认为变异程序被关闭。易于发现，弱变异测试近似于代码覆盖测试，在实践中对计算能力的要求较低。而强变异测试更加严格，可以更好地模拟真实错误的检测场景。在变异测试前，应当明确给出变异测试的类型，确定变异程序关闭的条件。本书余下部分若非特别指明，变异测试均指强变异测试。

给定一个程序 P 和一个测试数据集 T，通过变异算子 F 为 P 产生一组变异体 M_i（必须是合乎语法的变更，变更后程序仍能执行），对 P 和所有的 M_i 都使用 T 进行测试运行，如果某 M_i 在某个测试数据集上与 P 产生不同的结果，则称该 M_i 被关闭；若某 M_i 在所有的测试数据集上都与 P 产生相同的结果，则称其为活的变异体。接下来对活的变异体进行分析，检查其是否等价于 P，若等价，则去掉；对不等价于 P 的变异体 M_i，扩充测试用例集，提高测试用例集的错误检测能力，再进一步测试。不断重复上述过程，直至测试用例集可以关闭所有的变异程序。变异测试过程可描述如下。

```
程    序：P
测试数据集：T
变 异 算 子：F()
F(P)  →  Mi(i=1,2,3...)          // 产生一组变异体 Mi
Test(P,T) and Test(Mi, T)        // 对 P 和所有的 Mi 都使用 T 进行测试运行
If Test(P,T)<>Test(Mi, T)        // 如果测试结果不同
    Mi is Killed                 // 则该 Mi 被杀死
Else                             // 否则
    Mi is alive                  // 称其为活的变异体
Endif
```

If M₁(alive) <>P Improve（T）　　　// 若存在活的不等价于 P 的变异体.则需扩充测试用例
　　　　　　　　　　　　　　　　　// 集.提高测试用例集的错误检测能力.再进一步进行
　　　　　　　　　　　　　　　　　// 测试

针对程序段 P1,前面我们已经用">"替换">=",产生了如图 3-25(b)所示的变异程序 P2。除了这种变异之外,还可以用" = "来替换">=",产生另一个变异程序 P3,如图 3-26 所示。

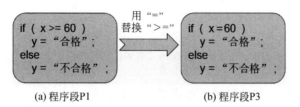

(a) 程序段 P1　　　　　　(b) 程序段 P3

图 3-26　变异程序 P3

假设有一位测试员 A,针对原来的程序段 P1 设计了测试数据集 T1,包括测试数据 x = 70 和 x = 50,那么把这个测试数据集用于变异程序 P2 时,是发现不了问题的,两个测试数据都能得到正确的结果,这就可以提醒测试人员,还需要增加测试用例,如 x=60,如图 3-27 所示。

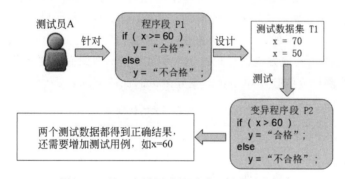

图 3-27　基于变异测试的测试用例改进示例 1

假设有一位测试员 B,针对原来的程序段 P1 设计了测试数据集 T2,包括测试数据 x = 60 和 x = 50,那么把这个测试数据集用于变异程序 P3 时,也是发现不了问题的,两个测试数据也都能得到正确的结果,这就可以提醒测试人员,还需要增加测试用例,如图 3-28 所示。

3.6.3　变异测试的优缺点

从软件测试的角度来说,变异测试可以帮助测试人员发现测试工作中的不足,然后进一步提高测试数据集的覆盖度和有效性,改进和优化测试数据集。另外,变异测试还可用于在细节方面改进程序源代码。程序变异测试方法是一种错误驱动测试。该方法通常是针对某类特定的程序错误。经过多年的测试理论研究和软件测试的实践,人们逐渐发现要想找出程序中所有的错误几乎是不可能的。比较现实的解决办法是将错误的搜索范围

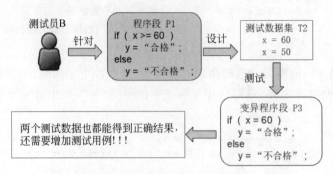

图 3-28　基于变异测试的测试用例改进示例 2

尽可能地缩小，以利于专门测试某类错误是否存在。

　　如果要让变异测试针对各种情况，则需要测试人员尽可能地模拟各种潜在的错误场景，必须引入大量的变异算子或变异操作，会产生大量的变异程序。这将导致会有数量极大的程序变异体被编译、执行和测试，占用大量的计算资源，使其在当前版本迭代日益加速的软件研发过程中难以实际应用，大量测试成本的耗费阻碍了它成为一种基本和常用的软件测试方法。变异测试中验证程序的执行结果也是一个代价高昂并且需要人工参与的过程，由此也影响了变异测试在生产实践中的应用。此外，由于等价变异程序存在逻辑上的不可决定性，那么如何快速有效地检测、去除源程序的等价变异程序也是一个影响变异测试自动化和应用的问题。另外，变异测试的前提是需要有测试数据集 T，而这个测试数据集 T 一般是采用其他方法设计出来的，所以说变异测试一般并不能单独使用，而需要与传统的其他测试方法技术相结合。变异测试的优缺点见表 3-12。

表 3-12　变异测试的优缺点

优　　点	缺　　点
（1）帮助发现测试工作中的不足，提高测试数据集的覆盖度和有效性，改进和优化测试数据集 （2）可用于在细节方面改进程序源代码	（1）如果要让变异测试针对各种情况，则必须引入大量的变异，这将导致测试成本过大。 （2）变异测试难以实现自动化。 （3）等价变异程序存在逻辑上的不可决定性。 （4）变异测试一般并不能单独使用，而需要与传统的其他测试方法技术相结合

3.7　符号执行

3.7.1　符号执行的概念

　　符号执行的基本思想是允许程序的输入不仅仅是具体的数值数据，而且包括符号值，这一方法也因此而得名。符号执行是一种程序分析技术，在 1976 年首次被提出，近年来，符号执行技术得到研究人员的广泛关注。一方面，随着 Z3、Yices、STP 等功能强大的约束求解器的出现，符号运行技术可应用于规模更大、结构更复杂的真实程序中。另一方面,虽然符号执行较其他程序分析方法计算代价更加昂贵,但随着计算能力的显著提升,符号执行计算受限的问题得到了极大的缓解。目前,业界已推出多款适用于不同程序语言的符号运行工具,如面向 Java 语言的 JPF、JCUTE,面向 C 语言的 DART、KLEE 等,这些工具对符号运行技术的发展及推广起到了重要作用。

符号执行法是一种介于程序测试用例执行与程序正确性证明之间的方法。它使用一个专用的解释程序,对输入的源程序进行解释。在解释执行时,所有的输入都以符号形式输入到程序中,这些输入包括基本符号,数字及表达式等,如图 3-29 所示。

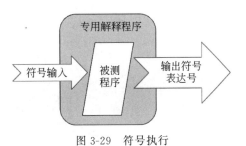

图 3-29　符号执行

符号执行的结果有两个用途,其一是检查符号执行的结果是否符合预期,其二是通过符号执行,产生程序的执行路径,为进一步自动生成测试数据提供约束条件。

3.7.2　符号执行示例

设有一段程序,其功能是计算两个数的和,如果要把两个数相加所有可能的情况如 $1+1,1+2,2+1,\cdots$,都输入进去测试一次,这是不可能做到的,也是没有必要的。于是会想,是不是可以输入两个符号,A 和 B,只要执行结果是 A + B,那么程序就是正确的。这就是通过符号测试来检查程序执行结果是否符合程序的规格要求。当然这一般只适用于简单的程序。

再来看另外一个例子,设有程序段 P1 如下。

```
if ( x >=60 )
        y ="合格";
else
    y ="不合格";
```

对其进行测试时,如果要把 x 的所有取值如 x= 10,15,20,80.5,…,都输入进去测试一次,测试工作量还是很大的。此时可以采用符号执行,输入符号 C。对程序段 P1,输入符号 C 后的执行结果,一般是如下形式的符号表达式组。

$$\begin{cases} \text{“if（ C } \geq \text{ 60 ）y=“合格””} \\ \text{“if（ C } < \text{ 60 ）y=“不合格””} \end{cases}$$

通过符号执行的这一结果,可以分析出程序有两条执行路径,两条执行路径分叉的依据是输入数据是否大于或等于 60,这样就可以针对这两条路径设计测试数据,如 70 和 50。而且,通过一定的技术手段,这样的测试数据可以自动生成。

符号执行中,解释程序在源程序的判定点计算谓词。例如,对程序段 P1 进行符号测试时判断输入数据 C 是否大于或等于 60。很显然,一个 IF 语句就会形成两个执行分支,如图 3-30 所示。

一个条件语句 if…then…else 的两个分支在一般情况下需要进行并行计算。语法路径的分支形成一棵"执行树",树中每一个节点都是一个表示执行到该节点时累加判定的

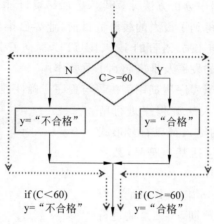

图 3-30　一个判定点就会形成两个执行分支

谓词。一旦解释程序对对象源程序的每一条语法路径都进行了符号计算，就会对每一条路径给出一组输出，它是用输入再加上遍历这条路径所必须满足的条件的谓词组这两者的符号形式表示的。实际上，这种输出包含了程序功能的定义。在理想情形下，这种输出可以自动地与可用机器执行的程序所要具备的功能进行比较，否则可用手工进行比较。

3.7.3　符号执行的特点和作用

由于语法路径的数目可能很大，且其中有许多是不可达路径，此时可对执行树进行修剪。修剪时须特别小心，不能把"重要"路径无意中修剪掉。还有一个问题是，如果源程序中包含有循环，而且循环的终止取决于输入的值，那么执行树就会是无穷的，这时必须加以人工干预，进行某种形式的动态修剪。

符号执行的结果可用于产生测试数据。符号执行的各种语法路径输出的累加谓词组（只要它是可解的）定义了一组等价类，每一等价类又定义了遍历相应路径的输出，可依据这种信息选择测试数据。寻找好的测试数据就等于寻找语义（即可达）路径，它属于语法路径的子集，因此，可依据这种信息来选择测试数据。

符号执行方法还可以度量测试覆盖程度。如果路径谓词的析取值为真，则该测试用例的集合就"覆盖"了源程序。如果析取值为假，则表示源程序有没有测试到的区域。

3.8　程序插桩和调试

在动态测试和软件调试中，程序插桩是一种十分重要的手段，有着广泛的应用。程序插桩就是借助往被测程序中插入操作，来实现测试或者调试目的的一种方法，它向源程序中添加一些语句，实现对程序语句的执行、变量的状态等情况进行检查和判断。

最简单的插桩是在程序中插入输出语句，用以显示和检查变量的取值或者状态是否符合预期。断言是一种特殊的插桩，它在程序中的特定部位插入，用于对某些关键数据的判断，如果这个关键数据不是程序所预期的数据，程序就给出警告或退出。当软件正式发布后,可以关闭取消断言代码。

3.8.1　断言

在 Eclipse 中,断言功能默认是关闭,如果需要使用这个功能,需要手动打开它。打开或者关闭断言功能的操作如下。

(1) 选择 Run 菜单。

(2) 选择 Run Configuration...菜单条目。

(3) 选择 Arguments 页签,在 VM arguments 输入-ea 就是开启(enable assertion),输入-da 就是关闭(disenable assertion)。

需要注意的是,这样的开启和关闭设置,是针对单个程序的,不同的程序需要分别设置。

java 中使用 assert 作为断言的关键字。

语法 1：assert expression;

//expression 代表一个布尔类型的表达式,如果为真,程序继续正常运行,如果为假,则程序退出。

语法 2：assert expression1：expression2；

//expression1 是一个布尔表达式,expression2 是一个基本类型或者 Object 类型,如果 expression1 为真,则程序忽略 expression2 继续运行;如果 expression1 为假,则运行 expression2,然后退出程序。

断言是用于软件的调试和测试的,也就是说,删去断言后,程序的结构和功能不应该有任何改变,不应把断言当作程序功能的一部分来使用。

一个断言应用的示例如下。

```java
public class assert_Example_0 {
    // cj 的取值范围应为～100.
    static int cj =0;              // cj 的初值为 0
    // 程序执行中间有多处修改 cj 取值的操作
    // ......
    // 但最终 cj 的取值必须在 0～100。以下断言对此进行检查判断。
    public static void main(String[] args) {
        assert cj<=100;
        assert cj>=0;
        System.out.println("成绩取值正常.在 0～100 之内!");  } }
```

以上代码中,**assert** *cj*＜＝100 和 **assert** *cj*＞＝0；这两行代码,用于判断 *cj* 的取值是否在 0～100 之间,若是,则给出提示;若不是,则会报错。

再看一个断言应用的示例如下。

```java
public class assert_Example {
    public static void main(String[] args) {
        int i =5;
```

```
        switch (i) {
        case 1:
            System.out.println("正常");
            break;
        case 2:
            System.out.println("正常");
            break;
        case 3:
            System.out.println("正常");
            break;
        default:
            //如果 i 的值不为 1,或 2,或 3,程序就会报错
            assert false: "i 的值无效";
} } }
```

以上代码中,如果 i 的值不为 1,或 2,或 3,程序执行就会报错。代码中 i 的值为 5,执行结果报错如下。

```
Exception in thread "main" java.lang.AssertionError: i 的值无效
    at assert_Example.main(assert_Example.java:16)
```

3.8.2　设计插桩

想要了解程序在某次运行中,各个变量的状态、各条语句的实际执行次数、内部的特定信息等,以及判断执行是否出现异常,都可以利用插桩技术来实现。插桩的作用如下。

（1）信息显示或提示。

（2）判断变量的动态特性。

（3）语句执行覆盖统计。

在程序中插桩是需要付出成本的,包括插入代码的成本和用完之后去掉这些代码的成本,所以程序插桩并不是随意进行的。对程序进行插桩时,应当考虑以下问题。

（1）需要通过插桩探测哪些信息？

（2）在代码的什么部位设置探测点？

典型的探测点如：每个程序块的第 1 个可执行语句之前；for,do-while,do until 等循环语句处；if-else 等条件语句各分支处；输入语句之后；函数、过程、子程序调用语句之后；return 语句之后；goto 语句之后等。

（3）需要设置多少个探测点？

应当优选插桩方案,使得需要设置的探测点能够最少。

（4）需要插入哪些语句？

在应用程序插桩技术时,可在程序中特定部位插入某些用以判断变量特性的语句,程序执行时这些语句会自动判断变量取值或状态是否符合预期要求。

下面来看一个程序插桩设计示例。

有一段程序,其功能是求两个数的最大公约数,程序代码如下。

```
public int getGYS(int x, int y) {
    int Q=x;
    int R=y;
    while(Q!=R)
        {   if (Q > R)
                    Q=Q-R;
            else R=R-Q;
        }
        return Q;
            }
```

在对这段程序进行测试时,可以进行插桩,以检测程序中各个节点的执行次数。插桩采用的语句形式可以如下。

$$C(i) = C(i) + 1, \quad i = 1, 2, \cdots n$$

即程序每经过该位置节点的时候,计数器就会加 1,最终计数器等于几,就意味着程序执行时经过该节点几次。插桩后的程序流程图如图 3-31 所示。

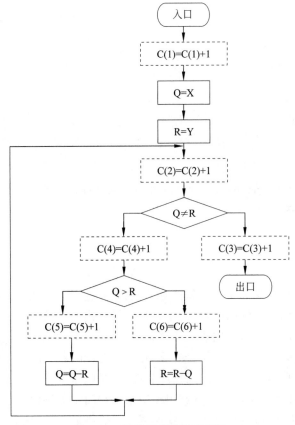

图 3-31　插桩后的程序流程图

图 3-31 中虚线框中的内容并不是源程序的内容,而是为了记录该位置的执行次数而

插入的。虚线框中的代码就是为了完成计数，形式如下。

$$C(i)=C(i)+1 \quad ; // \quad i=1,2,3,4,5,6$$

当然还需要在程序的入口处插入对计数器 $C(i)$ 初始化的语句，和在出口处插入输出这些计数器 $C(i)$ 结果的语句，才能构成完整的插桩，这样就能记录并输出在程序中插桩的各个位置节点的实际执行次数。

从插桩后的程序流程图不难看出，如果测试完成后所有的 $C(i)$ 均大于 0，则测试实现了语句覆盖、判定覆盖和条件覆盖等。

插桩后的程序如下。

```java
public int getGYS(int x, int y)
  { int c1=0, c2=0, c3=0, c4=0, c5=0, c6=0;
    c1=c1+1;
    int Q=x;
    int R=y;
    c2++;
    while(Q!=R)
      { c3++;
        if (Q>R)
          {   c4++;
              Q=Q-R;
          }
        else
          {   c5++;
              R=R-Q; }
      }
    c6++;
    System.out.println(c1+","+c2+","+c3+","+c4+","+c5+","+c6);
        return Q;
  }
```

3.8.3 程序调试

在软件开发过程中，既需要进行软件测试，也需要进行程序调试。测试和调试的含义不同，测试是要发现代码中的问题，调试主要是要解决代码中的问题。测试是一个可以系统进行的有计划的过程，可以事先确定测试策略、测试计划、测试方案、设计测试用例，然后执行测试过程，去验证软件是否符合要求，并力争发现问题和缺陷。但测试发现的不一定是错误本身，可能只是错误的外部征兆或表现，此时就需要进行调试。调试是在发现问题之后解决问题的过程。调试应充分利用测试结果和测试提供的信息，全面分析，先找出错误的根源和具体位置，再进行修正，将错误消除。简单地说，测试是要去发现错误，调试是要去修正错误。从职责上说，测试工作只需要发现错误即可，并不需要修正错误，而调试的职责就是要修正错误。软件开发者有时需要同时肩负这两种职责：一方面对自己开发的程序进行测试，发现问题；另一方面对其进行调试，修正错误。

1. 调试的过程

调试的过程如图 3-32 所示。

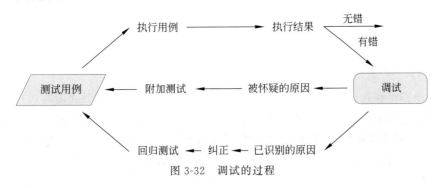

图 3-32　调试的过程

调试时,如果已经识别或者找到测试中所发现错误的原因,就可以直接予以修正,然后进行回归测试,如果没有找到问题的原因,那么可以先假设一个最有可能的错误原因,然后通过附加测试来验证这样的假设是否成立,直到找出错误原因为止。

有时调试工作难度很大,原因如下。

(1) 症状和原因可能相隔很远,尤其是在程序结构高度耦合的情况下,更是如此。

(2) 症状可能是由误差引起的,程序本身看不出错误。

(3) 症状可能和时间有关。

(4) 症状可能在另一错误改正后消失或暂时性消失。

(5) 症状由不太容易跟踪的人工错误引起。

(6) 很难重新完全产生相同输入条件(如输入顺序不确定的实时应用系统)。

(7) 症状可能是时有时无,这在耦合硬件的嵌入式系统中常见。

(8) 症状可能是由分布在许多不同任务中的多个原因共同引起的。

有时程序员会因为在调试程序时,找不到问题出在哪,而让软件开发工作陷入困境。正是由于调试工作很难,具有一定规模和复杂度的程序,有些问题发现后,不太容易找到出错的具体位置,所以调试工作是程序员能力和水平的一个重要体现。程序调试能力因人而异,在某种程度上可以说是跟人的个性和天赋有关,有的程序员非常善于调试程序,有的则不具备这样的能力,即使是具有相同教育背景和工作背景的程序员,他们的程序调试能力也可能有很大差别。在某种角度上来说,调试是一种很容易让人感到沮丧的编程工作,尤其让人烦恼的是,认识到有问题,因为程序出错了,但却找不到错误出在哪。自我怀疑、项目进度要求等引起的高度焦虑,会增加调试工作的难度。一方面要调整心态,另一方面要掌握调试的方法和技术。

2. 调试的方法

调试的方法主要有回溯法、原因排除法、归纳法、演绎法等。这些方法的具体实施可以借助调试工具来辅助完成,如带调试功能的编译器、动态调试辅助工具"跟踪器"、内存映像工具等。

回溯法是指,从程序出现不正确结果的地方开始,沿着程序的执行路径,往上游寻找错误的源头,直到找出程序错误的实际位置。例如,程序有 5000 行,测试发现最后输出的结果是错误的,采用回溯法,可以先在第 4500 行插桩,检查中间结果是否正确,若正确,则错误很可能发生在第 4500~5000 行。若不正确,则在第 4000 行插桩,以此类推,直到找出程序错误的具体位置。

3. 重现缺陷

软件缺陷是存在于软件中的那些不希望或不可接受的偏差,只要缺陷客观存在,那么任何缺陷都是可重现的。软件缺陷并不是间歇发生的,即使发生的条件很多,出现的概率很小,但一旦满足确切的条件,缺陷还是会再次重现。不管是软件测试还是调试,都需要让软件缺陷重现。在软件测试时,这样做是为了确认缺陷确实存在,并确切地描述缺陷,而在调试时,这样做是为了根据重现的缺陷,找到出错的原因和具体的位置,以便修正。有的缺陷很隐蔽,要重现有一定难度,需要符合特定的条件。在试图重现缺陷时,需要考虑的各种情况如下。

(1) 有的缺陷只在满足特定竞争条件时才会重现,例如因资源竞争而出现的死锁。

(2) 缺陷造成的影响可能会导致其无法重现。

(3) 有的缺陷是依赖于内存的,换一种内存状态缺陷可能就不会重现。

(4) 有的缺陷仅会在初次运行时显现,要想重现,需要回到初始状态。

(5) 有的缺陷与特定数据有关,要重现缺陷需要特定的数据。

(6) 有的缺陷与间断性硬件故障有关。

(7) 有的缺陷依赖于时间,要重现缺陷需要设置特定的时间。

(8) 有的缺陷依赖于资源,要重现缺陷需要特定的资源状态。

(9) 有的缺陷与环境变量有关。

(10) 有的缺陷是误差放大或者累积造成的。

习 题 三

一、选择题

1. 一个程序中所含有的路径数与(　　)有着直接的关系。

　A. 程序的复杂程度　　　　　　　B. 程序语句行数

　C. 程序模块数　　　　　　　　　D. 程序指令执行时间

2. 条件覆盖的目的是(　　)。

　A. 使每个判定中的每个条件的可能取值至少满足一次

　B. 使程序中的每个判定至少都获得一次"真"值和"假"值

　C. 使每个判定中的所有条件的所有可能取值组合至少出现一次

　D. 使程序中的每个可执行语句至少执行一次

3. 软件调试的目的是(　　)。

　A. 发现软件中隐藏的错误

B. 解决测试中发现的错误

C. 尽量不发现错误以便早日提交软件

D. 证明软件的正确性

4. 有程序段如下。

```
If    ((M > 0) && (N == 0))
        FUCTION1;
If    ((M == 10) || (P > 10))
        FUCTION2;
```

其中,FUCTION1、FUCTION2 均为语句块。现在选取测试用例：M＝10,N＝0,P ＝3,该测试用例满足了(　　　)。

A. 路径覆盖　　　B. 条件组合覆盖　C. 判定覆盖　　　D. 语句覆盖

5. 对下面的计算个人所得税程序中,满足判定覆盖的测试用例是(　　　)。

```
if (income<800)     taxrate=0;
else if (income<=1500)     taxrate=0.05;
else if (income<2000)     taxrate=0.08;
else taxrate=0.1;
```

A. income＝(799,1500,1999,2000)

B. income＝(799,1501,2000,2001)

C. income＝(800,1500,2000,2001)

D. income＝(800,1499,2000,2001)

6. 设有一段程序如下。

```
if (a==b and c==d or e==f) do S1
    else if (p==q or s==t) do S2
            else do S3
```

若要达到"条件/判定覆盖"的要求,最少的测试用例数目是(　　　)。

A. 6　　　　　　　B. 8　　　　　　　C. 3　　　　　　　D. 4

二、填空题

1. 代码检查的方式有三种：_____、_____、_____。

2. 数据流分析就是对程序中数据的_____、_____及其之间的_____等进行分析的过程。

3. _____是逻辑覆盖标准的一种,它要求选取足够多的测试数据,使得每个判定表达式中条件的各种可能组合都至少出现一次。

三、判断题

1. 所有满足条件组合覆盖标准的测试用例集,也满足分支覆盖标准。　　　(　　　)

2. 软件测试的目的在于发现错误、改正错误。　　　(　　　)

3. 条件覆盖能够查出条件中包含的错误,但有时达不到判定覆盖的覆盖率要求。

(　　　)

4. 在白盒测试中，如果某种覆盖率达到 100％，就可以保证把所有隐藏的程序缺陷都揭露出来。 （　　）

5. 白盒测试的条件覆盖标准强于判定覆盖。 （　　）

6. 判定覆盖包含语句覆盖，但它不能保证每个错误条件都能检查得出来。 （　　）

四、解答题

1. 请为以下程序段设计测试用例集，要求分别满足语句覆盖、判定覆盖、条件覆盖、条件/判定覆盖、条件组合覆盖。

```java
public int do_work(int A, int B) {
        int x=0;
        if((A>4) && (B<9))
        { x =A-B; }
        if( A==5 && B>28 )
        { x=A+B; }
        return x;
        }
```

2. 请为以下程序段设计测试用例集，要求分别满足语句覆盖、判定覆盖、条件覆盖、修正条件/判定覆盖。

```java
public void do_work(int x, int y, int z) {
        int k=0, j=0;
        if ( (x>20)&&(z<10) )
        { k=x * y-1;
          j=k * k;
        }
        if ( (x==22)||(y>20) )
        { j=x * y+10; }

        j=j%3;
        System.out.println("k,j is:"+k+","+j);
        }
```

3. 请为以下程序段设计测试用例集，要求满足条件组合覆盖。

```java
public class Triangle {
    protected long lborderA =0;
    protected long lborderB =0;
    protected long lborderC =0;
    // Constructor
    public Triangle(long lborderA, long lborderB, long lborderC) {
        this.lborderA =lborderA;
        this.lborderB =lborderB;
        this.lborderC =lborderC;      }
```

```
public boolean isTriangle(Triangle triangle) {
    boolean isTriangle = false;
    // check boundary
    if (triangle.lborderA > 0 && triangle.lborderB > 0 && triangle.lborderC
    > 0 )
    // check if subtraction of two border larger than the third
        if ((triangle.lborderA - triangle.lborderB) < triangle.lborderC &&
    ( triangle. lborderB - triangle. lborderC ) < triangle. lborderA &&
    (triangle.lborderC - triangle.lborderA) < triangle.lborderB)
        {isTriangle = true;   }
    return isTriangle;
    } }
```

4. 请针对程序模块 Function1，解答以下问题。

（1）画出程序控制流图，计算控制流图的环路复杂度。

（2）导出基本路径。

（3）设计基本路径覆盖测试用例。

程序模块 Function1 代码如下。

```
1   public int Function1(int num, int cycle, boolean flag)
2   {
3       int ret = 0;
4       while( cycle > 0 )
5       {
6           if( flag == true )
7           {
8               ret = num - 10;
9               break;
10          }
11          else
12          {
13              if( num % 2 == 0 )
14              {
15                  ret = ret * 10;
16              }
17              else
18              {
19                  ret = ret + 1;
20              }
21          }
22          cycle--;
23      }
24      return ret;
25  }
```

5. 请对以下程序进行插桩,显示循环执行的次数。

```java
public class GCD {
    public int getGCD(intx,int y){
        if(x<1||x>100)
        {  System.out.println("参数不正确!");
            return -1;     }
        if(y<1||y>100)
        {  System.out.println("参数不正确!");
            return -1;     }
        int max,min,result =1;
        if(x>=y)
        {  max =x;
            min =y;      }
        else
        {  max =y;
            min =x;      }
        for(int n=1;n<=min;n++)
        {  if(min%n==0&&max%n==0)
            {  if(n>result)
                result =n;   }
        }
        System.out.println("最大公约数为:"+result);
        return result;
    }  }
```

6. 请对以下代码段进行变异,变异规则为将"++"替换为"－－",然后设计测试数据,能够测试发现所有的变异点。

```java
public class zhengchu {
    public String iszhengchu(int n) {
        if(n<100||n>200) {  return "error";     }
        int flag=0;
        String note="";
        if(n%3==0) {  flag++;
                    note=note+" 3";   }
        if(n%5==0) {  flag++;
                    note+=" 5";     }
        if(n%7==0) {  flag++;
                    note+=" 7";     }
        return "能被"+flag+"个数整除,"+note;
    }  }
```

7. 有一个求和程序如下,其中变量 cycle_num 为实际循环次数,maxCycleNum 为最大循环次数。若分别采用循环测试中的 Z 路径覆盖测试和循环边界条件测试,请分析这两种测试方法下的形参变量 cycle_num 应当的取值。

```
int My_Sum(int cycle_num)
{ int i, s, maxCycleNum;
   i =1;
   s =0;
   maxCycleNum =100;
   while ((i <=cycle_num) && (i <=maxCycleNum))
   {   s +=i;
      i++;   }
      return s;   }
```

自动化测试

4.1 自动化测试概述

4.1.1 自动化测试的概念

自动化测试是指由测试工具自动执行某项软件测试任务,它是相对手工测试而言的。自动化测试通过开发的软件分析和测试工具、编写的测试脚本等,来实现软件分析和测试过程的自动执行,是把原本由人来执行的测试行为转化为机器自动执行的一种软件测试方式。自动化测试具有良好的可重复性、高效和准确等特点。

为什么要有软件测试自动化呢? 主要有以下几大原因。

首先,当软件测试的工作量很大时,靠手工很难完成。例如,静态测试中要对某个共有几百万行代码的软件进行代码检查,看是否符合编码规则;或者动态测试中要对某个软件执行几十万个测试用例,这样的测试工作如果完全依靠手工操作,无疑是很难完成的。

其次,测试中的许多操作是简单重复劳动,并要求准确细致,手工完成会让人产生厌倦情绪,并且容易出错,影响工作质量和效率。例如,重复执行某一测试过程,输入不同的数据,并要求准确细致地记录测试过程和结果,这样的工作由人来完成会有一定的出错率,并会让人产生厌倦情绪,既影响效率,又会进一步增加出错的概率;而如果让计算机来自动完成,则出错率会低几个数量级,效率也会高很多。

第三,有些测试工作手工难以完成,必须要借助自动化手段,才能实现,并可以降低成本。例如,要对某软件做大规模的并发测试,需要几千个客户端同时打开使用,这样的测试靠手工来完成很难做到,成本也会非常高。而如果采用自动化工具,则只需要产生出几千个模拟的客户端即可,既便于操作,成本也可以降低很多。

自动化测试的基本原理大致分为两类:一是通过设计的特殊程序模拟测试人员对计算机的操作过程和操作行为,一般用来实现自动化黑盒测试;二是开发类似于高级编译系统那样的软件分析系统,对被测试程序进行检查、分析和质量度量等,一般用来实现自动化白盒测试。

需要注意的是,有的文献中区分自动化测试和测试自动化为两个不同的概念,认为自动化测试的范围较小,仅指软件测试工作自身的自动化完成,而测试自动化则范围更大,除包括自动化测试外,还包括测试辅助工作的自动化,例如把原本需要人工完成的测试管理、测试统计分析等工作通过程序自动完成。自动化测试和测试自动化的关系如图 4-1 所示。

图 4-1　自动化测试和测试自动化

4.1.2　自动化测试的优点、局限性和适用情况

1. 自动化测试的优点

自动化测试相较于手工测试具有很多优点,应用也越来越普遍,它包括如下优点。

(1) 可以大幅度提高测试执行的速度,提高效率,节省时间

例如,对某软件,手工执行一个测试用例,输入测试数据,记录测试过程和结果,大约需要 1min,而自动化执行一个测试用例,完成这一过程大约只需要 1ms。采用自动化测试可以节约测试时间,缩短软件项目的开发周期,让软件产品能够更快地投放市场。

(2) 可以代替手工操作,节约人力资源,降低成本。

计算机等设备的成本在不断下降,而人力资源成本却在持续上升,自动化测试通过用计算机自动执行来代替手工操作,可以节约大量人力资源,从而降低测试成本。例如对某软件,一个人一天可以执行 300 个测试用例,综合成本约 600 元,而一台计算机一天可以执行 3 万个测试用例,综合成本却只有 20 元左右。

(3) 可以提高测试的准确度和精确度。

在测试过程中,要不断重复地输入数据、记录过程和结果,人是很容易出错的,例如出错率为千分之几,而计算机却基本上可以做到准确无误。另外,人的手工操作精确度是有限的,人的反应时间大约在 0.1s,这样,在测试工作中,如果要测试软件的响应时间,人只能精确到十分之一秒左右,而自动化测试可以精确到毫秒,甚至纳秒。

(4) 能更好地利用时间资源和计算机等资源。

自动化测试的执行是不受上下班时间限制的,甚至可以 24h 不间断,这样可以充分利用时间资源,缩短测试工作所需要的总时间。自动化测试执行时间的灵活性,使得所需的计算机资源等也可以灵活配置,例如白天计算机等设备用于软件开发,而下班后则可用于执行测试任务,这样也能更充分地利用计算机等资源。

(5) 提升测试能力,完成手工难以完成的测试任务。

手工测试是有很大局限性的,很多性能测试、实时系统测试、安全测试等难以通过手工来完成,此时必须依靠自动化测试手段,来执行相关测试。例如负载测试时,需要不断调整控制负载的大小,这靠手工操作很难完成的。

2. 自动化测试的局限性

自动化测试有它的优点,也有其局限性。

（1）自动化测试并不比手工测试发现的缺陷更多。

目前的技术，自动化测试主要是把测试的执行过程交给计算机来自动完成，而能发现多少缺陷主要是由测试设计决定的。简单地说，在相同的测试设计、执行相同的测试数据的情况下，自动化执行和手工执行测试发现的缺陷是一样多的。自动化测试只是提高了测试执行的效率，而不能提高测试的有效性。

（2）自动化测试脚本或程序自身也需要进行正确性检查和验证。

自动化测试脚本或程序也是由人开发出来的，也存在出错的可能性，因而也需要对其进行正确性检查和验证。

（3）自动化测试对测试设计的依赖性很大。

自动化测试要能够顺利执行并达到测试目的，它对测试设计的依赖性很大，要事先设计测试规程、测试数据、搭建测试环境，测试设计的质量非常关键，自动化测试工具本身只是起到辅助作用。

（4）自动化测试比手工测试更加"脆弱"，并需要进行维护。

自动化测试有非常具体的执行条件，执行过程也是固定的，当被测试程序有修改或者测试环境条件有变化时，可能就无法执行，非常"脆弱"。为适应程序的修改、扩充，或者是环境条件的变化，自动化测试脚本需要不断进行维护。

（5）自动化测试需要相应的成本投入。

实现自动化测试需要进行测试人员培训、测试工具购买、测试环境部署、测试脚本开发等，会有相应的成本投入，尤其是初期，自动化测试比手工测试的成本投入更大。

对自动化测试，要防止陷入以下几个认识误区。

（1）自动化测试可以完全取代手工测试。

自动化测试虽然应用越来越普遍，但并不能完全取代手工测试。首先，测试分析和设计的过程很难完全依靠计算机来自动完成，而且测试人员的经验和对错误的猜测能力，也是软件工具所难以替代的。其次，对软件的界面感受、用户体验等的测试是无法自动化完成的，人的审美观和心理体验是工具所不能模拟的。有些执行结果的正确性检查难以完全实现自动化，人对是非的判断和逻辑推理能力是目前自动化工具所不具备的。

（2）测试用例可以完全由测试工具自动生成。

可以依靠测试工具自动生成一部分测试用例，但还需要测试设计人员全面考虑，深入分析，有针对性地再设计一些测试用例，以提高测试的完备性和有效性。

（3）自动化测试可适用于任何测试场景。

实际上，有些测试场景并不适合采用自动化测试。如果测试过程执行次数很少，那么采用自动化测试的话就不划算，因为自动化测试环境搭建、测试开发脚本成本很高。如果软件运行很不稳定，那么自动化测试过程可能很难顺利完成。如果是需要通过人的主观感受来进行评判的测试，那么就不适合采用自动化测试，因为自动化测试工具无法给出有效的结论。如果是涉及物理交互的测试，也无法自动化完成，因为测试过程中需要人的参与。

（4）采用自动化测试后效率立刻提高。

一开始实行自动化测试的时候，需要学习测试工具的使用，编写测试脚本等，效率不但不会马上提升,反而要花费很多的时间。只有在测试过程反复执行的时候,测试工作效率才会提高,自动化测试的效益才会显现出来。

3. 自动化测试的适用情况

把测试工作交给计算机自动执行,实现自动化测试,或者进一步拓展到测试自动化,主要适用于以下情况。

(1) 重复执行,输入大量不同数据的测试过程。

(2) 回归测试。

(3) 用手工测试完成难度较大的测试,如性能测试、负载测试、压力测试等。

(4) 自动生成部分测试数据。

(5) 测试过程及测试结果的自动记录。

(6) 测试结果与预期结果的自动比对。

(7) 测试结果的汇总、统计分析、缺陷管理和跟踪。

(8) 测试项目管理,如工作进展状况统计。

(9) 测试报表和报告的生成等。

4.1.3　自动化测试工具

随着技术的发展,自动化测试工具越来越多,使用也越来越广泛,可以从不同的角度对自动化测试工具进行分类。根据测试方法不同,自动化测试工具可以分为白盒测试工具和黑盒测试工具。根据测试的对象和类型不同,自动化测试工具可以分为单元测试工具、回归测试工具、功能测试工具、性能测试工具、Web 测试工具、嵌入式测试工具、页面链接测试工具、数据库测试工具、测试设计与开发工具、测试执行和评估工具、测试管理工具等。

自动化测试工具能够完成的工作大致可以分为以下几类。

(1) 记录业务测试流程并生成测试脚本程序。

(2) 模拟测试员的各种测试操作。

(3) 用有限的资源生成高质量虚拟用户。

(4) 测试过程中监控软件和硬件系统的运行状态。

(5) 模拟特定的运行条件、外部环境和资源。

(6) 对测试过程和结果的记录和统计分析。

下面简单介绍一些常用的自动化测试工具。

(1) 功能测试工具,用于测试程序能否正常运行并达到预期的功能要求,产品代表有 QuickTest Professional。

(2) 性能测试工具,用于测试软件系统的性能,产品代表有 LoadRunner。

(3) 白盒测试工具,用于对代码进行白盒测试,产品代表有 XUnit 系列工具,如 JUnit。

(4) 测试管理工具,用于对测试进行管理,包括对测试计划、测试用例、测试实施等进行管理,还能进行产品缺陷跟踪管理、产品特性管理等。产品代表有 IBM Rational 公司的 TeamManager、HP Mercury Interactive 公司的 Test Director 等。

总的来说,自动化测试工具越来越多,使用越来越广泛和普遍,但使用自动化测试应注意以下几个问题。

首先,不要对自动化测试产生不现实的期望,测试工具不能解决所有的问题,对测试工具寄予过高的期望,最终将无法如愿。其次,不要盲目建立大型自动化测试,尤其是在缺乏自动化测试实践经验、软件变化大的情况下更是如此。第三,建立自动化测试时要考虑它的可复用性和可维护性,如果用一次或者少数几次就不能用了,那显然是得不偿失的。第四,要分析对测试任务进行自动化执行的可行性,并合理选择测试工具。

4.2　自动化黑盒测试

黑盒测试的执行环节,就是反复运行被测试软件,输入数据,记录结果,并把实际执行结果和预期结果进行对比,来检查软件执行是否正确。可以采用自动化的手段来实现这种重复的黑盒测试执行过程,这就是黑盒测试的自动化,或者叫自动化黑盒测试。

4.2.1　自动化黑盒测试的基本原理

要实现某一执行过程的自动完成,通常可以通过编写代码来实现,例如以下为实现数据更新的一段 Java 代码。

```
...
connect=DriverManager.getConnection(sConnStr,"sa","123");
stmt=connect.createStatement();
stmt.executeUpdate(sql);
stmt.close();
connect.close();
...
```

以上代码,主要完成数据库连接、SQL 执行、连接关闭等操作。这段代码多次执行,就可以自动化地重复完成这一过程。类似地,也可以通过编写代码实现黑盒测试执行过程的自动完成,这被称为脚本技术。例如,以下为一段测试脚本,用于实现对被测试软件的一次自动化执行,为便于理解,脚本中对各个语句行的操作内容进行了注释。

```
startApp("ClassicsJavaA");                        // 启动应用软件 ClassicsJavaA
tree2().click(atPath("Composers->Bach->Violin Concertos"));
        // 在显示的目录树中依次选择 Composers、Bach、Violin Concertos
...
placeAnOrder().inputKeys("{Num3}{Num4} {Num1}{Num2}{Num3}{Num4}");
                                                  // 输入数字"341234"
确定().click();                                    // 单击"确定"按钮
classicsJava(ANY,MAY_EXIT).close();               // 关闭应用软件 ClassicsJavaA
```

这段代码重复执行,就可以自动化地重复完成这一测试过程。

测试脚本是一组可以在测试工具中执行的指令集合,它是计算机程序的一种形式。通过测试脚本可以控制测试过程的自动化执行。编写者可以直接用脚本语言来编写测试脚本,就像编写其他高级语言程序一样,但这要求编写者对脚本语言非常熟悉。有一种办法,可以让并不熟悉脚本语言的软件测试人员也可以方便地得到测试脚本,那就是录制技术。

1. 脚本录制

所谓脚本录制是指,测试人员在支持脚本录制的测试软件中,把对被测试软件的测试过程手工执行一次,执行过程中,测试软件会把测试的每一步操作,转换为脚本语言代码并记录下来,并最终得到可以自动完成整个测试过程的测试脚本,如图 4-2 所示。

图 4-2 测试脚本录制

通过录制来得到测试脚本,可以减少脚本编程的工作量。录制是将用户的每一步操作都记录下来。要记录操作的位置或者是操作对象,操作的位置即用户界面的像素坐标,操作对象可以是窗口、按钮、滚动条等。还要记录相应的操作,如输入、单击、事件触发、状态变化或是属性变化等。所有的记录会转换为一种用脚本语言描述的过程,也就是指令集合,或者称脚本程序。概括起来,脚本可以分为以下多种类型。

(1)线性脚本:指顺序执行的脚本。一般是通过录制手工执行测试过程直接得到的脚本。

(2)结构化脚本:类似于高级语言程序,是具有各种逻辑结构(顺序、分支、循环)的脚本,而且具有函数调用功能。

(3)还有数据驱动脚本、关键字驱动脚本、共享脚本等。

2. 脚本回放

脚本录制好后,只要执行脚本,就可以把测试过程重做一遍,这被称为回放,如图 4-3 所示。也就是说,回放就是通过执行测试脚本来自动重做测试过程。

回放时,脚本语言所描述的过程会转换为屏幕上的操作,并可以将被测试软件的输出结果记录下来,以便同预先给定的标准结果进行比较,判断测试通过还是不通过。通过脚本回放,测试过程可以自动进行,这样可以大大减轻黑盒测试的工作量,在迭代开发的过程中,也能够很好地进行回归测试。

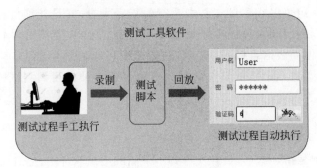

图 4-3　录制与回放过程

4.2.2　自动化黑盒测试的相关技术

自动化黑盒测试中，会用到一些相关技术，主要包括脚本优化、数据验证点、数据驱动、虚拟用户等，只有理解掌握并且能够合理应用这些技术，才能很好地实现自动化黑盒测试。

1. 脚本优化

可以对由录制生成的脚本进行修改和优化。在录制过程中，一些对测试而言没有意义的操作，如鼠标的滑动等，也会被录制到测试脚本中，可以把这些内容删除，以提高测试的效率。

例如，某段 Rational Function Tester 测试脚本中，以下代码行经分析对测试而言没有意义，应当删除。

```
...
memberLogon().dragToScreenPoint(atPoint(209,9),toScreenPoint(209, 10));
                                        // 无用的窗口拖动
classicsCD().doubleClick(atPoint(533,368));     // 无用的鼠标双击
classicsCD().Click(atPoint(515,320));           // 无用的鼠标单击
...
```

可以把分支、循环、函数调用等逻辑结构加入到测试脚本中，类似于结构化程序设计，以增强测试脚本的功能。

2. 数据验证点

借助在脚本中插入数据验证点，可以在脚本回放时进行数据检查验证，以判断测试过程中的中间结果或最终的测试结果是否正确。例如，以下的 Rational Function Tester 测试脚本代码段插入了数据验证点。

```
public class OrderBachViolin extends OrderBachViolinHelper
{  public void testMain(Object[] args)
   {  startApp("ClassicsJavaA");
```

```
tree2().click(atPath("Composers->Bach->Location(PLUS_MINUS)"));
tree2().click(atPath("Composers->Bach->Violin Concertos"));
placeOrder().click();

ok().drag();
quantityText().click(atPoint(35,15));
placeAnOrder().inputKeys("{Num1}{Num0}");
...
//下一行插入数据验证点.检验被测试软件计算得到的总金额是否等于预期值
_15090().performTest(OrderTotalAmountVP());
...
placeOrder2().click();
确定().click();
classicsJava(ANY,MAY_EXIT).close();
    }
}
```

数据验证点除了可以判断测试过程或结果是否正确之外,还可以实现脚本代码执行和界面显示之间的同步。例如,测试流程为:在前一个界面执行后弹出后一个界面,然后在后一个界面单击 OK 按钮。但可能当脚本代码执行到要在后一个界面单击 OK 按钮时,后一个界面中的 OK 按钮还没有显示出来,此时应在实现单击 OK 按钮的代码行之前插入数据验证点,检查后一个界面中的 OK 按钮是否已经显示出来。测试脚本如下。

```
...
tree2().click(atPath("Composers->Bach->Location(PLUS_MINUS)"));
tree2().click(atPath("Composers->Bach->Violin Concertos"));
placeOrder().click();
//插入数据验证点.检验下一个操作界面上的 OK 按钮是否已经显示出来
placeOrder2().performTest(okButtonPropertiesVP());
ok().click();
...
```

3. 数据驱动

把测试脚本一成不变地重复执行很多次意义并不大,通过为测试脚本配置数据驱动,可以在重复执行测试脚本的过程中,每次输入不同的测试数据,以实现大量测试数据的自动测试执行。测试脚本的数据驱动就是在脚本中把输入数据设置为变量,并配置一张变量的取值表,如图 4-4 所示,数据驱动设置好后,执行测试脚本时可以从变量的取值表中依次取出每行作为输入数据,来完成测试。

有了测试脚本的数据驱动,虽然测试过程是一样的,但测试输入的数据并不相同,每次测试都能达到不同的测试目的。

图 4-4 数据驱动设置

4. 虚拟用户技术

在性能测试中，往往需要测试当有多个用户并发访问被测试软件时，其性能是否可以达到实际需求。此时的并发用户往往都是借助工具来模拟的，例如，在 LoadRunner 性能测试工具中将其称为虚拟用户，相应的技术被称为虚拟用户技术。

LoadRunner 提供了多种 Vuser 技术，通过这些技术可以在使用不同类型的客户端/服务器体系结构时生成服务器负载。每种 Vuser 技术都适合于特定体系结构并产生特定的 Vuser 类型。例如，可以使用 Web Vuser 模拟用户操作 Web 浏览器、使用 Tuxedo Vuser 模拟 Tuxedo 客户端与 Tuxedo 应用程序服务器之间的通信、使用 RTE Vuser 操作终端仿真器。各种 Vuser 技术既可单独使用，又可一起使用，以创建有效的负载测试方案。

4.3　自动化白盒测试

自动化白盒测试的基本原理，就是构造类似于高级编译系统那样的分析工具来对程序代码进行检查和分析，分析工具一般针对不同的高级语言构造，在工具中可以定义类、对象、函数、变量和常量等各个方面的规则，在分析时，对代码进行扫描和解析，找出不符合编码规则和编程规范的地方，给出错误或警告信息，有的工具还可以生成系统的调用关系图等，并根据某种质量模型评价代码的质量。

当前存在大量静态测试（又称静态分析）工具，包括开源和非开源的工具。本节先简要介绍 4 个常用的 IDE 插件形式开源静态测试工具，然后再介绍一个功能更加丰富的静态测试软件工具。

4.3.1　静态测试 IDE 插件工具

Checkstyle、FindBugs、PMD、P3C 为 4 个常用的 IDE 插件形式开源静态测试工具，表 4-1 列出了这些工具的分析对象和应用技术。

表 4-1　常用的静态测试工具

工 具 名 称	分 析 对 象	应 用 技 术
Checkstyle	Java 源文件	缺陷模式匹配
FindBugs	字节码	缺陷模式匹配、数据流分析
PMD	Java 源代码	缺陷模式匹配
P3C	Java 源代码	缺陷模式匹配

Checkstyle 是 SourceForge 的开源项目，通过对代码编码格式、命名约定、Javadoc、类设计等方面进行代码规范和风格的检查，从而有效约束开发人员更好地遵循代码编写规范。Checkstyle 提供了支持大多数常见 IDE 的插件，本文主要使用 Eclipse 中的

Checkstyle 插件。Checkstyle 对代码进行编码风格检查,并将检查结果显示在 Problems 视图中。开发人员可在 Problems 视图中查看错误或警告详细信息。此外,Checkstyle 支持用户根据需求自定义代码评审规范,用户可以在已有检查规范如命名约定、Javadoc、块、类设计等方面的基础上添加或删除自定义检查规范,Checkstyle 具体页面如图 4-5 所示。

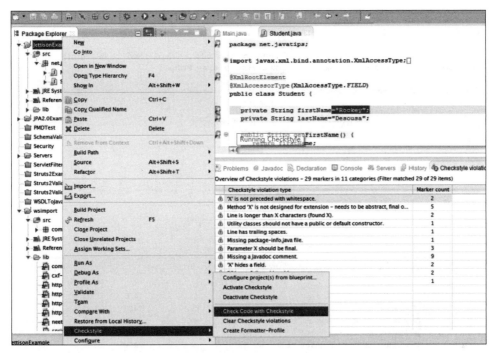

图 4-5　Checkstyle 页面展示

FindBugs 是由马里兰大学提供的一款开源 Java 静态代码分析工具。FindBugs 通过检查类文件或 JAR 文件,将字节码与一组缺陷模式进行对比,从而发现代码缺陷,完成静态代码分析。FindBugs 既提供可视化 UI,同时也可以作为 Eclipse 插件使用。安装成功后会在 Eclipse 中增加 FindBugsperspective,用户可以对指定的 Java 类或 JAR 文件运行 FindBugs,此时 FindBugs 会遍历指定文件,进行静态代码分析,并将代码分析结果显示在 FindBugsperspective 的 bugsexplorer 中。此外,FindBugs 还为用户提供定制 BugPattern 的功能。用户可以根据需求自定义 FindBugs 的代码评审条件。FindBugs 运行结果如图 4-6 所示。

PMD 是由 DARPA 在 SourceForge 上发布的开源 Java 代码静态分析工具。PMD 通过其内置的编码规则对 Java 代码进行静态检查,主要包括对潜在的 Bug、未使用的代码、重复的代码、循环体创建新对象等问题的检验。PMD 提供了和多种 JavaIDE 的集成,例如 Eclipse、IDEA、NetBean 等。PMD 同样也支持开发人员对代码评审规范进行自定义配置。PMD 在其结果页中,会将检测出的问题按照严重程度依次列出,如图 4-7 所示。

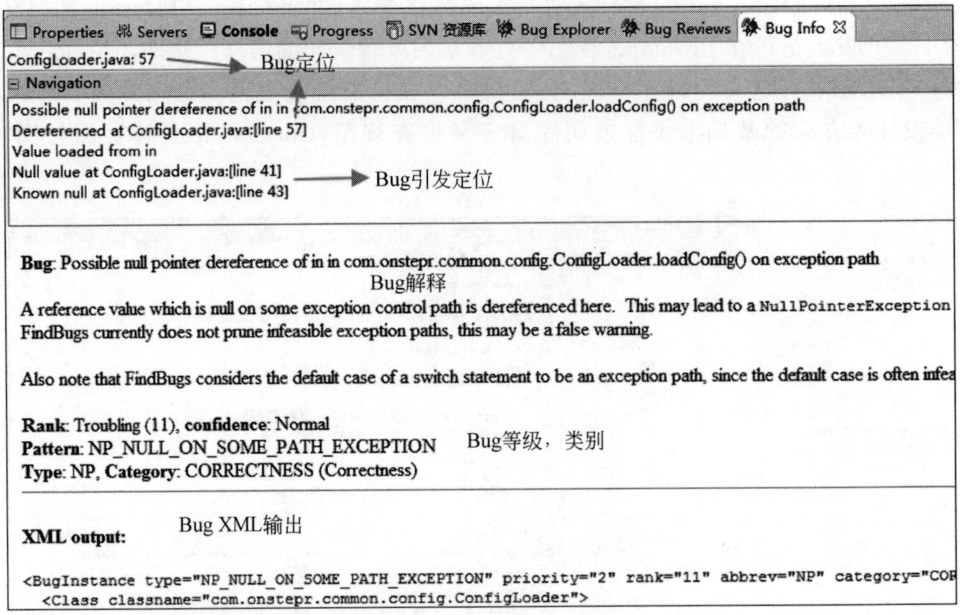

图 4-6　FindBugs 运行结果

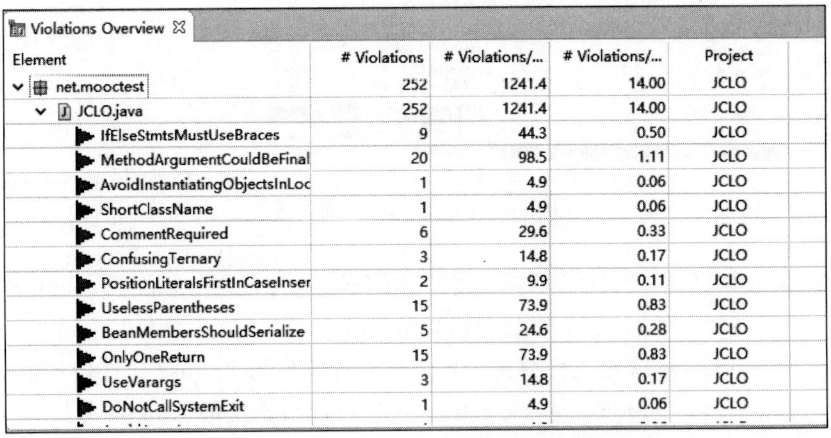
Violations Overview

Element	# Violations	# Violations/...	# Violations/...	Project
net.mooctest	252	1241.4	14.00	JCLO
JCLO.java	252	1241.4	14.00	JCLO
IfElseStmtsMustUseBraces	9	44.3	0.50	JCLO
MethodArgumentCouldBeFinal	20	98.5	1.11	JCLO
AvoidInstantiatingObjectsInLoc	1	4.9	0.06	JCLO
ShortClassName	1	4.9	0.06	JCLO
CommentRequired	6	29.6	0.33	JCLO
ConfusingTernary	3	14.8	0.17	JCLO
PositionLiteralsFirstInCaseInser	2	9.9	0.11	JCLO
UselessParentheses	15	73.9	0.83	JCLO
BeanMembersShouldSerialize	5	24.6	0.28	JCLO
OnlyOneReturn	15	73.9	0.83	JCLO
UseVarargs	3	14.8	0.17	JCLO
DoNotCallSystemExit	1	4.9	0.06	JCLO

图 4-7　PMD 结果页面展示

P3C 是阿里巴巴 P3C 项目组研发的 Java 开发规约插件，适用于 IDEA、Eclipse 等开发环境。P3C 是世界知名的反潜机，专门对付水下潜水艇，寓意是扫描出所有潜在的代码隐患。这个项目组是阿里巴巴开发爱好者自发组织形成的虚拟项目组，把《阿里巴巴 Java 开发规约》强制条目转化成自动化插件，并实现部分的自动编程。《阿里巴巴 Java 开发手册》是阿里巴巴集团技术团队的集体智慧结晶和经验总结，以 Java 开发者为中心视角。P3C 在扫描代码后，将不符合规约的代码按 Blocker/Critical/Major 3 个等级显示，如图 4-8 所示。

为便于推广使用，一般程序静态分析工具都提供对主流 IDE(如 Eclipse)的插件支

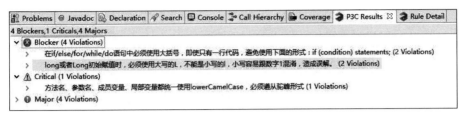

图 4-8 P3C 规约提示

持。下面以 Java 开发常用的 Eclipse 为例，介绍 Checkstyle、FindBugs、PMD、P3C 这 4 种
程序静态分析工具的安装方法，并以如下 Test 程序作为被测试对象，对这些工具在默认
配置下的缺陷检测能力进行评估。

```java
import java.io.*;
public class Test {
    public boolean copy(InputStream is, OutputStream os) throws IOException {
        int count = 0;
        byte[] buffer = new byte[1024];
        while ((count = is.read(buffer)) >= 0)     // Fault f1: 缺少 is 的空指针判断
            os.write(buffer, 0, count);            // Fault f2: 缺少 os 的空指针判断
        return true;                               // Fault f3: 未关闭 I/O 流
    }
    public void copy(String[] a, String[] b, String ending) {
        int index;
        String temp = null;
        System.out.println(temp.length());         // Fault f4: 空指针错误
        int length = a.length;                     // Fault f5: 变量 length 未被引用
        for (index = 0; index < a.length; index++) {
            if (true) {                            // Fault f6: 冗余的 if 语句
                if (temp == ending)                // Fault f7: 对象比较方法错误
                    break;
                b[index] = temp;                   // Fault f8: 缺少下标越界检查
    } } }
    public void readFile(File file) {
        InputStream is = null;
        OutputStream os = null;
        try {
            is = new BufferedInputStream(new FileInputStream(file));
            os = new ByteArrayOutputStream();
            copy(is, os);                          // Fault f9: 返回值未被引用
            is.close();
            os.close();
        } catch (IOException e) {
            e.printStackTrace();                   // Fault f10: 可能 I/O 流未关闭
        } finally {                                // Fault f11: 块 Finally 为空
```

```
} } }
```

以上 Test 程序包含了空指针引用、数组越界、I/O 未关闭、变量/语句冗余等常见类型缺陷。根据检测结果，可以对工具的缺陷检测能力有一个直观的了解。

（1）Checkstyle 的安装与使用

Checkstyle 插件可通过 Eclipse 官方市场进行安装。启动 Eclipse 后，选择 Help-Eclipse Marketplace，在搜索框中以"Checkstyle"作为关键字进行搜索，搜索结果如图 4-9 所示。此时，选择安装官方提供的最新版本即可。

图 4-9　Checkstyle 插件安装

安装完成后，右击 Java 项目可在菜单中看到 Checkstyle 的子菜单，如图 4-10 所示。图 4-11 给出了 Checkstyle 对 Test 程序的静态分析结果。可以看到，Checkstyle 并

Checkstyle >	Configure project(s) from blueprint...
⚑ PMD >	Activate Checkstyle
Team >	Deactivate Checkstyle
Compare With >	Check Code with Checkstyle
Configure >	Clear Checkstyle violations
Source >	Create Formatter-Profile

图 4-10 Checkstyle 菜单

未检测到任何类型的缺陷。

```java
import java.io.*;

public class Test {

    public boolean copy(InputStream is, OutputStream os) throws IOException {
        int count = 0;
        // 缺少变量注释
        byte[] buffer = new byte[1024];
        while ((count = is.read(buffer)) >= 0) {
            os.write(buffer, 0, count);
        }
        // 未关闭I/O流
        return true;
    }

    public void copy(String[] a, String[] b, String ending) {
        int index;
        String temp = null;
        // 空指针错误
        System.out.println(temp.length());
        // 未使用变量
        int length = a.length;
        for (index = 0; index < a.length; index++) {
            // 多余的if语句
            if (true) {
                // 对象比较应使用equals
                if (temp == ending) {
                    break;
                }
                // 缺少数组下标越界检查
                b[index] = temp;
            }
        }
    }

    public void readFile(File file) {
        InputStream is = null;
        OutputStream os = null;
        try {
            is = new BufferedInputStream(new FileInputStream(file));
            os = new ByteArrayOutputStream();
            // 未使用方法返回值
            copy(is, os);
            is.close();
            os.close();
        } catch (IOException e) {
            // 可能造成I/O流未关闭
            e.printStackTrace();
```

图 4-11 Checkstyle 分析结果

（2）FindBugs 的安装与使用

FindBugs 插件可通过 Eclipse Install 方式进行安装。启动 Eclipse 后，选择 Help-Install New Software，在 Add Repository-Location 中输入 FindBugs 官网提供的插件下载网址（http://findbugs.cs.umd.edu/eclipse）即可下载安装。安装完成后，右击 Java 项目可在菜单中看到 FindBugs 的子菜单，如图 4-12 所示。

Find Bugs	>	⚟ Find Bugs
🔄 Refresh	F5	▪ Clear Bug Markers

图 4-12 FindBugs 菜单

图 4-13 给出了 FindBugs 对 Test 程序的静态分析结果。可以看到，FindBugs 有效检测到了空指针错误 f4。

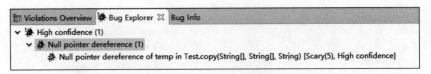

图 4-13   FindBugs 扫描结果

（3）PMD 的安装与使用

与 FindBugs 插件的安装方式类似，PMD 插件可通过 Eclipse Install 方式进行安装。在 Add Repository-Location 中输入 PMD 官网提供的插件下载网址（https://dl.bintray.com/pmd/pmd-eclipse-plugin/updates）即可下载安装。安装完成后，右击 Java 项目可在菜单中看到 PMD 的子菜单，如图 4-14 所示。

图 4-14   PMD 菜单

图 4-15 给出了 PMD 对 Test 程序的静态分析结果。可以看到，PMD 有效检测到了 f5 变量名 length 未使用，f6 的 if 语句冗余，f7 的对象比较方法错误，f11 的 finally 块为空。

Element	# Violations	# Violations/...	# Violations/...	Project
▼ ⓙ Test.java	33	1178.6	11.00	Test
LawOfDemeter	1	35.7	0.33	Test
MethodArgumentCouldBeFinal	5	178.6	1.67	Test
ShortClassName	1	35.7	0.33	Test
CommentRequired	4	142.9	1.33	Test
AtLeastOneConstructor	1	35.7	0.33	Test
UnconditionalIfStatement	1	35.7	0.33	Test
EmptyFinallyBlock	1	35.7	0.33	Test
SystemPrintln	1	35.7	0.33	Test
LocalVariableCouldBeFinal	3	107.1	1.00	Test
CompareObjectsWithEquals	1	35.7	0.33	Test
AvoidPrintStackTrace	1	35.7	0.33	Test
ShortVariable	6	214.3	2.00	Test
DataflowAnomalyAnalysis	5	178.6	1.67	Test

图 4-15   PMD 扫描结果

（4）P3C 的安装与使用

与 FindBugs 和 PMD 插件的安装方式类似，P3C 插件可通过 Eclipse Install 方式进行安装。在 Add Repository-Location 中输入 P3C 官网提供的插件下载网址（https://p3c.alibaba.com/plugin/ eclipse/update）即可下载安装。安装完成后，右击 Java 项目，弹出的快捷可在菜单中看到 P3C 的选项，如图 4-16 所示。

图 4-17 给出了 P3C 对 Test 程序的静态分析结果。可以看到，P3C 并未检测到任何

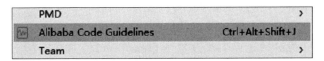

图 4-16　P3C 菜单选项

类型的缺陷。

图 4-17　P3C 扫描结果

对比上述 4 种程序静态分析工具可以发现,PMD 在空指针引用、对象操作、冗余语句、冗余变量等类型缺陷的检测上均具有更好的效果。FindBugs 可以检测到部分空指针类型缺陷,Checkstyle 和 P3C 等工具目的在于检测软件代码是否符合规范,对于软件缺陷的检测能力则较弱。

4.3.2　自动化白盒测试工具 Logiscope

1. 简介

Logiscope 是法国 Telelogic 公司推出的专用于软件质量保证和软件测试的产品。其主要功能是对软件做质量分析和测试,以保证软件的质量,并可做认证、反向工程和维护,特别是针对要求高可靠性和高安全性的软件项目和工程。

在软件设计和开发阶段,使用 Logiscope 可以对软件的体系结构和编码进行确认。可以在尽可能的早期阶段检测那些关键部分,寻找潜在的错误。可以在构造软件的同时,就定义测试策略。可以帮助编制符合标准的文档,改进不同开发组之间的交流。

在测试阶段使用 Logiscope,可以使测试更加有效。可针对软件结构,度量测试覆盖的完整性,评估测试效率,确保满足要求的测试等级。Logiscope 还可以自动生成相应的测试分析报告。

在软件的维护阶段,可以用 Logiscope 验证已有的软件是否是质量已得到保证的软件,对于状态不确定的软件,Logiscope 可以迅速提交软件质量的评估报告,大幅度地减少理解性工作,避免非受控修改所引发的错误。

Logiscope 采用基于国际标准度量方法(如 Halstead、McCabe 等)的质量模型对软件进行分析,从软件的编程规则,静态特征和动态测试覆盖等多个方面,量化地定义质量模型,并检查、评估软件质量。Logiscope 的优点如下。

(1)提供开发环境集成,很容易访问和运行 Logiscope。

(2)开发者可以随时检查其工作。

(3)只有当达到要求的测试等级时,软件才可以离开测试阶段。

（4）软件的维护工作是受控的，避免非受控修改所引发的错误。

（5）项目主管能把全部测试结果自动编制到日常报告中。

（6）质量工程师或测试工程师可以把项目作为一个整体，自动编写详细的质量或测试报告。

目前，Logiscope 产品在全世界的 26 个国家的众多国际知名企业得到了广泛的应用，其用户涉及通信、电子、航空、国防、汽车、运输、能源及工业过程控制等众多领域，包括如下企业或单位。

（1）欧洲的卫星生产厂商 Matla Marconi Space。

（2）直升机生产厂商 Eurocopter。

（3）世界最大的粒子物理研究实验室 CERN。

（4）航空航天领域的 Aérospatiale，Alcatel Space，Boeing，CNES，Northrop Grumman。

（5）IBM、GE、PHILIPS。

（6）国内的华为、中兴、航天公司等。

2. Logiscope 的功能组成

Logiscope 有 3 项独立的功能，以 3 个独立的工具的形式出现，即 Audit、RuleChecker、TestChecker，它们之间在功能上没有什么联系，彼此较为独立。Audit 和 RuleChecker 提供了对软件进行静态分析的功能，TestChecker 提供了测试覆盖率统计的功能。

RuleChecker：代码规范性检测工具，包含大量标准规则，用户也可定制创建规则。根据测试工程中定义的编程规则自动检查软件代码错误，可直接定位错误，自动生成测试报告。

Audit：软件质量分析工具，可评估软件质量及复杂程度。提供代码的直观描述，自动生成软件文档。

TestChecker：测试覆盖率统计工具，基于源码结构分析，进行测试覆盖分析，显示没有测试的代码路径。可以直接反馈测试效率和测试进度，协助进行衰退测试。可以支持不同的实时操作系统、支持多线程。可以累积合并多次测试结果，自动鉴别低效测试和衰退测试。可以自动生成定制报告和文档。

习 题 四

一、选择题

1. 下列（　　）不是软件自动化测试的优点。

    A. 速度快、效率高　　　　　　　　B. 准确度和精确度高

    C. 能节约测试工作的人力成本　　　D. 能完全代替手工测试工作

2. 关于自动化测试局限性的描述，以下描述错误的是（　　　）。

    A. 自动化测试不能完全取代手工测试

B. 自动化测试比手工测试发现的缺陷少

C. 自动化测试不能提高测试覆盖率

D. 自动化测试对测试设计依赖性极大

3. 以下不适用自动化测试的情况为(　　)。

    A. 负载测试　　　　B. 回归测试　　　　C. 界面体验测试　　D. 压力测试

二、填空题

1. 自动化测试中,实现对中间结果进行检查的技术是_____,实现重复执行脚本并每次输入不同测试用例的技术是_____。

2. 自动化测试的基本原理大致分为两类:一是通过设计的特殊程序模拟测试人员对计算机的操作过程和操作行为,一般用来实现_____;二是开发类似于高级编译系统那样的软件分析系统,来对被测试程序进行检查、分析和质量度量等,一般用来实现_____。

3. 自动化测试只是提高了测试执行的_____,而不能提高测试的_____。

三、判断题

1. 只要采用自动化测试,工作效率将马上提高。　　　　　　　　　　　(　　)

2. 所有的测试工作都可以实现自动化。　　　　　　　　　　　　　　(　　)

3. 自动化测试的执行是不受上下班时间限制的,甚至可以 24 小时不间断。(　　)

4. 在相同的测试设计、执行相同的测试数据的情况下,自动化测试比手工测试发现的缺陷多。　　　　　　　　　　　　　　　　　　　　　　　　　　　　(　　)

5. 测试用例可完全由测试工具自动生成。　　　　　　　　　　　　　(　　)

6. 自动化测试可适用于任何测试场景。　　　　　　　　　　　　　　(　　)

四、解答题

1. 以下为一段测试脚本,试分析每一行代码的功能是什么?

```
startApp("校园招聘");
tree().click(atPath("学校->专业->班级"));
...
学号().inputKeys("{Num2}{Num1}{Num1}{Num2}{Num3}{Num4}
                {Num1}{Num2}{Num3}{Num4}");
查询().click();
校园招聘(ANY,MAY_EXIT).close();
```

2. 试结合实例阐述数据验证点在使用时可以达到哪些不同的效果。

软件测试过程

5.1　单 元 测 试

5.1.1　简介

1. 什么是单元测试

单元测试是指对软件中的最小可测试单元进行检查和验证,其目的在于发现每个程序模块内部可能存在的问题和缺陷。单元测试一般是将最小可测试单元与程序的其他部分隔离的情况下对其进行测试。

单元的粒度具体划分可以不同,在传统的结构化编程语言如 C 语言中,单元一般是模块,也就是函数或子过程;在面向对象语言中(如 C++ 、Java 等),单元是类或类的方法;在 Ada 语言中,单元可为独立的过程、函数或 Ada 包;在第四代语言中,单元对应为一个菜单或显示界面。

单元测试中的一个可测"单元"应符合以下要求。

(1) 是可测试的、最小的、不可再分的程序模块。

(2) 有明确的功能、规格定义。

(3) 有明确的接口定义,清晰地与同一程序的其他单元划分开来。

2. 单元测试的执行人

单元测试通常是在代码完成后由程序员自己来完成,有时测试人员也会参加单元测试,但程序员在单元测试中仍会起到主要作用,单元测试是程序员的一项基本职责。程序员必须对自己所编写的代码保持认真负责的态度,这是程序员的基本职业素质之一。同时,直接影响单元测试能力也是程序员的一项基本能力,这种能力的高低直接影响程序员的工作效率与软件的质量。在编码的过程中进行单元测试,由于程序员对软件的设计和代码都很熟悉,不需要额外花时间去阅读、理解、分析程序的设计书和源代码,所以测试成本是最小的,测试效率也是最高的,得到的将是更优质的代码。程序员通过单元测试,发现代码中的各种问题,也能增加经验、提高编程能力和水平。

3. 单元测试的必要性

在软件开发过程中,越早发现问题、解决问题,花费的成本越小。经验表明,一个尽责的单元测试在软件开发的早期会发现很多的缺陷和问题,当时修改它们的成本会很低,而如果拖到后期阶段,缺陷的发现和修改将会变得更加困难,并要消耗更多的时间和费用。进行充分的单元测试,是提高软件质量,降低开发成本的必由之路。

有统计数据表明,以软件的一个功能点为基准,单元测试的成本效率大约是集成测试的两倍,是系统测试的三倍。

4. 单元测试方法

单元测试的方法一般以白盒测试方法为主,黑盒测试方法为辅。

白盒测试主要是检查程序的内部结构、逻辑、循环和路径。通常是理解程序的单元内部结构,分析单元的输入/输出,构造合适的单元测试用例,达到单元内程序路径的最大覆盖,保证单元内部程序运行路径处理正确,它侧重于单元内部结构测试,依赖于对单元实施细节的了解。常用的单元测试用例设计方法有逻辑覆盖测试和基本路径测试。

黑盒测试方法通过对程序单元的输入/输出的用例构造验证单元的特性和行为,侧重于核实单元的可观测行为和功能,它只用到程序的规格说明,不需要了解程序的内部实现细节,重点判断程序单元是否能完成需求规格说明的功能要求。常用测试用例设计方法有等价类划分、边界值分析、错误推测和因果图分析等方法。

5. 单元测试目标

单元测试是软件测试的基础。单元测试的目标是要确保各单元模块按照设计被正确地进行了编码实现,还需要保证代码在结构上可靠健全,能够在所有情况下正确响应。通过单元测试,应能确保每个单元模块都能正常工作,程序代码符合各种要求和规范。

单元模块要确定被正确编码实现,重点从以下几方面考虑。

(1) 信息能否正确地流入和流出单元模块。

(2) 在单元模块工作过程中,其内部数据能否保持其完整性,包括内部数据的形式、内容及相互关系不发生错误,也包括全局变量在单元模块中的处理和影响。

(3) 在未限制数据加工而设置的边界处,单元模块能否正确工作。

(4) 单元模块的运行能否做到满足特定的逻辑覆盖。

(5) 单元模块中发生了错误,其中的出错处理措施是否有效等。

同时合格的单元模块代码应该具备正确性、清晰性、规范性、一致性、高效性等,其中优先级最高的正确性,只有先满足正确性,其他特性才具有实际意义。而对有些会反复执行的代码,还需要具有高效性,否则会影响整个系统的性能。

(1) 正确性是指代码逻辑必须正确,能够实现预期的功能。

(2) 清晰性是指代码必须简明、易懂,注释准确没有歧义。

(3) 规范性是指代码必须符合企业或部门所定义的共同规范包括命名规则,代码风格等。

(4) 一致性指代码必须在命名、风格上保持统一。

(5) 高效性是指需要尽可能降低代码的执行时间。

6. 单元测试模型

一个单元模块或一个方法等并不是一个独立的程序，在测试它时要同时考虑它和外界的联系，需要用一些辅助模块去模拟与被测模块相联系的其他模块。这些辅助模块分为驱动模块和桩模块两种，如图 5-1 所示。

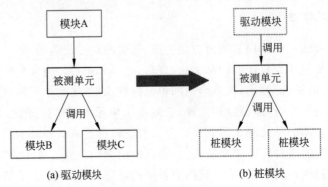

(a) 驱动模块　　　　　　　　　　(b) 桩模块

图 5-1　驱动模块和桩模块

（1）驱动模块

驱动模块是用来模拟被测单元的上层模块的程序模块。驱动模块能够接收或者设置测试数据、参数、环境变量等，调用被测单元，将数据传递给被测单元，如果需要还可以显示或者打印测试的执行结果。可将驱动模块理解为被测单元的主程序。

（2）桩模块

桩模块用来模拟被测单元的子模块。设计桩模块的目的是模拟被测单元所调用的子模块，接受被测单元的调用，并返回调用结果给被测单元。桩模块不一定需要包括子模块的全部功能，但至少应能模拟满足被测单元的调用需求，而不至于让被测单元在调用它时出现错误。

驱动模块和桩模块的编写会产生一定的工作量，会带来额外的开销。因为它们在软件交付时并不作为产品的一部分一同交付。特别是桩模块，为了能够正确、充分地测试软件，桩模块可能需要模拟实际子模块的功能，这样桩模块的建立就不是很轻松了。有时编写桩模块是非常困难和费时的，但也可以采取一定的策略，来避免编写桩模块，只需在项目进度管理时将实际桩模块的代码编写工作安排在被测模块前编写即可。而且这样可以提高测试工作的效果，因为不断调用实际的桩模块可以更好地对其进行测试，保证产品的质量。

被测模块及与它相关的驱动模块和桩模块共同构成了一个"测试环境"。建立单元测试的环境时，需完成以下一些工作。

（1）构造最小运行调度系统，即构造被测单元的驱动模块。

（2）模拟被测单元的接口，即构造被测单元调用的桩模块。

（3）模拟生成测试数据及状态，为被测单元运行准备动态环境。

单元测试模型如图 5-2 所示。

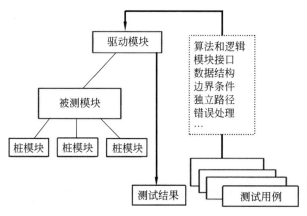

图 5-2　单元测试模型

5.1.2　单元测试的任务

对编码完成的软件进行单元测试,所测试的内容包括程序的内部结构以及程序单元的功能和可观测的行为。它主要分为两个步骤,即静态检查和动态测试。

静态检查是单元测试的第一步,其工作主要是保证代码中算法或流程的逻辑正确性,应通过人工检查发现代码的逻辑错误,其次还要检查代码的清晰性、规范性、一致性,考虑算法的执行效率等。第二步是通过设计测试用例,执行被测程序,比较实际结果与预期结果的异同,以发现程序中的错误。但是代码中仍会有大量的隐性错误无法通过静态检查发现,必须通过动态测试才能够捕捉和发现。动态测试是单元测试的重点与难点。一般而言,应当对程序模块进行以下动态单元测试。

(1) 对模块内所有独立的执行路径至少测试一次。

(2) 对所有的逻辑判定,取"真"与"假"的两种情况都至少执行一次。

(3) 在循环的边界和运行界限内执行循环体。

(4) 测试内部数据的有效性等。

单元测试的依据主要是软件的详细设计说明书、编码规范等,检查和测试的对象主要就是源程序。单元测试的主要任务如下。

(1) 验证代码能否达到详细设计的预期要求。

(2) 发现代码中不符合编码规范的地方。

(3) 准确定位错误,以便排除错误。

具体而言,单元测试应检查和测试的内容包括如下方面。

1. 算法和逻辑

算法和逻辑,即检查算法的和内部各个处理逻辑的正确性。例如,某程序员编写的打印下降三角形的九九乘法表的程序如下。

```java
public static void printTable() {
    for (int i = 1; i <= 9; i++) {
```

```
for (int j =1; j<=9; j++) {
    System.out.print(String.format("%d * %d =%-2d ", i, j, i * j));}
    System.out.println();
    } }
```

通过检查和测试应能发现程序逻辑是错误的，打印出来的不是下降三角形的九九乘法表，而是 9×9 的方阵。改正的办法是把第二个循环 **for**（**int** j = 1；j<= 9；j++），修改为 **for**（**int** j = 1；j<= i；j++）。

2.模块接口

对模块自身的接口做正确性检查，确定形式参数个数、数据类型、顺序是否正确，确定返回值类型，检查返回值的正确性。检查调用其他模块的代码的正确性，调用其他模块时给定的参数类型正确与否、参数个数正确与否、参数顺序正确与否，特别是具有多态的方法尤其需要注意。检查返回值正确与否，有没有误解返回值所表示的意思。必要时可以对每个被调用的方法的返回值用显式代码如程序插桩，做正确性检查，如果被调用方法出现异常或错误程序应该给予反馈，并添加适当的出错处理代码。

例如，某程序员编写的求平均成绩的代码段如下。

```
public class getScoreAverage
{   public float getAverage(String[] scores)
    {   if (scores==null || scores.length==0)
        {   throw new NullPointerException(); }
        float sum =0.0F;
        int j=scores.length;
        for (int i=0; i<j; i++)
        {   sum +=scores[i]; }
    return sum/j;
    }
public static void main(String[] args) {
    getScoreAverage cj =new getScoreAverage();
    int[] scores={60,80,70};
    System.out.println(cj.getAverage(scores)); } }
```

程序中的问题是：函数内部把成绩当成数值型数据处理，直接进行累加，而形式参数中存放成绩的是字符型数组，所以接口和内部实现是不一致的。要改正的话，既可以修改程序内部实现，也可以修改接口，但如果事先没有规定程序接口，显然修改接口要比修改内部实现简单一些，只把 **public float** getAverage（String[] scores）改为 **public float** getAverage(int[] scores)即可。

例如，有一个 Web 软件，其中管理员登录的几个类分别如下。

cn.appsys.service.backend 包下的 BackendUserService.java
//定义一个管理员登录的接口
public interface BackendUserService {

```
    /**
     * 用户登录
     * @param userCode
     * @param userPassword
     * @return
     */
    public BackendUser login (String userCode, String userPassword) throws
    Exception;
    }
```
cn.appsys.service.backend 包下的 BackendUserServiceImpl.Java
//定义一个类实现管理员登录的接口
```
    @Service
public class BackendUserServiceImpl implements BackendUserService {
    @Resource
    private BackendUserMapper mapper;

    @Override
        public BackendUser login(String userCode, String userPassword) throws
Exception {
        BackendUser user =null;
        user =mapper.getLoginUser(userCode);
            if(null !=user){                      //匹配密码
            if(!user.getUserPassword().equals(userPassword))
                user =null;}
        return user;
    }}
```
cn.appsys.controller.backend 包下的 UserLoginController.java
//管理员登录控制类
```
Public class UserLoginController {
    private Logger logger =Logger.getLogger(UserLoginController.class);

    @Resource
    private BackendUserService backendUserService;

    @RequestMapping(value="/login")
    public String login(){
        logger.debug("LoginController welcome AppInfoSystem");
        return "backendlogin";}

    @RequestMapping(value="/dologin",method=RequestMethod.POST)
    public String doLogin(@RequestParam String userCode,@RequestParam String
    userPassword,HttpServletRequest request,HttpSession session){
        logger.debug("doLogin==========================");
        BackendUser user =null;                  //调用 service()方法.进行用户匹配
```

```
    try {
        user =backendUserService.login(userCode,userPassword);
    } catch (Exception e) {
        e.printStackTrace();
    }
    if(null !=user){                                    //登录成功
        //放入 session
        session.setAttribute(Constants.USER_SESSION, user);
        //页面跳转(main.jsp)
        return "redirect:/manager/backend/main";
    }else{
        //页面跳转(login.jsp)带出提示信息--转发
        request.setAttribute("error", "用户名或密码不正确");
        return "backendlogin";
    }
}


@RequestMapping(value="/backend/main")
public String main(HttpSession session){
    if(session.getAttribute(Constants.USER_SESSION) ==null){
        return "redirect:/manager/login";
    }
    return "backend/main";
}


@RequestMapping(value="/logout")
public String logout(HttpSession session){           //清除 session
    session.removeAttribute(Constants.USER_SESSION);
    return "backendlogin";
}
}
```

在单元测试中要仔细分析这些接口、类之间的关系，判别接口、函数参数的正确性，并进行验证。

3. 数据结构

检查全局和局部数据结构的定义（如队列、堆栈等）是否能实现模块或方法所要求的功能。例如，某程序中需要实现先来先服务的任务调度，但为此定义的数据结构为栈，这显然是错误的，因为栈用于实现后进者先出。改正的办法是定义一个队列，而不是栈。

在模块功能实现中，局部数据结构是正确实现模块功能的基础，数据结构多，容易出错，因此，在对局部数据结构的测试时，应仔细设计测试用例，重点发现以下问题。

（1）不合适或不相容的类型说明。

（2）变量未初始化。

（3）变量初始化有错或默认值不正确。

（4）变量命名不确切。

（5）数据处理过程中出现越界或地址访问错误。

4. 边界条件

检查各种边界条件发生时程序执行是否仍然正确，包括检查判断条件的边界等。主要检查普通合法数据的处理、普通非法数据的处理、边界值内合法边界数据的处理、边界值外非法边界数据的处理等等。

例如，某程序用于实现将百分制成绩转换为五级计分制成绩，代码如下。

```java
public class ScoreException extends Exception
{
    public ScoreException(String msg)
        {  super(msg); } }
public class ScoreToGradeUtil
{   public enum GradeEnum
        {  EXCELLENT,                              //优秀
           GOOD,                                   //良好
           FAIR,                                   //中等
           PASS,                                   //及格
           FAIL                                    //不及格 }
public static GradeEnum convert(Double score) throws ScoreException
    {  if (score >100 || score <0)
        {  throw new ScoreException("分数输入错误");}
        if (score >90)
        {  return GradeEnum.EXCELLENT;
        }else if (score <90 && score >80)
        {  return GradeEnum.GOOD;
        }else if (score <80 && score >70)
        {  return GradeEnum.FAIR;
        }else if (score <70 && score >60)
        {  return GradeEnum.PASS;
        }else
            return GradeEnum.FAIL;  }  }
```

显然，程序中的判断条件漏掉了相等的情况，例如，当 score ＝90 时，程序会执行最后一个 else 分支给出 FAIL 作为转换结果。改正的办法是在适当的位置加上"＝"。

5. 独立路径

在模块中应该对每一条独立执行路径进行测试，保证模块中的每条语句至少能够被执行一次，因为程序编写时可能存在疏漏，应对照程序详细设计书的要求对程序进行检查和测试，看是否漏掉了某些原本需要的处理逻辑，也就是少了某些应当有的独立路径，或

者某些独立路径存在处理错误。重点检查内容包括算符优先级、混合类型运算、精度不够、表达式符号、循环条件和死循环。例如，某程序用于实现将百分制成绩转换为五级计分制成绩，代码如下。

```
public static GradeEnum convert(Double score) throws ScoreException{
    if (score>100 || score<0) {
        throw new ScoreException("分数输入错误");}
    if (score>=90) {
        return GradeEnum.EXCELLENT;
    }else if (score<90 && score>=80) {
        return GradeEnum.GOOD;
    }else if (score<70 && score>=60) {
        return GradeEnum.PASS;
    }else
        return GradeEnum.FAIL; } }
```

对照程序详细设计书可以发现，程序漏掉了 score<80 and score>=70 这种情况，当 score<80 and score>=70 时，程序给出转换结果 FAIL，明显不符合逻辑。

6. 异常处理

单元模块应能预见某些代码运行可能出现异常的条件和情况，并设置适当的异常处理代码，以便在相关代码行运行出现异常时，能妥善处理，保证整个单元模块处理逻辑的正确性，这种异常处理应当是模块功能的一部分。

例如，有代码段如下，在 Date 类中有一个成员方法如下。

```
public void set(int y, int m, int d)                //成员方法.设置日期值
    {
        this.year =y;
        this.month =m;
        this.day =d;
    }
```

程序中，我们发现在使用 set() 方法设置日期时，有一些常识没有考虑在内，比如日期不能大于 31 天，月份不能大于 12 月等；因此需要修改程序应对处理一些异常数据的情况。

```
public void set(int year,int month,int day) throws DateFormatException
                                                //设置日期
    {
        if (year<=-2000 || year>2500)
          throw new DateFormatException (year +".年份不合适.有效年份为 - 2000
            ~2500。");
        if (month<1 || month>12)
        throw new DateFormatException(month+"月.月份错误");
```

```
        if (day<1 || day>MyDate.daysOfMonth(year, month))
         throw new DateFormatException(year+"年"+month+"月"+day+"日.日期错
         误");
        this.year =year;
        this.month =month;
        this.day =day;
    }
```

系统应当能对输入数据进行完备性、正确性、规范性或者合理性检查,经验表明,没有对输入数据进行必要和有效的检查,是造成软件系统不稳定或者执行出问题的主要原因之一。下列程序中,设计了一个银行类和主程序类。

```java
public class Bank {
    private long balance=10000L;
    public Bank(){
    }
    public void withDraw(long cash) throws InterruptedException{
        if (cash>balance){
            throw new InterruptedException("您的余额不足!");
        }
        this.balance-=cash;
        System.out.println("您的取款金额为: "+cash+";账户余额为"+balance);
    }
}


import java.util.Scanner;
public class MainClass {
    public static void main(String[] args) {
        long cash=0L;
        Scanner in=new Scanner(System.in);
        System.out.print("请输入取款金额: ");
        cash=Long.parseLong(in.nextLine());
        Bank bank=new Bank();
        try{
            bank.withDraw(cash);
        }catch (InterruptedException ie){
            System.out.print(ie.getMessage());
        }
        in.close();
    }
}
```

程序调试中,执行"请输入取款金额时"存在出错的可能,如数据输入不正确等。为此,应设置适当的出错处理代码,以便在相关代码运行出现异常时,能妥善处理。修改后的代码段如下。

```java
import java.util.Scanner;
public class MainClass {
    public static void main(String[] args) {
        long cash=0L;
        Scanner in=new Scanner(System.in);
        System.out.print("请输入取款金额: ");
        try{
            cash=Long.parseLong(in.nextLine());
        }catch (NumberFormatException nfe){
            System.out.print("输入金额不正确.请输入取款金额: ");
            in.close();
            return;
        }
        Bank bank=new Bank();
        try{
            bank.withDraw(cash);
        }catch (InterruptedException ie){
            System.out.print(ie.getMessage());
        }
        in.close();
    }
}
```

还有一种典型情况是,在系统登录模块,如果不对用户名和密码输入的规范性和合理性进行检查,则恶意用户有可能采用注入式攻击等方式来试图非法进入系统。

若出现下列情况之一,则表明模块的异常处理功能包含错误或缺陷。

（1）程序执行突然中断,但没有任何提示。

（2）在对异常进行处理之前,异常情况已经引起系统的干预。

（3）对出现异常的描述难以理解。

（4）对出现异常的描述不足以对问题进行定位,不足以确定出现问题的原因。

（5）显示的异常信息与实际的出错原因不符。

（6）出现异常后的处理不适宜。

7. 表达式、SQL 语句

应检查程序中的表达式及 SQL 语句的语法和逻辑的正确性。对表达式应该保证不含二义性,对于容易产生歧义的表达式或运算符优先级,如 &&、||、++、——等,可以采用扩号"（）"运算符避免二义性,这样一方面能够保证代码执行的正确性,同时也能够提高代码的可读性。

例如,职称为工程师或讲师,并且年龄小于 35 岁,写成表达式如下。

(ProfessionalTitle ="工程师" || ProfessionalTitle ="讲师") && Age<35

如果不加括号,那么表达式的意思就和要求不一致了。

又例如,有包含 SQL 字符串的代码如下。

```
MySqlCommand.CommandText ="DELETE FROM STUDENT WHERE XH='" &
    Trim(Me.TextBox1.Text) & " ' AND IDN=" & Trim(Me.Textbox2.Text) & "'"
```

代码中,“AND IDN＝ ”应当为“AND IDN ＝ '”,类似于这样的地方是很容易出错的。

8. 常量或全局变量的使用

应检查常量和全局变量的使用是否正确。明确所使用的常量或全局变量的数据类型,保证常量数据类型和取值的恒定性,不能前后不一致。另外,还要特别注意有没有和全局变量同名的局部变量存在,如果有,要清楚它们各自的作用范围,不能混淆。在面向对象语言(如 Java 语言)中,同时要考虑类静态变量和类实例变量的定义和作用范围。

9. 标识符定义

标识符定义应规范一致,保证变量命名既简洁又能够见名知意,不宜过长或过短,各种标识符应规范、容易记忆和理解。一般应按照工程约定的编程规范来对标识符进行规范定义。

10. 程序风格

检查程序风格的一致性、规范性,代码必须符合企业编程规范,保证所有成员的代码风格一致、格式工整。

例如,对数组做循环时,不要一会儿采用下标变量从下到上的方式(如 for(i＝0; i＋＋;i<10)),一会儿又采用从上到下的方式 (如 for (i＝9; i－－; i＞＝0));应该尽量采用统一的方式,要么统一从下到上,要么统一从上到下。

建议采用 for 循环和 While 循环,而不要采用 do{ }while 循环。

5.1.3　JUnit 单元测试入门

1. 简介

JUnit 是一个开源的 Java 语言单元测试框架,它是单元测试框架体系结构 xUnit 的一个实例,并且是最为成功的一个。JUnit 设计得非常小巧,但是功能却非常强大。通过 JUnit 提供的 API 可以编写出测试结果明确、可重用的单元测试脚本。JUnit 有它自己的 JUnit 扩展生态圈。多数 Java 的开发环境都已经集成了 JUnit 作为单元测试的工具。

2. 快速入门

代码测试过程,可以简单地理解为给定参数,调用被测试代码,然后比较测试结果与预期结果是否一致。给定什么样的参数是需要精心设计的,以便用尽可能少的测试次数发现尽可能多的问题和错误,以提高测试效率。调用被测试代码,只需要给定对象名和方法名即可。Junit 中的 Assert 类提供了一系列的断言方法来检查被测试方法的真实返回值是否与期望结果相一致。

Assert 类中最常用的是 assertEquals（expected，actual），参数 expected 是预期取值，参数 actual 为测试执行后的实际取值，assertEquals（expected，actual）用于比较两者是否相等。其示例如下。

```
assertEquals(0, new Calculate().Subtract(3,3))
```

这一示例代码给定参数（3,3），调用 Calculate（).Subtract()，测试实际执行结果是否等于 0。下面用一个简单的例子，来体验 JUnit 单元测试的快速入门。设有 Calculate 类代码如下。

```java
public class Calculate
{   public int Add(int a, int b)
        {       return a+b;       }
        public int Subtract(int a, int b)
        {       return a-b;       }
        public int Multiply(int a, int b)
        {       return a * b;       }
        public int Divide(int a, int b)
        {       return a/b;       }
    }
```

（1）选中 Calculate.java 右击，从弹出的快捷菜单中选择 New→Other...，如图 5-3 所示。

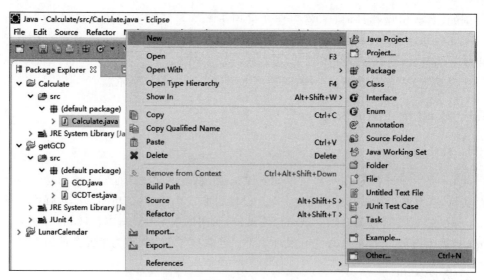

图 5-3　依次选择 New→Other...

（2）在弹出的对话框中依次选择 Java→JUnit→JUnit Test Case，然后单击 Next 按钮，如图 5-4 所示。

（3）在弹出的对话框中输入和设置相关信息，如图 5-5 所示，主要是 Name 等，本例中

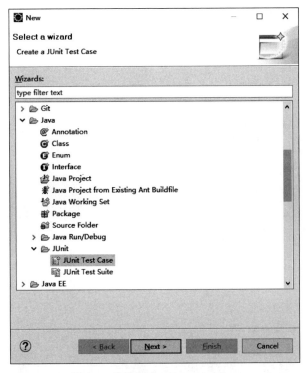

图 5-4 选择新建 JUnit Test Case

采用默认的即可,然后单击 Next 按钮。

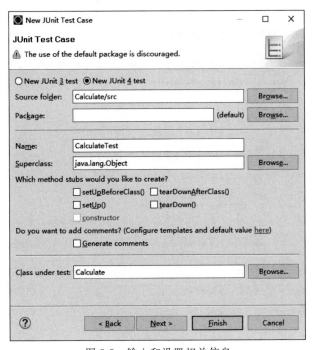

图 5-5 输入和设置相关信息

（4）在弹出的对话框中勾选 Calculate 类，这样就会默认勾选 Calculate 类的所有方法，本例中有 4 个方法，然后单击 Finish 按钮，如图 5-6 所示。

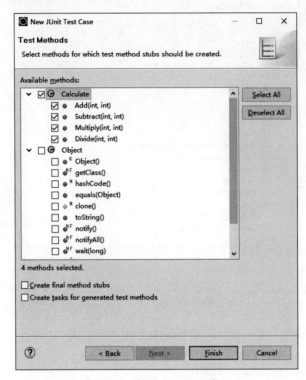

图 5-6　勾选 Calculate 类

（5）这样就可以得到如图 5-7 所示的测试代码结构。

```java
import static org.junit.Assert.*;

import org.junit.Test;

public class CalculateTest {

    @Test
    public void testAdd() {
        fail("Not yet implemented");
    }

    @Test
    public void testSubtract() {
        fail("Not yet implemented");
    }

    @Test
    public void testMultiply() {
        fail("Not yet implemented");
    }

    @Test
    public void testDivide() {
        fail("Not yet implemented");
    }
}
```

图 5-7　得到的测试代码结构

其中的语句"fail("Not yet implemented");"表示测试脚本并未完成,需要测试人员在此处编写自己的测试代码,否则测试执行会报错。

(6) 把第一条"fail("Not yet implemented");"语句删除,并在相应位置输入如下代码。

```
assertEquals(6,new Calculate().Add(3,3));
```

这表示给定参数(3,3),调用 Calculate().Add(),然后比较实际执行结果是否等于 6。
然后单击执行按钮,执行测试脚本 CalculateTest.java,如图 5-8 所示。

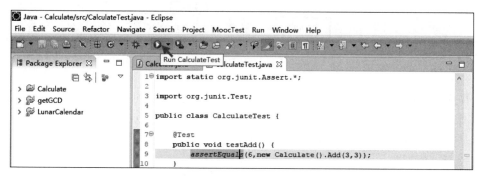

图 5-8　执行测试脚本 CalculateTest.java

(7) 执行结束后可以查看测试结果,如图 5-9 所示。

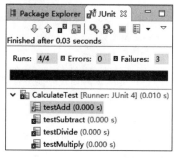

图 5-9　查看测试结果

本例测试执行了 4 条测试,Errors 为 0,Failures 为 3,Add 方法测试通过,其他 3 个方法未测试通过,因为没有相应测试代码。

5.2　集　成　测　试

5.2.1　集成测试简介

集成测试是单元测试的逻辑扩展,也叫组装测试、联合测试。它是在单元测试的基础上,把多个经过单元测试的模块按照概要设计书组装起来进行测试,检查模块组合后,其功能、业务流程等是否能够正确实现并符合各项要求。

集成测试最简单的形式是把两个或者多个已经测试过的单元组装成一个组件,并且测试它们之间的接口;然后这些组件又聚合成程序的更大部分,并最终扩展到将所有单元组装在一起,如图 5-10 所示。

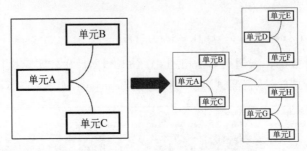

图 5-10 集成测试中的单元组装

集成测试中所使用的对象应该是已经经过单元测试的软件单元,也就是说,在集成测试之前,待集成的模块其单元测试应该已经完成,如图 5-11 所示。这一点很重要,因为如果不经过单元测试,那么集成测试的效果将会受到很大影响,并且会大幅增加软件单元代码纠错的代价。

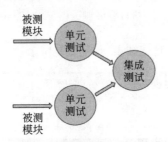

图 5-11 经过单元测试的模块才能进行集成测试

一般这样定义集成测试:根据实际情况对程序模块采用适当的集成测试策略组装,对模块之间的接口以及集成后的功能等进行正确性检验的测试工作。集成测试能够发现单个模块测试时难以发现的问题,集成测试的主要依据是软件概要设计书,即验证程序和概要设计说明的一致性。集成测试的目的是确保各软件功能单元组合在一起后能够按既定要求协作运行。

集成测试的开始时间,总体上说应该是在单元测试之后,但在实际中往往单元测试和集成测试可能有一部分工作同步进行,先做完单元测试的模块就可以先集成测试,以节约时间。也就是说集成测试工作和单元测试工作可以有一部分是并行的,如图 5-12 所示。

图 5-12 集成测试和单元测试可以部分并行

1. 集成测试的必要性

集成测试的必要性在于,一些模块虽然能够单独工作,但并不能保证连接起来也能正常工作;程序在某些局部反映不出来的问题,有可能在全局上会暴露出来,影响功能的实现。此外,在某些开发模式,如迭代式开发中,设计和实现是迭代进行的,在这种情况下,集成测试的意义还在于它能间接地验证概要设计是否具有可行性。

1)相依性

相依性是模块以各种方式相互联系和依赖的关系。一般而言,相依性对实现协作和问题分解来说是必要的,或者说模块之间要实现分工和协作就不可避免地会产生相依性;但也有相依性是由于特定的实现方案或者算法、某种编程语言或特定的目标环境所引起的,和问题本身并无必然关系。

有的模块相依性是显性的,如一对一的信息发送模块和信息接收模块之间的相依性关系;而有的模块相依性是隐性的,如操作权限约束、定时约束等都是隐性相依性的例子。

有的模块相依性是内在的,典型的如继承关系。例如,Adapter 是父类,ListAdapter 和 SpinnerAdapter 是它的子类,当修改父类 Adapter 时,两个子类继承自父类的相关内容都会受到影响,如图 5-13 所示。

有的模块相依性是外在的,这种相依性与模块内部的实现机制无关,只是通过外部发生关联,典型的例子是共用公共数据。例如,模块 A、B、C 共用公共数据 M,当模块 A 修改公共数据 M 时,会影响到使用这一公共数据的其他两个模块 B 和 C,如图 5-14 所示。

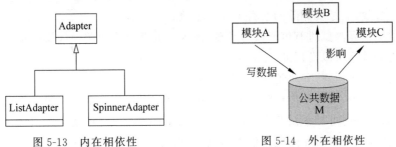

图 5-13 内在相依性   图 5-14 外在相依性

相依性分析有助于理解集成测试的必要性,能够帮助我们更加有针对性地进行集成测试设计,提高集成测试的工作效率、实际效果和工作水平。常见的相依性关系如下。

① 合成和聚集。

② 继承。

③ 全局变量或公共数据。

④ 调用 API。

⑤ 服务器对象。

⑥ 被用作消息参数的对象。

2)集成测试中需要考虑的情况

① 一个模块可能对另一个模块产生不利的影响。

例如，A 模块发送数据，B 模块接收数据并进行加工，如果 A 模块发送数据的速度快于 B 模块加工数据的速度，则两个模块集成后连续工作的时间长了，就会出现阻塞或者是数据丢失。

② 将子功能组装时不一定产生所期望的主功能。

有时因设计或者实现等原因，各子功能组装时并不能得到完整的主功能，而是可能会出现功能缺失，如图 5-15 所示。例如，某成绩管理软件，把成绩输入功能设计成两个子功能，输入百分制成绩和输入五级记分制成绩，但集成测试时发现，这两项子功能合起来并不能覆盖所有可能的成绩输入，因为成绩输入时还可能出现"缺考""作弊"等特殊情况。

③ 独立可接受的误差，在多个模块组装后可能会被放大，超过可以接受的误差限度。

例如，某模块 A 中变量 X 有误差 ΔX，在后续的模块 B 中对 X 进行了求立方运算，那么运算后的相对误差就是 3 倍的 ΔX。因为 $Y = X^3$，两边微分得 $dY = 3X^2 dX$，两边再同除以 Y 和 X^3 得：$dY/Y = 3dX/X$。

再来看一个关于误差难以接受的示例。某计算利息的程序，计算过程是模块 A 由年利率计算得出单日的利率 I_day，计算结果提供给模块 B 乘以金额和天数，得出总的利息 I_all。设年利率为 3%。如果 I_day 保留 5 位小数，则 I_day ≈ 0.000 08，设某客户存款 1 亿元，存期 100 天，算出的利息为 80 万元。如果 I_day 保留 7 位小数，则 I_day ≈ 0.000 082 2，算出的利息应为 82.2 万元。这两者之间的误差达到了 2.2 万元。

④ 可能会发现单元测试中未发现的接口方面的错误。

例如，模块 A 有三个形式参数，即 Str_1，Str_2，Str_3，其功能是实现把 Str_1 中包含的 Str_2 去掉后保存到 Str_3 中。模块 B 调用模块 A 时参数位置写反了，把原始字符串作为第二个参数，而把要删除的字符串作为了第一个参数。

这种情况单元测试时有可能没有发现，因为单元测试主要关注模块内部的具体实现，而通过集成测试是可以发现的。

⑤ 在单元测试中无法发现时序问题。

在程序并发中，很容易出现时序问题。单元测试时一个一个模块单独执行，相互之间没有影响，测试运行可能都没有发现问题，但集成测试时，多个模块并发执行，操作的次序存在不确定性，如果对时序问题考虑不周，就会出现错误。

以购票软件为例，如果没有做好并发控制，当购票和退票模块并发执行时，如果出现如图 5-16 所示情形，软件就会错。

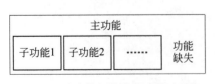

图 5-15　子功能组装成主功能时可能
　　　　　出现功能缺失

图 5-16　并发时序问题

购票模块执行过程中，并发执行了退票模块，两个模块都读取到了相同的初始"票数

X",退票模块执行后,"票数 X"加 1,但由于购票模块已经读取过"票数",所以这一修改并没有更新到购票模块,购票操作执行后,票数 X=X-1 被写回到数据池,这样就出错了。

正常结果应当是:余票 X = X+1-1 退回一张票卖出一张票,余票仍然为 X;而这种情况下实际结果是:余票 X=X-1 少了一张票,退回的票"丢失了"!

⑥ 在单元测试中无法发现资源竞争问题。

例如,模块 A 和模块 B 运行时都同时需要资源 X 和 Y,当前运行环境下资源 X 和 Y 各有一个,模块 A 先申请到了资源 X,模块 B 先申请到了资源 Y,然后模块 A 等待资源 Y,模块 B 等待资源 X,A、B 陷入死锁,如图 5-17 所示。

⑦ 共享数据或全局数据的问题。

例如,成绩管理软件中,成绩是全局数据,在输入模块获得初值后传入统计模块进行统计。但集成测试时发现,输入模块为方便接收各种不同类型的成绩,把成绩数据默认为字符类型,而在统计模块,为便于计算,把成绩数据默认为数值类型,这样两个模块一对接,就出现数据类型不一致的问题。

⑧ 数据单位、环境参数统一的问题。

例如,某收费软件系统中有两个模块单元,一个称质量,一个计费,但称质量模块中质量的单位为克,而计费模块中把质量的数据单位默认为千克,这样,当称质量结果数据传到计费模块后,费用的计算结果肯定是错误的。如图 5-18 所示,设称质量模块称的质量为 1500,默认单位为克,数据 1500 传到计费模块后,计费模块的质量单位默认为公斤,于是把 1500 克理解为 1500 千克,按照每千克 8 元的计费标准计算得出的结果为需要缴费 12 000 元,这一结果显然是错误的,正确结果应当是 12 元。

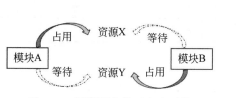

图 5-17　因资源竞争而产生死锁

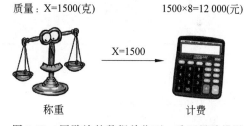

图 5-18　因默认的数据单位不一致而导致错误

2. 集成测试策略简介

集成测试的实施策略从集成的次数上划分,可以分为一次性集成和增量式集成两类。一次性集成也叫大爆炸式集成或非增量式集成。一次性集成是把所有模块集成在一起,并把所有集成的模块作为一个整体测试,测试者面对的情况十分复杂,往往测试中会遇到很多问题,在问题修复过程中也面临很大的困难。增量式集成又可以分为自底向上集成、自顶向下集成、三明治集成、核心系统优先集成、分层集成等。增量式集成把下一个要测试的模块同已经完成测试的模块组合起来进行测试,测试完成后,再把下一个应测试的模块增加进来测试。增量式测试与"一步到位"的一次性集成相反,它把程序划分为小段来构造和测试,这个过程比较容易定位和改正错误。

5.2.2 一次性集成与增量式集成

1. 一次性集成

一次性集成是指在对软件所有模块单元逐个进行单元测试后,采用一步到位的方法构造集成测试,按程序结构图将各个模块单元全部组装起来,把组装后的程序当作一个整体进行测试,而不考虑模块之间的相依性或风险。例如,某软件有 A,B,C,D,E,F 共 6 个模块单元,其结构如图 5-19 所示。

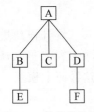

图 5-19　软件结构图

在 6 个模块单元都已经完成单元测试之后,即可按照图 5-19 的软件结构图,把 6 个模块全部组装起来进行一次性集成测试。

2. 增量式集成

增量式集成是按照某种关系,先把一部分模块组装起来进行测试,然后逐步扩大集成的范围,直到最后把整个软件全部组装起来完成集成测试。

3. 一次性集成与增量式集成的比较

一次性集成和增量式集成各有其优缺点和适用情况,两者的对比见表 5-1。

表 5-1　一次性集成和增量式集成对比

对 比 项 目	一次性集成	增量式集成
集成次数	少,仅需 1 次	多
集成工作量	小	大
所需测试用例	少	多
驱动模块和桩模块	不需要	需要
发现错误的时间	较晚	早
错误定位	难	较容易
测试程度	不彻底	较为彻底
测试的并行性	差	较好
适用情况	结构良好的小型系统;原有系统做了少量的修改;通过复用可信赖的构件构造的软件系统	增量式开发、框架式开发;并行软件开发;较为复杂或者有一定规模的系统

5.2.3 自顶向下集成与自底向上集成

在实际的软件测试工作中,增量式集成是较为普遍采用的,增量式集成又可以分为自顶向下和自底向上两种典型的情况。

1. 自顶向下集成

自顶向下集成是指,依据程序结构图,从顶层开始,按照层次由上到下的顺序逐步扩大集成的范围,增加集成的模块,来进行集成测试。

2. 自底向上集成

自底向上集成是指,依据程序结构图,集成从最底层的模块开始,按照层次由下到上的顺序,逐步扩大集成的范围、增加集成的模块,来进行集成测试。

自底向上的增量式集成方式是最常使用的方法。这种方式从最底层的模块开始组装和测试,因为模块是自底向上进行组装的,对于一个给定层次的模块,它的子模块(包括子模块的所有下属模块)事前已经完成组装并经过测试,所以不再需要编制桩模块。

自底向上增量式集成的适用情况为:实现具体功能的复杂代码在底层(多数软件都是如此);在子系统的迭代和增量开发中,支持单元范围内的测试;重要构件在底层的系统。

自底向上的集成测试方案是工程实践中最常用的集成测试方案,相关技术也较为成熟。

3. 自顶向下集成与自底向上集成的对比

自顶向下与自底向上两种增量式集成的对比见表 5-2。

表 5-2　自顶向下与自底向上两种增量式集成对比

对比项目	自顶向下集成	自底向上集成
优点	减少了驱动模块的开发; 一开始便能让测试者看到系统的框架; 可以自然地做到逐步求精; 如果底层接口未定义或可能修改,则可以避免提交不稳定的接口	多组底层叶节点的测试和集成可以并行进行; 不限制可测试性,对底层模块的调用和测试较为充分;实现方便,不需要桩模块; 测试人员能较好地锁定软件故障所在位置; 由于驱动模块模拟了所有调用参数,即使数据流并未构成有向的非环状图,生成测试数据也没有困难;特别适合关键模块在结构图底部的情况
缺点	桩模块的开发代价较大;底层模块的无法预料的条件要求可能迫使上层模块的修改;在软件集成后,对底层模块的调用和测试不够充分;在 I/O 模块接入系统以前,在桩模块中表示测试数据有一定困难;由于桩模块不能模拟数据,如果模块间的数据流不能构成有向的非环状图,一些模块的测试数据难于生成;观察和解释测试输出往往也是困难的	需要驱动模块; 高层构件的可操作性和互操作性测试得不够充分; 对于某些开发模式不适用,如使用 XP 开发方法,它会要求测试人员在全部软件单元实现之前完成核心软件部件的集成测试; 整个程序(系统)的框架要后期才能看到; 只有到测试过程的后期才能发现时序问题和资源竞争问题

4. 三明治式集成

自顶向下集成和自底向上集成各有其优缺点，为了取长补短，可以把两者结合起来使用，这就是三明治式集成。

5.2.4 基于调用图的集成

可以基于模块单元的调用关系，也就是调用图来进行集成测试，这样可以减少对驱动模块和桩模块的需要。基于调用图的集成主要有相邻集成和成对集成。

1. 成对集成

节点对是指存在调用关系的一对节点，如图 5-20 中的节点 9 和 16，17 和 18 等。

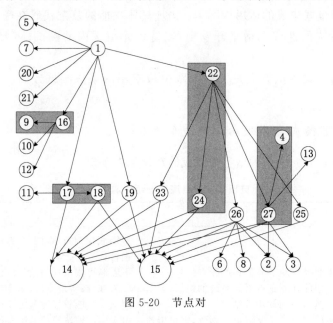

图 5-20 节点对

成对集成就是把节点对放在一起进行集成，对应调用图的每一条边，建立并执行一个集成测试，这样可以免除桩模块和驱动模块的开发工作。

2. 相邻集成

这里的相邻是针对存在调用关系的节点而言的，节点的邻居就是跟该节点存在直接调用或者被调用关系的节点，包括调用该节点的上层节点和该节点调用的所有下层节点。在有向图中，节点邻居包括该节点的所有直接前驱节点和所有直接后继节点。

相邻集成就是基于调用关系和协作关系，以某个节点为中心，把与其存在直接调用或者被调用关系的节点，包括调用该节点的上层节点和该节点调用的下层节点都放在一起进行集成测试，如图 5-21 所示。图 5-21 中分别以 16 号节点和 26 号节点为中心，用阴影区域标志出了两组相邻集成的范围。

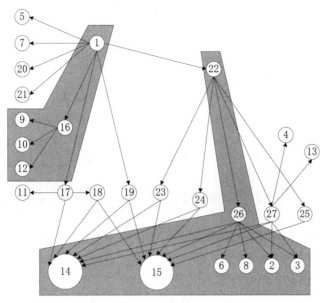

图 5-21 相邻集成

3. 小结

基于调用图的集成是从调用关系和协作关系出发,对成对节点或者相邻节点进行集成测试。基于调用图的集成的优点如下。

(1) 免除了部分驱动模块和桩模块的开发。

(2) 模块调用接口关系测试较为充分。

(3) 对功能的衔接和组装测试较为充分。

(4) 多组集成测试子任务可以并行。

基于调用图的集成的缺点如下。

(1) 调用或协作的关系可能是错综复杂的。

(2) 要充分测试底层构件较困难。

(3) 特定的调用或协作可能是不完全的。

(4) 缺陷可能被隔离。

基于调用图的集成适用于以下两种情况。

(1) 需要尽快验证一个可运行的调用或协作关系。

(2) 被测系统已清楚定义了构件的调用和协作关系。

5.2.5 其他集成测试方法

1. 核心系统先行集成

核心系统先行集成测试法的思想是先对软件核心部件进行集成测试,在测试通过的基础上再按各外围软件部件的重要程度逐个集成到核心系统中。每次加入一个外围软件部件都产生一个产品基线，如图 5-22 所示，直至最后形成稳定的软件产品。

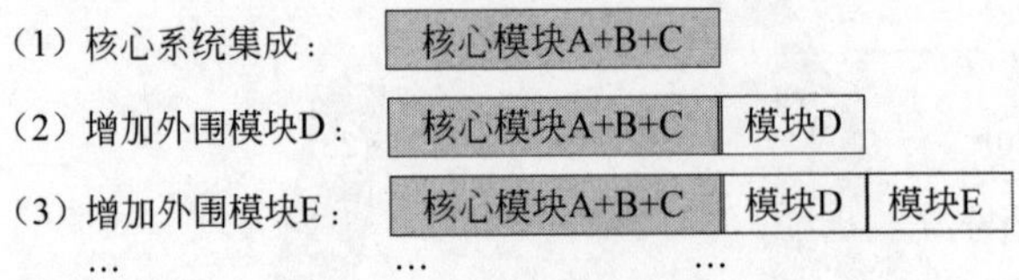

（1）核心系统集成：　核心模块A+B+C

（2）增加外围模块D：　核心模块A+B+C　模块D

（3）增加外围模块E：　核心模块A+B+C　模块D　模块E

　…　　　　　…　　　　　…

图 5-22　核心系统先行集成

核心系统先行集成测试法对应的集成过程是一个逐渐趋于闭合的螺旋形曲线，代表产品逐步定型的过程。其步骤如下。

步骤一：对核心系统中的每个模块进行单独的、充分的测试，必要时使用驱动模块和桩模块。

步骤二：对于核心系统中的所有模块一次性集合到被测系统中，解决集成中出现的各类问题。在核心系统规模相对较大的情况下，也可以按照自底向上的步骤，集成核心系统的各组成模块。

步骤三：按照各外围软件部件的重要程度以及模块间的相互制约关系，拟定外围软件部件集成到核心系统中的顺序方案。方案经评审以后，即可进行外围软件部件的集成。

步骤四：在外围软件部件添加到核心系统以前，外围软件部件应先完成内部的模块级集成测试。

步骤五：按顺序不断加入外围软件部件，排除外围软件部件集成中出现的问题，形成最终的用户系统。

这种集成测试方法对于快速软件开发很有效果，适合较复杂系统的集成测试，能保证一些重要的功能和服务的实现。其缺点是采用此法的系统一般应能明确区分核心软件部件和外围软件部件，核心软件部件应具有较高的耦合度，外围软件部件内部也应具有较高的耦合度，但各外围软件部件之间应具有较低的耦合度。

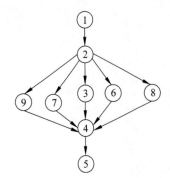

图 5-23　便于核心系统先行集成的软件结构

有一个软件，其结构如图 5-23 所示。图 5-23 中，节点①、②、③、④、⑤构成了软件的核心系统，⑥、⑦、⑧、⑨是次要模块，可以把①、②、③、④、⑤先集成起来，得到一个可以运行的核心系统，然后再每次增加一个外围节点，直到所有部分集成完毕。

核心系统先行集成的优点如下。

（1）严重错误可以较早地被揭示。

（2）可以尽快得到一个可运转的核心系统。

（3）测试辅助模块要求较少。

核心系统先行集成的问题在于，初始基线的定义和测试不易平稳进行。

2. 客户/服务器集成

随着网络的发展和普及，越来越多的软件为客户/服务器的形式，相应地，客户/服务器集成的应用也日益广泛。图 5-24 为客户/服务器软件结构。

客户/服务器软件由于分为客户端和服务器端两部分，其集成的过程需要经过 3 个环节，具体如下。

(1) 客户端＋服务器端桩模块集成。

(2) 服务器端＋客户端桩模块集成。

(3) 客户端＋服务器端集成。

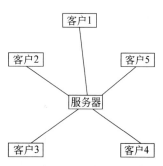

图 5-24 客户/服务器软件结构

客户/服务器集成即先分别单独测试软件的客户端和服务器端，而用桩模块代替另一端，等到测试通过后，再把客户端和服务器端组装在一起测试。通过这样 3 个环节的测试，来检查验证软件的客户端和服务器端之间交互的正确性、稳定性等。

客户/服务器集成测试的优点是结构清晰、测试用例可控、可复用，但也有其缺点，那就是需要服务器端桩模块和客户端桩模块。

3. 高频集成

早期的软件开发一般采用"瀑布式"过程，把软件的集成测试安排在开发的后期。在软件项目后期才开始对软件进行集成测试，这样会给软件项目带来很多不确定性，甚至是巨大风险，软件中的问题、缺陷和偏差在后期集中暴露出来，程序员往往会需要修改越来越多的 Bug，软件无法按时交付，甚至整个软件项目最终以失败而告终。

高频集成测试是指，同步于软件开发过程，频繁不断地对已经完成的代码进行集成测试。这种方式一般是在开发完成部分模块之后，随即开始集成测试，而不必等到全部代码开发完成，每次集成测试通过之后，即可得到一个产品基线，然后每新增一定的代码量，都会加入到基线之中，并再次进行集成测试，如图 5-25 所示。

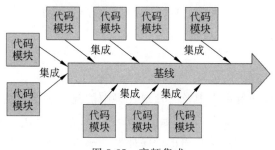

图 5-25 高频集成

高频集成测试方法频繁不断地将新代码加入到一个已经稳定的基线中，这样可以尽早地发现代码中的问题，同时控制可能出现的基线偏差，而不至于等到最后阶段各种问题、缺陷和偏差集中暴露，甚至于发现整个软件根本就不是所需要的。采用高频集成测试需要具备以下条件。

(1) 可以持续获得一个稳定的增量，并且该增量自身已被验证没有问题。

(2) 大部分有意义的功能增加可以在一个相对稳定的时间间隔(如每个工作日)内获得。

（3）测试包和代码的开发工作必须是并行进行的，并且需要版本控制工具来保证始终维护的是测试脚本和代码的最新版本。

（4）必须借助于使用自动化工具来完成，因为高频集成一个显著的特点就是频繁集成，次数很多，显然依靠人工的方法是不胜任的。

高频集成由于需要频繁多次地进行集成测试，工作量很大，依靠手工来完成的话，成本太高，效率太低，可以借助自动化集成测试工具来帮助完成高频集成。例如，白天开发团队进行代码开发，下班前提交代码，已经配置好的测试平台在晚上自动化地把新增代码与原有基线集成到一起完成测试，并将测试结果发到各个开发人员的电子邮箱中，如图 5-26 所示。

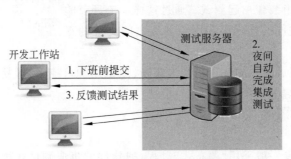

图 5-26　夜间自动执行高频集成

高频集成测试一般采用如下步骤来完成。

步骤一：选择集成测试自动化工具。例如，很多 Java 项目采用 JUnit＋Ant 方案来实现集成测试的自动化，也有其他一些商业集成测试工具可供选择。

步骤二：设置版本控制工具，以确保集成测试自动化工具所获得的版本是最新版本。如使用 CVS 进行版本控制。

步骤三：测试人员或开发人员负责编写对应程序代码的测试脚本。

步骤四：设置自动化集成测试工具，每隔一段时间对配置管理库的新添加的代码进行自动化的集成测试，并将测试报告汇报给开发人员和测试人员。

步骤五：测试人员监督代码开发人员及时关闭不合格项。

按照步骤三～步骤五不断循环，直至形成最终软件产品。

高频集成方案能在开发过程中及时发现代码中的问题和错误，能直观地看到开发团队的有效工程进度。在此方案中，开发维护源代码与开发维护软件测试包被赋予了同等的重要性，这对有效防止错误、及时纠正错误都很有帮助。该方案的缺点在于测试包有时候可能不能暴露深层次的编码错误和图形界面错误等。

5.3　系　统　测　试

5.3.1　系统测试简介

系统测试是将经过集成测试的软件，作为计算机系统的一个部分，与系统中其他部分结合起来，在实际运行环境下对整个软硬件系统进行的一系列测试，以发现软件中潜在的问题。系统测试的对象不仅包括开发出来的软件,还包括软件运行所依赖的硬件和接口、操作系统、其他支持软件以及相关数据等。

系统测试的依据是软件的需求规格说明书,通过测试验证软件系统是否符合软件规格,找出与软件规格不符或与其矛盾的地方,如图 5-27 示。

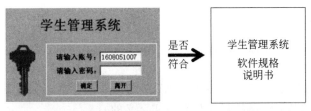

图 5-27　系统测试的依据是软件的规格说明书

1. 系统测试采用的测试技术

系统测试完全采用黑盒测试技术,因为这时已不需要考虑组件模块的实现细节,而主要是根据需求分析时确定的标准来检验软件是否满足功能、性能和安全等方面的要求。

系统测试所用的数据应当尽可能地像真实数据一样精确和有代表性,也应当和真实数据的大小和复杂性相当。如果测试数据很简单,不能反映软件实际使用时的真实情况,那么这样的系统测试就是浪费时间,没有意义,无法对软件进行有效的检验和测试。要让测试数据与真实数据的大小和复杂性相当,一个简单的方法就是直接使用真实数据作为测试数据。这当然是一种有效而便捷的做法,但有时出于信息安全、隐私保护等原因,而无法直接使用真实数据作为测试数据。

可以在真实数据的基础上,对信息进行加密或者对数据进行扭曲,在保持真实数据的精度、数据量、复杂度等特性的情况下,隐藏真实数据中的有效信息,让它们既可用于软件测试,又不会泄露有效信息。在此基础上仍有必要引入一些专门设计的测试数据,以利于有针对性地发现软件中可能存在的问题。在设计这些测试数据时,测试人员必须采用相应的测试设计技术,使得设计的数据真正有代表性和针对性,实现对软件系统足够充分的测试。

2. 系统测试的人员

系统测试应有一定的独立性,一般应由独立的测试小组在测试组长的监督下进行,测试组长负责保证在合理的质量控制和监督下使用合适的测试技术执行系统测试工作。在系统测试过程中,可以安排一个独立的测试观察员监督测试过程,也可考虑邀请用户代表参与测试过程,同时得到用户反馈的意见,并在正式验收测试之前尽量满足用户的要求。

3. 系统测试的分类

系统测试可以包括很多的测试项目,列举如下。

(1) 功能测试。

(2) 性能测试。

（3）可靠性、稳定性测试。

（4）兼容性测试。

（5）恢复测试。

（6）安全测试。

（7）强度测试。

（8）安装/卸载测试。

（9）面向用户支持方面的测试。

（10）其他限制条件的测试等。

在众多的系统测试项目中，功能测试是首先要解决的问题，只有在符合功能要求的前提下，系统测试中的其他测试项目才是有现实意义的。

虽然有这么多的系统测试项目，但对某一个软件而言，并不是每一种系统测试项目都必须要完成，在针对某个软件做系统测试时，应当根据软件的特点和实际需要，有所侧重地选做某些系统测试项目。另外有些系统测试项目专业性很强，可以交由专门的第三方测试机构来完成，以发挥其专业技术优势和独立性优势，进一步促进软件质量的提升。

5.3.2　系统测试项目

1. 功能测试

系统测试中的功能测试是指，根据软件规格说明书来检验被测试系统是否满足软件规格说明书中所需求定义的全部功能。功能测试是系统测试中最基本的测试。系统测试中的功能测试可以分为多个层次。

（1）功能点测试：测试软件规格定义的所有功能点是否都已实现。

（2）功能组合测试：相关联的功能项组合后的功能是否都能正确实现。

（3）业务流测试：完整的业务流是否都能正确实现。

（4）场景测试：特定场景下所要求的业务流程组合能否完成。

（5）业务功能冲突测试：业务功能间如果存在冲突，系统能否妥善处理。

（6）异常处理及容错性测试：输入异常数据或执行异常操作后，测试系统容错性及错误处理机制的健壮性。

系统测试阶段的功能测试，除了测试基本的、正常的功能之外，还需要重点测试复杂的功能组合、业务功能冲突、特殊业务功能、异常操作等情况。

例如，通过测试发现，某成绩管理软件在输入某门课的成绩后，有一个学生该门课程已有的成绩分数变低了。后经排查发现，系统默认一个学生的一门课最终只有一个成绩，后面输入的成绩会覆盖前面的成绩。为什么会出现这样的错误呢？首先是成绩输入的操作员存在疏忽，因为如果后一次成绩低于前一次的话，成绩应当是可以不需再输入的。其次是软件有不完善的地方，当用户出现异常操作的情况下，系统应当有检验措施，并给出必要的提示。

2. 性能测试

性能是一种表明软件系统或构建对于实时性要求的符合程度的指标。性能测试是评价一个产品或组件与性能需求是否相符合的测试,通过对软件性能的相关的需求进行测试和评估,核实性能需求是否都已满足。其目的是通过测试确认软件是否满足产品的性能需求,同时发现系统中存在的性能瓶颈,起到优化系统的目的。系统的性能测试是一个大概念,覆盖面广,常见的性能测试指标包括系统的响应时间、系统的 CPU 占用率、内存占用率、平均事务处理时间、最大并发用户数等。

性能测试大都是通过自动化的测试工具模拟多种正常、峰值以及异常负载条件来对系统的各项性能指标进行测试。常见的负载测试和压力测试都可以归属于性能测试,两者可以结合进行。通过负载测试,确定在各种工作负载下系统的性能,其目标是测试当负载逐渐增加时,系统各项性能指标的变化情况。压力测试是通过确定一个系统的瓶颈或者不能接受的性能点,获得系统能提供的最大服务级别的测试。

许多软件都有其特殊的性能或效率目标要求,即在一定工作负荷和资源配置条件下,对响应时间、处理速度等特性有指标要求,例如某电子商务网站要求响应时间不能超过 5 秒,事务处理速度要达到每秒 100 条等。为验证软件系统是否能够达到这样的要求,就要进行相应的性能测试。

(1) 影响系统性能的因素

影响系统性能的因素有很多,以网络应用为例,性能的影响因素如下。

① 网络状况。

② 服务器硬件配置。

③ 应用服务器、Web 服务器、数据库服务器的资源分配和参数配置。

④ 数据库设计和数据库访问实现。

⑤ 业务的程序实现(算法)。

(2) 性能测试的目的

之所以要进行性能测试,其可能的目的如下。

① 评估系统的能力:测试中得到的负荷和响应时间数据可以被用于验证所计划的模型的能力,并帮助作出决策。

② 识别体系中的弱点:受控的负荷可以被增加到一个极端的水平,并突破它,从而修复体系的瓶颈或薄弱的地方。

③ 系统调优:重复运行测试,不断调整系统的配置,并争取达到最佳状态,从而改进性能,实现系统的优化。

④ 检测软件中的问题:长时间的测试执行可导致程序发生由于内存泄露引起的失败,揭示程序中的隐含的问题或冲突。

⑤ 验证稳定性和可靠性:在一个生产负荷下执行测试一定的时间是评估系统稳定性和可靠性是否满足要求的唯一方法。

(3) 不同视角的系统性能

站在不同的视角,系统性能的直观体验是不一样的。站在用户视角,系统性能主要体现为响应时间和稳定性等;站在系统管理者的视角,系统性能主要体现为系统资源使用状况、延迟(如网络延迟、数据库延迟)等;站在系统开发者视角,系统性能主要体现为代码实现的执行效率,数据库实现的执行效率等。例如,系统管理员可能关注的性能问题见

表 5-3。

表 5-3　系统管理员可能关注的性能问题

系统管理员关注的问题	目　的
系统性能可能的瓶颈在哪里	提高性能
硬件配置是否合理	利用资源,提高性能
资源分配和使用状况是否合理	利用资源,提高性能
网络使用状况如何	网络性能分析
更换哪些设备能够提高系统性能	提高性能
系统最多支持多少用户访问？系统最大业务处理量是多少	明确极限能力
当前系统负载状况如何	负载分析
系统负载分配是否合理	负载均衡
当前是否存在阻塞,或者存在性能隐患	性能问题排查

软件开发人员可能关注的性能问题见表 5-4。

表 5-4　软件开发人员可能关注的性能问题

开发人员关心的问题	问题所属层次
系统架构设计是否合理	系统架构
数据库设计是否存在问题	数据库设计
代码是否存在性能方面的问题	代码
系统中是否有不合理的内存使用方式	代码
系统中是否存在不合理的线程同步方式	设计与代码
系统中是否存在不合理的资源竞争	设计与代码

（4）性能测试中的基本概念

性能测试中的基本概念如下。

① 响应时间（Response Time）：对服务请求作出响应所需要的时间。

② 吞吐量（Throughout）：单位时间内系统处理的客户请求的数量。

③ 并发用户（Concurrency User）：单位时间内,同时向服务器端发送请求的客户数。

④ 资源利用率（Resource Usage）：各种系统资源的使用程度。

资源利用率的相关指标如下。

① ProcessorTime：指服务器 CPU 占用率。一般平均达到 70％时,服务就接近饱和。

② Memory Available Mbyte：可用内存数。如果测试时发现可用内存不断减少就要注意,可能是内存泄漏。

③ Physicsdisk Time：物理磁盘读写时间。

从用户的角度来说,软件性能就是软件对用户操作的响应时间。当用户单击一个按钮、发出一条指令或是在 Web 页面上单击一个链接时,从用户单击开始到应用系统把本次操作的结果以用户能察觉的方式展示出来,这个过程所消耗的时间就是用户对软件性能的直观感受。以 Web 应用为例,响应时间可以分解为多个组成部分,如图 5-28 所示。

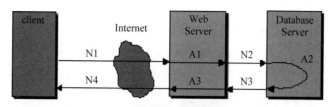

图 5-28　Web 应用响应时间分解

响应时间＝网络响应时间＋应用程序响应时间。进一步细分可知,响应时间＝(N1＋N2＋N3＋N4)＋(A1＋A2＋A3)。对于电子商务网站来说,有一个响应时间标准为2/5/10s。也就是说,在 2s 之内响应客户会被用户认为是"非常有吸引力的",在 5s 之内响应客户会被认为是"比较不错的",而 10s 是客户能接受的等待响应的上限,如果超过10s 还没有得到响应,那么大多数用户不会继续等待,而是放弃操作。

(5) 性能测试的细分

性能测试可以进一步细分为多种类型。并发测试是一种性能测试,主要测试当有多个用户并发访问同一个应用、模块或者数据时是否会产生隐藏的并发问题,如内存泄漏、线程锁、资源争用问题,几乎所有的性能测试都会涉及并发测试。

除了并发测试之外,性能测试还有其他细分类别。常见的如负载测试、压力测试等。

负载测试:测试当负载逐渐增加时,系统各项性能指标的变化情况,从而可以明确在各种工作负载下系统的性能,指导系统的部署和应用。

压力测试:测试系统在当前软硬件环境下所能承受的最大负载并帮助找出系统瓶颈所在,以促进系统的性能改进。

(6) 性能测试的测试用例设计

在性能测试中,设计测试用例时可以重点针对以下几点。

① 验证预期性能指标的测试用例。

② 与并发用户相关的测试用例。

③ 与强度测试、大数据量测试有关的测试用例。

④ 网络性能测试用例。

⑤ 服务器性能测试用例系统调优。

(7) 性能测试与性能优化

性能测试的目的之一,就是要通过测试,来发现性能问题,并进行系统性能的优化。可以进行的优化如下。

① 对应用软件、中间件、数据库等的优化。一般而言,对数据库的调优的效果要好于程序调优。

② 对服务器系统参数配置优化。

③ 升级客户端、服务器硬件、改善网络性能或路由等。

（8）性能测试工具

在性能测试中，往往要模拟很多个用户同时访问系统，精确记录响应时间，实时监控系统资源使用情况等，这些工作都很难靠手工来完成，所以性能测试需要用到多种测试工具。性能测试工具要完成的工作可以分为 3 项，即负载生成、客户应用运行和资源监控，如图 5-29 所示。有的集成测试工具可以同时完成上述多项工作。

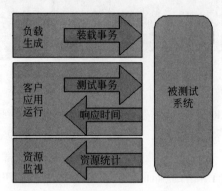

图 5-29　性能测试工具要完成的工作

常用的性能测试工具见表 5-5。

表 5-5　常用性能测试工具

公司	Rational	MI	Compuware	Segue	Empirix
工具	Rational Team Test	Astra LoadTest，LoadRunner，Active Test，LoadRunner TestCenter	QALoad，QACenter Performance Edition	SilkPerformer	e-load

3. 并发测试

并发测试是性能测试的一种，主要测试当有多个用户并发访问同一个应用、模块或者数据时是否会产生隐藏的并发问题，如内存泄漏、线程锁、资源争用问题，几乎所有的性能测试都会涉及并发测试。

一般只需针对软件容易出现并发、使用频繁的核心功能模块进行并发测试。测试系统在高并发的情况下，会不会出现问题，能不能稳定运行，以及能否保持较好的响应速度。并发测试的目的，一方面是为了获得确切的并发性能指标，另外一个重要的方面就是为了发现并发可能引起的问题。

在具体的性能测试工作中，并发用户往往都是借助工具模拟的，例如，LoadRunner 性能测试工具中叫作虚拟用户。如果真的让成百上千人实际操作计算机做并发测试话，环境要求、测试成本都很高，测试时间也会比较长，很多情况下基本不具备可行性，另外也没有这个必要。

（1）并发用户数

对一个系统进行并发测试时，需要先确定用户并发数，也就是明确这个系统会有多少用户并发访问系统。而确定用户并发数,还需要分析用户对系统的使用情况并进行估算。

例如,某公司 OA 系统注册账号数或者用户总数有 2000 人,最高峰在线 500 人。但是最高峰在线 500 人,并不等于最多会有 500 个并发用户,即在线人数不等于并发人数。

500 人中,可能有 40％只是在浏览公司首页新闻、公告板之类,40％用户打开了公司 OA 系统,但没有进一步的操作,这两类操作几乎不对服务器产生持续的压力;另外 20％用户在进行业务流程操作,如查询、修改数据等。在这种情况下,只有后面的 20％用户在对服务器造成实质性的性能影响。

如果把查询、修改数据作为一个业务,那么可以把并发执行这些业务的用户称为并发用户,并把他们的数量计为用户并发数。

关于并发用户数的计算有如下两个算式。

① 计算平均并发用户数:$C=\dfrac{nL}{T}$

② 计算并发用户峰值数:$C'\approx C+3\sqrt{C}$

公式①中,C 是平均的并发用户数;n 是登录会话 login session 的数量;L 是 login session 的平均长度;T 指考察的时间段长度。

公式②则给出了并发用户数峰值的计算方式,其中,C' 指并发用户数的峰值,C 就是公式①中得到的平均的并发用户数。该公式是通过假设用户 login session 的产生符合泊松分布而估算得到的。

假设有一个管理信息系统,该系统有 3000 个注册用户,平均每天大约有 400 个用户访问该系统。

对一个典型用户来说,一天之内用户从登录到退出该系统的平均时间为 4 小时,用户只在每天工作时间段 9:00～17:00 的 8 小时内使用该系统。那么根据公式①和②,计算可得:

平均并发用户数:$C=400*4/8=200$

② 并发用户峰值数:$C'\approx 200+3\sqrt{200}\approx 242$

另外关于并发用户数,还有一个简单的估算法,就是把每天访问系统用户数的 10％作为平均的并发用户数,最大的并发用户数可用平均并发用户数乘以 2 或者 3。

(2) 并发测试

确定用户并发数之后,即可实施相应的并发测试。例如,已计算得出某软件系统登录模块每秒最大并发用户数为 100,那么可以采用性能测试工具模拟 100 个并发用户来执行登录操作,测试系统响应时间是否还在允许范围内。

4. 安全测试

安全测试用于检验系统对非法侵入的防范能力,其目的是为了发现软件中存在的安全隐患,通常针对系统的程序和数据进行安全性测试。系统的安全必须能够经受各方面的攻击。安全测试是在软件产品开发基本完成到发布阶段,对产品进行检验以验证产品符合安全需求定义和产品质量标准的过程。

在安全测试的过程中,测试人员扮演非法入侵者的角色,采用各种方法试图突破系统的安全防线。从理论上讲，只要给予足够的时间和资源，任何系统都可以侵入。因此，系统安全设计原则是将系统设计为想攻破系统而付出的代价应大于侵入系统之后得到的信息价值，使得非法侵入者无利可图。常见的非法入侵手段有以下 3 种。

（1）尝试通过外部手段截获或破译系统口令。

（2）使用甚至专门开发能够攻击目标对象的软件工具来实施攻击，试图破坏系统的保护机制。

（3）故意引发系统错误，导致系统失败，并企图趁系统恢复时侵入系统。

安全测试的目的如下。

（1）提升 IT 产品的安全质量。

（2）尽量在发布前找到安全问题予以修补降低成本。

（3）度量安全。

（4）验证安装在系统内的保护机制能否在实际应用中对系统进行保护，使之不被非法入侵，不受各种因素的干扰。

安全测试与其他测试类型有如下区别。

（1）目标不同：其他测试以发现缺陷为目标，安全测试则是以发现安全隐患为目标。

（2）假设条件不同：其他测试假设导致问题的数据是用户不小心造成的，接口一般只考虑用户界面。安全测试假设导致问题的数据是攻击者处心积虑构造的，需要考虑所有可能的攻击途径。

（3）思考域不同：其他测试以系统所具有的功能、性能等为思考域。而安全测试的思考域不但包括系统的功能，还有系统的机制、外部环境、应用与数据自身安全风险和安全属性等。

（4）问题发现模式不同：其他测试以违反功能定义、性能指标等为判断依据。安全测试以违反权限与能力的约束为判断依据。

WannaCry 是一种"蠕虫式"的勒索病毒软件，由不法分子利用美国国家安全局泄露的安全漏洞"永恒之蓝"进行传播。2017 年 5 月，WannaCry 蠕虫在全球范围大爆发，感染了大量的计算机，该蠕虫感染计算机后会向计算机中植入敲诈者病毒，导致计算机内大量文件被加密。受害者计算机被黑客锁定后，病毒会提示支付价值相当于 300 美元的比特币才可解锁。

5. 其他系统测试项目

（1）负载测试

负载测试也属于性能测试，主要测试当负载变化时，系统各项性能指标的变化情况。通过负载测试，可以明确系统在各种工作负载下的性能，指导系统的部署和应用。

负载测试是对软件系统模拟施加各种负载，通过不断加载或其他加载方式来观察不同负载下系统的响应时间、数据吞吐量、系统资源（如 CPU、内存等）占用等情况，检验系统的行为和特性，以发现系统可能存在的各种性能问题。负载测试中，加载的方式有多种，如图 5-30 所示。

一次性加载：一次性加载一定数量的用户，并在预定的时间段内持续运行。例如，模

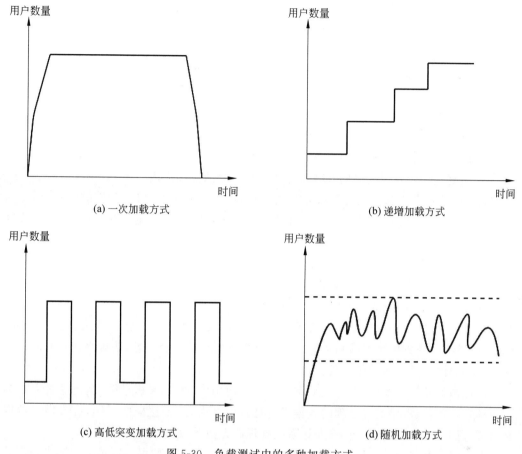

图 5-30 负载测试中的多种加载方式

拟早晨上班时用户集中访问系统或登录网站时的情景。

递增加载：有规律地逐渐增加用户，每隔一段时间增加一些新用户。借助这种加载方式的测试，容易发现性能的拐点，即性能瓶颈的位置。

高低突变加载：某个时间用户数量很大，突然降级到很低，然后过一段时间，又突然加到很高，反复几次。借助这种负载方式，容易发现资源释放、内存泄漏等方面的问题。

随机加载：由随机算法自动生成某个数量范围内的负载数，然后动态加载。

压力测试可以被看作是负载测试的一种，即持续增强负载下的负载测试。压力测试是要通过持续增强负载来找出系统的瓶颈或者不能接受的性能点，以此来明确系统能提供的最大服务级别。压力测试持续不断地给被测系统增加压力，直到被测系统被压垮，从而找到系统能承受的最大压力点。通过压力测试可以知道系统能力的极限，有时需要通过压力测试找出系统瓶颈之所在，然后改进系统，提升系统能力。

（2）恢复测试

恢复测试是指采取各种人工干预方式强制性地使软件出错，使其不能正常工作，进而检验系统的恢复能力。恢复测试需要采取各种人工干预方式，强制性地使软件系统不能正常工作，再来检验系统能不能恢复到正确的状态。

恢复测试主要检查系统的容错能力。当系统出错时，能否在指定时间间隔内修正错误并重新启动系统。恢复测试首先要采用各种办法强迫系统失败，然后验证系统是否能尽快恢复。对于自动恢复需验证重新初始化、检查点、数据恢复和重新启动等机制的正确性；对于人工干预的恢复系统，还需估测平均修复时间，确定其是否在可接受的范围内。

恢复测试中需要考虑的典型问题如下。

① 某种条件导致的故障，其后果是怎样的。

② 故障出现后，系统能否恢复到故障前正确的状态。

③ 恢复的机制和过程是否可靠。

③ 恢复过程所需要的时间和成本是否在可承受的范围之内。

重要的信息系统都应当进行恢复测试。例如，在电子交易时代，我们的银行存款、网上消费等，很多都已经没有纸质凭证，而只是以数据的形式记录在计算机中，如果存放这些数据的计算机设备出现故障，并且数据没有备份，又无法恢复，那么谁又能证明我们到底有多少存款，或者进行了哪些消费呢？

（3）疲劳强度测试与大数据量测试

疲劳强度测试的目的是要明确系统长时间高负载工作时的性能。疲劳强度测试的内容为在系统稳定运行下，模拟最大或者恰当的负载、长时间运行系统，一般是连续 72 小时以上，通过综合分析执行指标和资源监控情况来分析系统的稳定性，明确系统长时间高负载工作时的性能指标和变化过程。

在各种管理信息系统、电子交易系统的长期使用中，数据累积量很大，而随着大数据应用越来越普遍，需要及时处理的数据量也是越来越大，对于这样的系统，应当做大数据量测试，以防止因为数据量过大，超过系统处理能力而导致出现问题。

大数据量测试，有的可以通过专门的测试工具来完成，有的可以通过编写测试程序并结合测试工具来实现。大数据量测试分为两种形式。

① 独立的数据量测试：针对某些系统的存储、传输、分析、统计、查询等业务进行大数据量测试。

② 综合数据量测试：和压力性能测试、负载性能测试、疲劳性能测试相结合的综合测试方案。

5.4 验收测试

5.4.1 验收测试简介

在对软件进行完系统测试之后，应当说对软件的功能、性能、安全性等基本上都进行了较为充分的测试。但这还不够，因为软件开发和测试人员不可能完全预见用户实际使用软件的各种情况和各种具体的细节要求。例如，用户可能错误地理解软件功能，导致一些误操作，或输入一些特殊的数据组合，导致功能异常，也可能对软件设计者自认为简单明了的输出信息迷惑不解等。因此，软件是否能真正满足最终用户的需求，应由用户进行"验收测试"。

验收测试是指,站在用户角度,测试即将正式发布、投入使用的软件产品是否符合用户需求。验收测试是在软件产品完成单元测试、集成测试和系统测试之后,正式发布之前所进行的软件测试活动。它是软件测试的最后一个阶段,也称为交付测试,如图 5-31 所示。

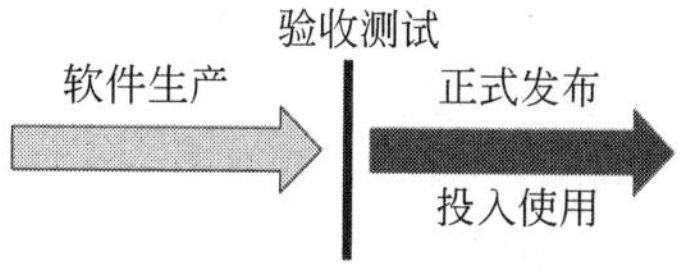

图 5-31 验收测试

验收测试是软件产品投入实际使用之前对其进行的最后一次质量检验活动。验收测试不只是检验软件某个方面的质量,而是要对软件质量进行全面的检验,并评估该软件是否合格,是否能投入实际使用。

通过验收测试,要明确回答所开发的软件产品是否符合预期的各项要求,以及用户是否乐意接受和使用该软件这两个关键问题。验收测试的目的是要测试和验证软件是否能够满足用户的需求,确保软件已经准备就绪,能够投入实际使用,可以让最终用户将其用于实现既定的功能,并达到性能、安全性等各个方面要求,能够完成相应的业务。

验收测试的测试内容一般包括安装(或升级)、启动与关机、功能测试(如正例、重要算法、边界、时序、反例、错误处理)、性能测试(如正常的负载、容量变化)、压力测试(如临界的负载、容量变化)、配置测试、平台测试、安全性测试、恢复测试(如在出现掉电、硬件故障或切换、网络故障等情况时,系统是否能够正常运行)、可靠性测试等。

验收测试是一项站在最终用户立场的软件测试工作,应当由最终用户或者扮演、模拟最终用户来执行测试过程。验收测试可以由测试人员和质量保证人员共同参与,但应以最终用户为主导,从用户角度考虑问题、发现问题并提出意见和建议。验收测试的一般过程如下。

(1) 明确验收项目,规定验收测试通过的标准。

(2) 确定验收测试方法。

(3) 确定验收测试的组织机构和可利用的资源。

(4) 选定测试结果分析方法。

(5) 制订验收测试计划并进行评审。

(6) 设计验收测试使用的测试用例。

(7) 审查验收测试的准备工作。

(8) 执行验收测试。

(9) 分析测试结果。

(10) 做出验收结论,明确通过验收或不通过验收。

5.4.2 验收测试的分类

软件根据使用用户的情况,可以分为专用软件和通用软件,针对这两类不同的软件,可以采用不同的验收测试策略。对于用户数量众多的通用软件,可以采用 Alpha 测试加 Beta 测试的方式;而对于针对特定用户的专用软件,则可以采用最终用户正式验收的方式。

1. Alpha 测试和 Beta 测试

一个通用软件产品,可能拥有成千上万的用户,甚至更多,例如腾讯 QQ 的注册账号数达到数以亿计。对于这样的软件，不可能要求每个用户都来对软件产品进行验收测试。此时，多采用被称为 Alpha 测试和 Beta 测试的过程，用来发现那些似乎只有最终用户才能发现的问题。

Alpha 测试是在软件公司内部模拟软件产品的真实运行环境，由软件公司组织内部人员，模拟各类用户行为，对即将面市的软件产品进行测试，试图发现并修改错误。此时的软件版本可称为 Alpha 版，也叫内测版，即内部测试版。Alpha 测试的关键在于，要尽可能逼真地模拟实际运行环境和用户对软件产品的实际操作，并尽最大努力涵盖所有可能的用户操作方式和行为。

通过 Alpha 测试后的软件产品需要继续进行 Beta 测试，此时的软件版本被称为 Beta 版，也叫公测版，即公开测试版。Beta 测试是指软件开发公司组织或者借助各方面的典型用户在软件的具体工作环境中实际使用 Beta 版本，通过接收或者收集用户的错误报告、异常情况信息、意见和建议等，来发现软件中的问题，以便对软件进行进一步改进和完善。

Beta 测试不能由程序员或测试员完成，而必须由最终用户来实施完成，否则达不到应有的测试效果。Beta 测试一般由用户自发完成，测试过程较为自由松散，没有限制和约束。同时，Beta 测试是由各个用户独立完成，缺乏统一的计划和设计，测试可能不全面，也可能存在大量重复的测试，只能依靠巨大的用户数量来提高测试的效果。

Beta 测试反馈的问题、意见和建议并不是专职测试人员撰写的测试报告，需要加以整理和分析，有的可能毫无价值，只能被忽略掉；有的可能具有特殊性或者带有很强的主观性，只代表特殊情况或者是少数用户的感受和想法，但这样也可以发现更多软件在适应各种情况或是满足不同用户感受等方面的缺陷和不足。

Beta 测试方式的优点主要有以下几个方面。

（1）可以节约大量测试成本。

Beta 测试由于引入用户参与到软件测试工作中，可以充分利用用户资源节约成本。例如，某软件在 Beta 测试环节，共收到来自 3 万用户使用该测试版本的有效反馈，梳理出软件问题 1000 个，而成本几乎为 0。但如果要让 3 万名测试员来对该软件版本进行测试，或者是要通过测试员来找出这 1000 个软件问题，测试成本可能是数以十万、百万计。

（2）可以大幅度缩短测试时间。

Beta 测试通过引入大量用户来并行完成测试过程，可以在短时间内实现对软件的大量测试，从而能够缩短测试所需的时间。例如，某 App 在 Beta 版推出之后一周之内，就累计测试运行达到 16 万小时，大约相当于单机测试 20 年。

（3）可以大范围获得用户反馈，以利于软件的改进和完善。

Beta 测试通过大量并且分散的用户参与，可以广泛获得来自不同用户的信息反馈，这些反馈代表不同的软件执行环境条件和不同用户的观点，有利于综合各种情况，集思广益，对软件进行改进和完善。

（4）可以尽快填补市场空间，占领市场

在有用户需求的时候，一个并不完善的软件产品，总还是要好过没有这样的产品，在某种应用刚开始兴起的时候，快速开发出相应产品，然后以 Beta 版的形式推出，可以快速填补市场空间,占领市场。

（5）对于收费软件,可以通过免费的 Beta 版,吸引和培养用户。

对于收费软件而言,有的用户不愿意贸然花钱购买。而通过推出 Beta 版,可以吸引用户先免费试用,等到收费的正式版推出时,用户可能已经喜欢或者习惯使用该软件,从而会花钱购买。

2. 用户正式验收测试

针对特定用户的专用软件,用户面很小,并且可能还涉及复杂的现场安装、部署、调试等,应当采用最终用户正式验收的方式。例如,某汽车生产企业的 ERP 软件、某钢铁厂的生产控制软件等,这样的软件基本上都是针对某个用户定制的,一个软件版本可能只有一个用户,软件投入正式使用之前,还需要到现场进行有针对性的安装和部署,其他用户的验收测试结果并不能直接认同,而只能由该软件的最终用户在具体的应用场景下来对其进行验收测试。

最终用户的正式验收测试是一项很严格的工作,应当由最终用户来组织执行,或者由最终用户选择人员组成一个客观公正的验收测试小组来执行。测试要有计划、分步骤,按照严格规范的流程来操作,对于大型软件项目尤其如此。验收测试计划应规定测试的种类和测试进度安排,测试设计则要明确通过执行什么样的测试过程和测试用例,能够验证软件产品与软件需求是否一致。用户正式验收测试应该着重考虑软件产品是否满足软件需求中所规定的所有功能和性能,文档资料是否完整、人机界面是否友好,其他方面如可扩展性、兼容性、错误恢复能力和可维护性等是否令人满意。用户正式验收测试的结果有两种可能,一种是软件各项功能、性能等指标都满足软件需求,用户可以接受,软件产品可以正式投入使用;另一种是软件不满足软件需求,用户无法接受,该软件还不能正式交付。

5.5 回 归 测 试

5.5.1 回归测试简介

1. 回归测试的概念

回归测试是指,在对软件代码进行修改之后,重新对其进行测试,以确认修改是正确的,没有引入新的错误,并且不会导致其他未修改的代码产生错误。回归测试并不是软件测试工作中跟在验收测试之后的第 5 个测试阶段,而是在软件开发的各个阶段都有可能会进行多次回归测试,如图 5-32 所示。回归测试的目的是为了检查验证软件修改的正确性以及修改对其他部分的影响。

在软件生命周期中的任何一个阶段,只要软件发生修改,就有可能出现各种各样的问题,例如修改本身可能就是错误的,或者修改本身虽然没有出错,但可能产生了副作用,导致软件未被修改的部分出现问题,不能正常工作。因此,在软件进行修改后对其进行回归测试

图 5-32 回归测试

是十分有必要的。

2. 回归测试的两种情况

回归是指回到原来的状态，通常被认为是"程序重新确认"。软件的改变可能是由于发现了错误并做了修改，也有可能是因为加入了新的模块。"纠正型回归测试"是指对程序修改后进行回归测试，而"增量型回归测试"是指程序增加新特性后进行回归测试。典型的回归测试通常既包括纠正型回归测试，也包括增量型回归测试。

3. 回归测试的对象

回归测试需要测试的对象不仅仅是软件中发生修改的部分，还需要对整个软件重新进行测试，因为即使是软件中发生修改的部分自身没有错误，但这种修改可能导致软件中其他没有修改过的部分不能像原来那样正常工作。

例如，某软件修改了登录模块，原来的版本只能用手机号码登录，新版本改成了允许用手机号码或者昵称登录。软件修改后，单独测试登录模块没有发现问题，但在用户留言模块发现了问题。原因是，留言模块中用户标识字段只有 11 位，因为原来版本中用户都是用 11 位手机号码登录的，现在当用户用昵称登录，并且昵称超过 11 位时，用户标识会被截断，导致留言保存后关联不到用户。

4. 关于回归测试的认识误区

关于回归测试，容易有以下 3 个认识误区。

首先，回归测试并不是软件测试工作中跟在验收测试之后的第 5 个测试阶段，而是在软件开发的各个阶段都有可能会进行多次回归测试。

其次，回归测试不是一项全新的测试活动，它是为检查软件是否在修改后出现错误，而再次对其进行测试的过程，回归测试中的很多工作是重复的。

第三，回归测试的对象不仅仅是软件中增加的、修改的部分，而是整个软件，只不过测试的重点是增加的、修改的部分。

5.5.2 实施回归测试

回归测试作为软件生命周期的一个组成部分，在整个软件测试工作中占有很大的工作量比重。在增量式开发、快速迭代开发、极限编程等开发模式以及版本快速更新的运维模式中，回归测试进行得更加频繁，有的甚至要求每天都进行若干次回归测试。因此，通过选择正确的回归测试策略来提高回归测试的效率和有效性是很有意义的。

1. 回归测试的特点

回归测试中，除了对新增加或者做修改的代码进行测试时，可能会要增加新的测试之外，其他可以复用以前已经做过的测试，这样可以节约一部分工作量。例如，测试前一版本时用的测试方案、测试设计、测试用例等都可以直接或者修改后重复使用。回归测试通常是前面已经执行过的测试过程的重复，通过自动化的回归测试，可以降低测试成本，节约测试时间,这在实践中应用十分普遍。可以说复用和自动化是回归测试的两大特点。

2. 测试用例库

对于一个软件开发项目来说,项目的测试组在实施测试的过程中可将所开发的测试用例保存到"测试用例库"中,并对其进行维护和管理。

当得到一个软件的基线版本时,用于基线版本测试的所有测试用例就形成了基线测试用例库。在需要进行回归测试的时候,就可以根据所选择的回归测试策略,从基线测试用例库中抽取合适的测试用例组成回归测试包,通过运行回归测试包来自动化执行回归测试。

3. 回归测试的应用场景

回归测试主要的应用场景包括两大类。
(1) 增量开发、迭代开发、极限编程等开发模式。
(2) 软件修改、版本升级、多版本运行等运维模式。

4. 回归测试策略

回归测试需要投入相当的时间、经费和人力成本,应当加强对回归测试的计划、设计和管理。为了在给定的预算和进度下,尽可能高效率地完成回归测试,并达到相应目标效果,需要依据一定的策略选择相应的回归测试包,并适时地对测试用例库进行维护。

首先,回归测试的重心应当是关键性模块,包括发生修改的模块和与发生修改的模块存在耦合的模块,这样可以提高测试的针对性。

其次,要提高自动化水平。在实际工作中,回归测试可能需要反复进行,测试任务量大,当测试者一次又一次地完成相同的测试时,会非常厌烦,因而需要实现自动化;回归测试过程存在大量的重复测试,也适合于采用自动化的方式来完成。所以,回归测试中应提高自动化程度,以节约测试成本、缩短测试时间、避免人的厌烦情绪。

第三,应对测试用例库进行维护,以提高测试效果。为了满足客户需求,适应市场要求,软件在其生命周期中会频繁地被修改和不断推出新的版本。软件修改后,测试用例库中的一些测试用例可能会失去针对性和有效性,还有一些可能已经完全不能运行。为了保证测试用例的有效性,必须对测试用例库进行维护,包括追加新的测试用例来测试软件新增的功能或特征。

第四,优选回归测试包。在整个软件生命周期中,即使是一个得到良好维护的测试用例库也可能相当大,如果每次回归测试都重新执行整个测试用例库,这基本上是不切实际的。因而需要根据情况优选一个缩减的回归测试包来完成回归测试。例如,采用代码相依性分析等安全的缩减技术,就可以决定哪些测试用例可以被删除而不会让回归测试的效果受到影响。

5. 回归测试过程

在有测试用例库和回归测试包选择策略的情况下,回归测试可遵循以下基本过程来进行。

（1）明确软件中被修改的部分。

（2）从原基线测试用例库 T0 中，排除所有不再适用的测试用例，得到一个新的基线测试用例库 T1。

（3）依据一定的策略从 T1 中选择测试用例，完成对被修改后软件的测试。

（4）根据需要，增加新的测试用例集 T2，用于测试 T1 无法充分测试的内容，主要是软件新增的功能或特性等。

（5）执行 T2 完成对修改后软件的进一步测试。

上述步骤中，第（2）和第（3）步是测试验证修改是否影响了原有的功能或特性，第（4）和第（5）步是测试验证修改本身是否达到目标要求。

习 题 五

一、选择题

1. 软件测试是软件质量保证的重要手段，（　　）是软件测试的最基础环节。

　　A. 集成测试　　　　B. 单元测试　　　　C. 系统测试　　　　D. 验收测试

2. 增量式集成测试有 3 种方式：自顶向下增量测试方法，（　　）和混合增量测试方式。

　　A. 自下向顶增量测试方法　　　　　　B. 自底向上增量测试方法

　　C. 自顶向上增量测试方法　　　　　　D. 自上向顶增量测试方法

3. 软件测试步骤按次序可以划分为以下几步。（　　）

　　A. 单元测试、集成测试、系统测试、验收测试

　　B. 验收测试、单元测试、系统测试、集成测试

　　C. 单元测试、集成测试、验收测试、系统测试

　　D. 系统测试、单元测试、集成测试、验收测试

4. 软件验收测试合格通过的标准不包括（　　）。

　　A. 软件需求分析说明书中定义的所有功能已全部实现，性能指标全部达到要求

　　B. 至少有一项软件功能超出软件需求分析说明书中的定义，属于软件特色功能

　　C. 立项审批表、需求分析文档、设计文档和编码实现一致

　　D. 所有在软件测试中被发现的严重软件缺陷均已被修复

5. 下列关于 Alpha 测试的描述中正确的是（　　）。

　　A. Alpha 测试一定要真实的最终软件用户参加

　　B. Alpha 测试是集成测试的一种

　　C. Alpha 测试是系统测试的一种

　　D. Alpha 测试是验收测试的一种

6. 编码阶段产生的错误主要是由（　　）检查出来的。

　　A. 单元测试　　　　B. 集成测试　　　　C. 系统测试　　　　D. 有效性测试

7. 单元测试一般以（　　）为主。

A. 白盒测试　　　　B. 黑盒测试　　　　C. 系统测试　　　　D. 分析测试

8. 单元测试的测试用例主要根据(　　)的结果来设计。

A. 需求分析　　　　B. 源程序　　　　C. 概要设计　　　　D. 详细设计

9. 集成测试的测试用例是根据(　　)的结果来设计。

A. 需求分析　　　　B. 源程序　　　　C. 概要设计　　　　D. 详细设计

10. 集成测试对系统内部的交互以及集成后系统功能检验了(　　)。

A. 正确性　　　　B. 可靠性　　　　C. 安全性　　　　D. 可维护性

二、填空题

1. 集成测试以_____说明书为指导,验收测试以_____说明书为指导。

2. 软件验收测试可分为 2 类:_____、_____。

3. _____指软件系统被修改或扩充后重新进行的测试。

4. _____是在软件开发公司内模拟软件系统的运行环境下的一种验收测试。

5. _____的依据是软件规格说明书。

三、判断题

1. 单元测试通常由开发人员进行。(　　)

2. 测试应从"大规模"开始,逐步转向"小规模"。(　　)

3. 负载测试是验证要检验的系统的能力最高能达到什么程度。(　　)

4. 为了快速完成集成测试,采用一次性集成方式是适宜的。(　　)

5. 验收测试是站在用户角度的测试。(　　)

四、解答题

1. 试针对如下程序代码设计测试脚本。

```
public class GCD {
    public int getGCD(int x,int y){
        if(x<1||x>100)
        {   System.out.println("数据超出范围!");
            return -1;     }
        if(y<1||y>100)
        {   System.out.println("数据超出范围!");
            return -1;         }
        int max,min,result =1;
        if(x>=y)
        {   max =x;
            min =y;    }
        else
        {   max =y;
            min =x;    }
        for(int n=1;n<=min;n++)
        {   if(min%n==0&&max%n==0)
            {   if(n>result)
                result =n;         }     }
```

```
        System.out.println("因数:"+result);
        return result;                    }
```

（1）设计测试脚本，对 GCD 类的 getGCD()方法实现语句覆盖测试。

（2）设计测试脚本，对 GCD 类的 getGCD()方法实现条件覆盖测试。

2. 设有程序段 ModuleA 和 ModuleB 如下。

```
public class ModuleA {
    public static double operate(double x) {
        // 模块 A 内部进行处理
        // ...
        double r =x/2;
        // 调用模块 B
        double y =ModuleB.operate(r);
        // 继续处理
        // ...
        return y;}    }
public class ModuleB {
    public static double operate(double r) {
        // 模块 B 内部进行处理
        // ...
        double temp =Pi * r *  r *  r * 4/3;
        // 继续处理
        // ...
        double y =temp;
        return y;   }   }
```

（1）阅读程序，请说明这两段程序合起来的功能是什么？

（2）已知变量 x 一开始就有一定的误差 Δx，请分析 ModuleA.operate(x)执行完毕后，返回结果 y 的相对误差有多大？

3. 设有两段代码 ModuleA 和 ModuleB 如下，它们由不同的程序员开发。

（1）试分析对这两段代码进行集成测试时会出现什么问题？

（2）试设计两个测试数据，一个能发现这一问题，另一个则不能发现这一问题。

```
public class ModuleA {
    /**
     * 实现把 str1 中包含的 str2 去掉后的内容返回的功能
     * @param str1 字符串 1
     * @param str2 字符串 2
     * @param 返回处理的结果
     * /
    public String operate(String str1, String str2) {return str1.replace(str2,
"");  }
    }
public class ModuleB {
```

```
private ModuleA moduleA;
    public void setModuleA(ModuleA moduleA) {this.moduleA =moduleA;}
/**
 * 模块 B 的具体处理操作中.调用了模块 A 的接口
 */
public String operate(String str1, String str2) {
    // str1 待替换的目标串
    // str2 原串
      return moduleA.operate(str1, str2);   } }
```

4. 某连锁机构网站有注册账号 5 万个,平均一天大约有 12 000 个用户要访问该系统,用户一般在 7 点~22 点使用该系统,在一天的时间内,用户使用系统的平均时长约为 0.5h。假设用户登录访问该系统符合泊松分布,为进行并发测试,请估算系统的平均并发用户数 C_avg 和并发用户峰值数 C_max。

软件质量与质量保证

6.1 软件质量

6.1.1 软件质量基本概念

国标 GB/T 25000.1—2021《系统与软件工程 系统与软件质量要求和评价（SQuaRE）第 1 部分：SQuaRE 指南》中，对软件质量的定义为：在规定条件下使用时，软件产品满足明确或隐含要求的能力。

需要注意的是，软件产品需要满足的要求包括"明确"要求和"隐含"要求。为了判断或度量要求是否满足，一般应将其转化为具体明确的质量目标。所谓质量目标，是指对质量要求的具体表述，或者将质量要求转化为可以定量或定性度量的质量属性标准，以使其实现，并便于考核。

通俗地讲，软件质量就是软件符合明确表述的功能、性能等方面要求，符合开发标准，以及与应当具有的隐含特征相一致的程度。

软件产品质量可以通过测量内部属性，也可以通过测量外部属性或者通过测量使用质量的属性来进行度量评价。

内部质量是基于内部视角的软件产品特性的总体。外部质量是基于外部视角的软件产品特性的总体。使用质量是基于用户观点的软件产品用于指定的环境和使用条件时的质量。软件产品质量生存周期模型如图 6-1 所示。

软件质量又可以分为设计质量和符合质量。设计质量是指设计者为一件软件产品规定的特征。符合质量是指软件符合设计规格的程度。

6.1.2 相关概念

1. QA 和 QC

QA 即英文 Quality Assurance 的简称，中文意思是质量保证。QC 即英文 Quality Control 的简称，中文意思是质量控制。

QA 和 QC 的主要区别是：QA 是保证产品质量符合规定，QC 是建立体系并确保体系按要求运作，以提供内外部的信任。

同时 QC 和 QA 又有相同点：QC 和 QA 都要进行验证，例如，QC 按标准检测产品就是验证产品是否符合规定要求，QA 进行内审就是验证体系运作是否符合标准要求；又如，

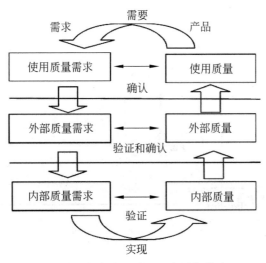

图 6-1　软件产品质量生存周期模型

QA 进行产品稽核和可靠性检测,就是验证产品是否已按规定进行各项活动,是否能满足规定要求,以确保交付的产品都是合格和符合相关规定的。

2. 确认和验证(V&V)

验证(Verification)是通过检查和提供客观证据证实规定的需求已经满足。确认(Validation)是通过检查和提供客观证据证实某一规定预期用途的特殊需求已经满足。这两者很相似,也很容易混淆,但有差别。

验证就是要证实我们是不是在按照已经定好地标准正确的制造产品。这里强调的是过程的正确性,标准是事先已经明确定好的。

确认就是要证实我们是不是制造了正确的产品。这里强调的是结果的正确性,正确的产品可能只有一个预期的目标,而没有既定的严格规范的标准。换句话说,验证要保证"做得正确",而确认则要保证"做的东西正确",如图 6-2 所示。

6.1.3　软件质量特性

软件质量特性,反映了软件的本质,软件基本的质量特性如下。

(1) 功能性(Functionality)。

(2) 可靠性(Reliability)。

(3) 易使用性(Usability)。

(4) 效率(Efficiency)。

(5) 可维护性(Maintainability)。

(6) 可移植性(Portability)。

软件质量特性可以进一步细分,如图 6-3 所示。

各软件质量特性的含义如下。

(1) 性能(Performance)是指系统的响应能力,即要经过多长时间才能对某个事件作

验证（Verification）与确认（Validation）的区别

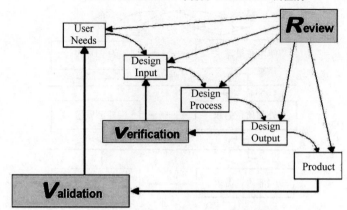

验证：我们正确地构造了产品吗？（注重过程——由QA负责）
确认：我们构造了正确的产品吗？（注重结果——由QC负责）

图 6-2　确认和验证的区别

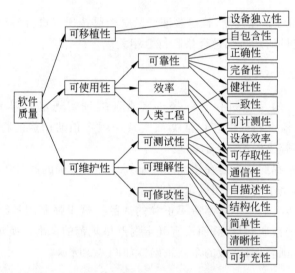

图 6-3　软件质量特性细分

出响应，或者在某段时间内系统所能处理的事件个数。

（2）可用性（Availability）是指系统能够正常运行的时间比例。

（3）可靠性（Reliability）是指系统在应用或者错误面前，在意外或者错误使用的情况下维持软件系统功能特性的能力。

（4）健壮性（Robustness）是指在处理或者环境中系统能够承受的压力或者变更能力。

（5）安全性（Security）是指系统向合法用户提供服务的同时能够阻止非授权用户使用的企图或者拒绝服务的能力。

（6）可修改性（Modification）是指能够快速地以较高的性能价格比对系统进行变更的能力。

（7）可变性（Changeability）是指体系结构扩充或者变更成为新体系结构的能力。

（8）易用性（Usability）是衡量用户使用软件产品完成指定任务的难易程度。

（9）可测试性（Testability）是指软件发现故障并隔离定位其故障的能力特性，以及在一定的时间或者成本前提下进行测试设计、测试执行能力。

（10）功能性（Function ability）是指系统所能完成所期望工作的能力。

（11）互操作性（Inter－Operation）是指系统与外界或系统与系统之间的相互作用能力。

6.2 软件质量模型和质量度量

6.2.1 软件质量模型

质量模型是一组特性及特性之间的关系，它提供规定质量需求和评价质量的基础。简单地说，软件质量模型就是软件质量评价的指标体系。

1. 三个质量

站在不同的角度，软件的质量可以分为 3 个方面。

（1）内部质量

它是软件产品内在属性的总和，决定了产品在特定条件下使用时，满足明确和隐含要求的能力。

（2）外部质量

它是软件产品在特定条件下使用时，满足明确或隐含要求的程度。

（3）使用质量

它是特定用户，在特定的使用周境下，使用软件产品，满足其要求，达到有效性、生产率、安全性和满意度等特定目标的程度。

3 个质量的示意图如图 6-4 所示。

(a) 内部质量   (b) 外部质量   (c) 使用质量

图 6-4 3 个质量示意图

内部质量和外部质量都是软件产品自身的特性，一般可用同一个质量模型。

使用质量是用户使用软件产品满足其要求的程度。有代表性的使用质量模型如图 6-5 所示。

下面重点讲内部质量和外部质量的软件质量模型。

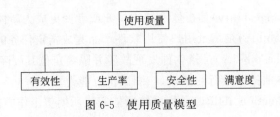

图 6-5 使用质量模型

2. 常用软件质量模型概述

关于软件质量模型，业界已经有很多成熟的模型定义，主要的软件质量模型如下。

（1）Jim McCall 软件质量模型（1977 年）；

（2）Barry W. Boehm 软件质量模型（1978 年）；

（3）FURPS/FURPS＋软件质量模型；

（4）R. Geoff Dromey 软件质量模型；

（5）ISO/IEC 9126 软件质量模型（1993 年）；

（6）ISO/IEC 25010 软件质量模型（2011 年）。

3. McCall 软件质量模型

Jim McCall 的软件质量模型，也被称为 GE(General Electrics)模型。其最初起源于美国空军，主要面向的是系统开发人员和系统开发过程。McCall 试图通过一系列的软件质量属性指标来弥补开发人员与最终用户之间的鸿沟。

McCall 质量模型使用如下 3 种视角来定义和识别软件产品的质量，如图 6-6 所示。

图 6-6 McCall 质量模型

（1）产品修正 Product revision (ability to change)。

（2）产品转移 Product transition (adaptability to new environments)。

（3）产品运行 Product operations (basic operational characteristics)。

4. ISO/IEC 25010 软件质量模型

ISO/IEC 25010 软件质量模型包含 8 个特征，并且被进一步分解为可以度量的内部和外部多个子特征。这一软件质量度量模型由如下 3 层组成,如图 6-7 所示。

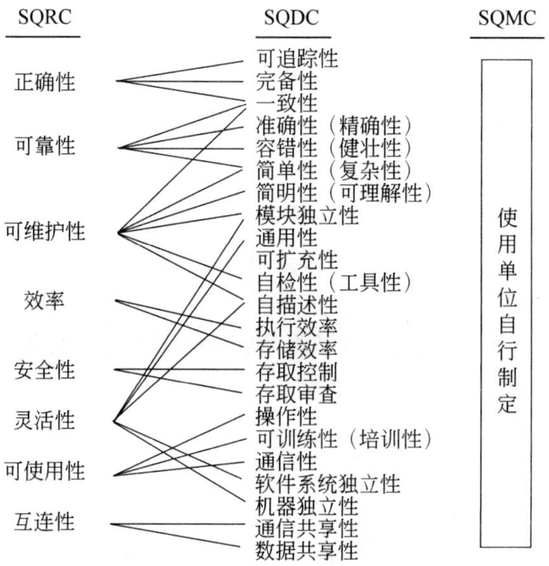

图 6-7 ISO/IEC 25010 软件质量模型

(1) 高层(top level):软件质量需求评价准则(SQRC)。

(2) 中层(mid level):软件质量设计评价准则(SQDC)。

(3) 低层(low level):软件质量度量评价准则(SQMC)。

5. 软件质量模型的应用

质量模型是面向所有软件的,因此它的质量属性是面面俱到的。但是对于一个具体的软件产品或软件项目来说,对其进行质量度量和评价时,可以根据实际情况和需要,侧重于某些方面或者特性,质量模型中的质量特性、子特性、度量元等不一定都要涉及,也就是说要根据软件产品本身的特点、领域、规模等因素来选择质量特性、子特性,甚至可以建立自己的质量模型。

在 ISO/IEC 25010 软件质量模型中,低层软件质量度量评价准则(SQMC)就是由使用单位自行制定的,而不是千篇一律、一概而论的。

6.2.2 软件质量的度量

了解软件质量模型之后,再来看如何对软件质量进行度量。软件质量特性度量方法有两类,即预测型和验收型。预测度量是利用定量或定性的方法,基于以往经验数据、现实条件状况等在软件产品研发出来之前,预先估算出软件质量的评价值。验收度量是在软件开发各阶段的检查点,对软件的质量进行检查并得到具体评价值。简单地说,预测度量是事先预测估算,验收度量是事后检查评价。

1. 度量的目的

软件质量度量的目的包括以下几个方面。

（1）认知

认知和理解软件产品，建立不同产品之间或者同一产品不同版本之间可以进行比较的基线。

（2）评估

评估软件质量目标的实现情况，以及技术和过程的改进对产品质量的影响情况。

（3）预测

基于预测，可以在有限资源条件下，建立软件成本、进度和质量目标计划。也可根据度量的实证，预测软件生产和产品的趋势，分析风险，做出质量目标和成本之间的权衡。

（4）改进

通过软件质量度量，帮助识别问题根源，判断可以改进的机会，交流改进的目标和理由，提高产品质量等。

2. 两类度量指标

软件质量度量有两类指标。第一类是定量度量，它适用于一些能够直接度量的特性，如环路复杂度、出错率等。软件质量定量度量示例见表 6-1。

表 6-1　软件质量度量表（定量度量）

评价准则	度量指标	度量值
程序复杂性	环路复杂度 （各模块环路复杂度度量值之和/模块数量）	2.5
…	…	…
…	…	…

第二类是定性度量，它适用于对难以量化的质量特性的度量，如可使用性、灵活性等。软件质量定性度量示例见表 6-2。

表 6-2　软件质量度量表（定性度量）

评价准则	度量	需求		设计		编码	
		是/否	值	是/否	值	是/否	值
设计文档的完备性	（1）无二义性引用（输入/功能/输出）	☐		☐		☐	
	（2）所有数据引用都可以从一个个外部源定义、计算和取得	☐		☐		☐	
	（3）所有定义的功能都被使用	☐		☐		☐	
	（4）所有使用的功能都被定义	☐		☐		☐	
	（5）对每一个判定点，所有的条件和处理都已被定义	☐		☐		☐	
	（6）所有被定义、被引用的调用序列的参数一致	☐		☐		☐	

注：表中填入定性结论，如：是/否，即可。

6.2.3 不同质量之间的关系

如 6.2.1 节所述,软件质量分为内部质量、外部质量和使用质量,另外还有一个软件过程质量,这些质量之间的关系如图 6-8 所示。

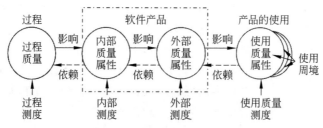

图 6-8 不同质量之间的关系

从图 6-8 中可以看出,软件过程质量是其他质量的基础,其他质量都直接或间接依赖于软件过程质量,所以要想提高软件产品的质量,关键是必须要对整个软件过程进行严格的质量管理和控制,以过程质量来保证产品质量。

6.3 软件质量管理与质量保证

6.3.1 软件质量管理

质量管理是指确定质量方针、目标和职责,并通过质量体系中的质量策划、控制、保证和改进来使其实现的全部活动。软件质量管理可以说是一个体系,用于实现对一个软件的质量进行全面把控。

20 世纪 70 年代中期,美国国防部曾专门研究软件工程做不好的原因,发现 70%的失败项目是因为管理中存在的瑕疵引起的,而并非技术性的原因,进而得出一个结论,即管理是影响软件研发项目全局的因素,而技术只影响局部。

软件项目失败的主要原因有:需求定义不明确;缺乏一个好的软件开发过程;没有一个统一领导的产品研发小组;子合同管理不严格;没有经常注意改善软件过程;对软件构架很不重视;软件界面定义不善且缺乏合适的控制等。

在关系到软件项目成功与否的众多因素中,软件度量、工作量估计、项目规划、进展控制、需求变化和风险管理等都是与工程管理直接相关的因素。由此可见,软件工程中管理的意义至关重要。软件质量管理中的质量,通常指产品的质量,但广义的质量管理还包括工作的质量。

软件产品质量是指软件满足明确和隐含需要的能力的特性总和。而工作质量则是产品质量的保证,它反映了与产品质量直接有关的工作对产品质量的保证程度。

软件质量管理工作是一个系统过程,在实施过程中必须遵循与软件项目质量要求相应的标准,执行相应的过程,符合相应的规范。简单地说,软件质量管理通常分为如下两大块工作。

(1)产品质量管理:如软件测试。

（2）过程质量管理：包括 ISO 9000、CMMI、TQC 等，具体工作是软件质量保证（如过程策划和检查），软件配置管理（如配置审计和版本控制等）、人员培训等。

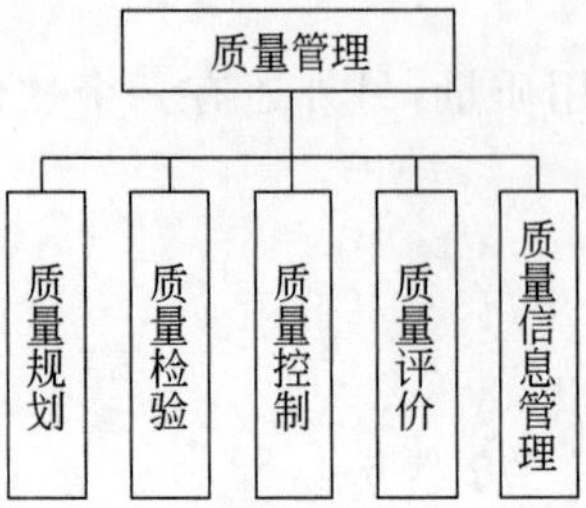

图 6-9 质量管理工作内容

从工作环节来说，软件质量管理工作包括质量规划、质量检验、质量控制、质量评价、质量信息管理等，如图 6-9 所示。

国标 GB_T 22032—2021《系统与软件工程 系统生存周期过程》中指出，质量管理过程的目的是，确保产品、服务和质量管理过程的实现符合组织及项目的质量目标，并且令顾客满意。应根据与质量管理过程有关的组织方针与规程实施下列活动和任务。

1. 规划质量管理

此活动由以下任务组成：

（1）建立质量管理方针、目标和规程；

（2）定义实施质量管理的职责和权限；

（3）定义质量评价准则和方法；

（4）为质量管理提供资源和信息。

2. 评估质量管理

此活动由以下任务组成：

（1）根据定义的准则，收集和分析质量保证评价结果；

（2）评估顾客满意度；

（3）定期审查质量保证活动是否符合质量管理方针、目标和规程；

（4）监控过程、产品和服务的质量改进状况。

3. 执行质量管理纠正和预防措施

此活动由以下任务组成：

（1）在质量管理目标没实现时制定纠正措施；

（2）在存在足够风险使得质量管理目标无法实现时，制定预防措施；

（3）监控纠正和预防措施的完成，并告知利益相关方。

6.3.2 软件质量保证

软件质量保证（即 SQA）是建立一套有计划、系统规范的方法，来确保软件质量标准、软件过程步骤、软件工程方法和实践能够正确地被软件项目所采用，从而保证软件质量，它贯穿于整个软件过程。实践证明，软件质量保证活动，在提高软件质量方面卓有成效。

1. SQA 的总体目标

SQA 团队并不负责生产高质量的软件产品，SQA 团队的责任是审计软件项目和软件过程的质量活动,并鉴别活动中出现的偏差。

SQA的目标是以独立审查的方式,监控软件生产任务的执行,给开发人员和管理层提供反映产品质量的信息和数据,辅助软件工程组得到高质量的软件产品,其主要工作目标包括以下几个方面。

(1) 通过监控软件的开发过程来保证产品的质量。

(2) 保证软件开发过程和生产出的软件产品,符合相应的规程和标准。

(3) 保证软件过程、软件产品中存在的不符合问题得到处理,必要时将问题反映给高级管理者。

(4) 确保项目组制订的计划、标准和规程适合项目组需要,同时满足评审和审计需要。

SQA人员的工作与软件开发工作是紧密结合的,SQA人员应当与软件开发等人员建立良好的沟通,共同来提高软件质量。SQA人员与软件开发等人员的合作态度,是完成SQA目标的关键,如果合作态度是敌意的,故意挑剔的,则SQA的目标就难以顺利实现。

2. SQA 活动

SQA可以使软件过程对于管理者来说是清晰可见的,并通过对软件产品和活动进行评审和审核来验证软件是合乎标准的。SQA人员在项目一开始时就应参与建立标准,制订计划,并进行检查监督等。

SQA活动包括以下内容。

(1) 识别软件质量需求,并将其自顶向下分解为可以度量和控制的质量要素,为软件质量的定性分析和定量度量奠定基础。

(2) 研究并选用软件开发方法和工具。

(3) 对软件生存周期各阶段进行正式技术评审。

(4) 制订并实施软件测试策略和测试计划。

(5) 及时生成软件文档并进行其版本控制。

(6) 建立软件质量要素的度量机制。

(7) 处理不合格项,跟踪问题。

(8) 监控软件过程和产品质量。

(9) 记录SQA的各项活动,并生成各种SQA报告。

3. SQA 的任务

SQA要保证以下内容的实现。

(1) 选定的开发方法被采用。

(2) 选定的规程和标准被采用和遵循。

(3) 进行独立的审查。

(4) 偏离规程和标准的问题被及时发现和反映,并得到处理。

(5) 项目定义的每个软件任务得到实际的执行。

概括起来,SQA的主要任务有以下4个方面。

(1) 计划。

针对具体软件项目,制订SQA计划。

（2）评审和审核。

依据 SQA 计划，进行评审和审核工作，确保软件过程、软件产品达到质量标准和要求。

（3）工作记录和结果报告。

及时记录各项 SQA 活动的执行情况，并生成各种 SQA 报告。

（4）处理不合格项，跟踪问题。

对发现的问题，要记录汇总，持续跟踪，直到解决。

6.3.3 软件质量保证体系

软件质量保证既有和一般产品质量保证相同的共性，也有作为软件这种特殊产品，对其进行质量保证的特性。因此下面介绍一下通用质量标准体系 ISO 9000 和软件过程能力成熟度模型 CMM。

1. 质量保证标准

质量保证标准，诞生于美国军品使用的标准。第二次世界大战后，美国国防部吸取第二次世界大战中军品质量优劣的经验和教训，决定在军火和军需品订货中实行质量保证，即供方在生产所订购的货品中，不但要按需方提出的技术要求保证产品实物质量，而且要按订货时提出的且已写入合同中的质量保证条款要求去控制质量，并在提交货品时提交控制质量的证实文件。这种办法促使承包商进行全面的质量管理，取得了极大的成功。

1978 年以后，质量保证标准被引用到民品订货中来，英国制定了一套质量保证标准，即 BS 5750。随后，欧美很多国家为了适应供需双方实行质量保证标准并对质量管理提出的新要求，在总结多年质量管理实践的基础上，相继制定了各自的质量管理标准和实施细则。

ISO 为了适应国际贸易往来中民品订货采用质量保证作法的需要成立了 ISO/TC176 国际标准化组织质量管理和质量保证技术委员会，该技术委员会在总结和参照世界有关国家标准和实践经验的基础上，通过广泛协商，于 1987 年发布了世界上第一个质量管理和质量保证系列国际标准——ISO 9000 系列标准。

该标准的诞生是世界范围质量管理和质量保证工作的一个新纪元，对推动世界各国工业企业的质量管理和供需双方的质量保证，促进国际贸易交往起到了很好的作用。

ISO 在 1994 年提出 ISO 9000 质量管理体系这一概念，指由 ISO/TC176 国际标准化组织质量管理和质量保证技术委员会制定的所有国际标准。该标准可帮助组织实施并有效运行质量管理体系，是质量管理体系通用的要求和指南。

我国在 20 世纪 90 年代将 ISO 9000 系列标准转化为国家标准，随后，各行业也将 ISO 9000 系列标准转化为行业标准。

ISO 9000 质量管理体系标准是一套系统、科学、严密的质量管理的方法，它吸纳了当今世界上最先进的质量管理理念，为各类组织提供了一套标准的质量管理模式。

ISO 9000:2008 标准族的核心标准为下列四个。

（1）ISO 9000:2008《质量管理体系——基础和术语》。

(2) ISO 9001:2008《质量管理体系——要求》。

(3) ISO 9004:2008《质量管理体系——业绩改进指南》。

(4) ISO 19011:2002《质量和环境管理体系审核指南》。

企业为了避免因产品质量问题而巨额赔款,要建立质量保证体系来提高信誉和市场竞争力。开展质量认证是为了保证产品质量,提高产品信誉,保护用户和消费者的利益,促进国际贸易和发展经贸合作。

ISO 9000 质量体系认证是由国家或政府认可的组织以 ISO 9000 系列质量体系标准为依据进行的第三方认证活动。ISO 9001:《2008 质量管理体系——要求》是认证机构审核的依据标准,也是想进行认证的企业需要满足的标准。

可以说 ISO 9000 的精髓就是通过预防减少错误。质量是由人控制的,只要是人,难免犯这样或那样的错误,如何预防犯错、少犯错或者尽量不给犯错的机会,降低犯错的概率,这就是 ISO 9000 族标准的精髓。预防措施是一项重要的改进活动。它是自发的、主动的、先进的。可以说,采取预防措施的能力是质量管理实力的表现。

2. 软件质量保证标准

在计算机发展的早期(20 世纪 50 年代至 60 年代),软件质量保证只由程序员承担。软件质量保证的标准是 20 世纪 70 年代首先在军方的软件开发合同中出现的,此后迅速传遍整个商业界的软件开发中。1984 年,美国国防部资助建立了卡内基·梅隆大学软件研究所,英文缩写为 SEI;1987 年,SEI 发布了第一份技术报告介绍软件能力成熟度模型(CMM)及作为评价国防合同承包方过程成熟度的方法论;1991 年,SEI 发表 1.0 版软件 CMM(即 SW-CMM)。

CMM 自 1987 年开始实施认证,现已成为软件业权威的评估认证体系。CMM 包括五个等级,一级为初始级,二级为可重复级,三级为已定义级,四级为已管理级,五级为优化级,如图 6-10 所示。

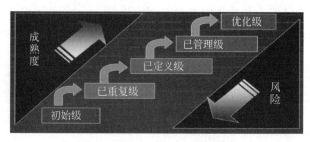

图 6-10　CMM 分为五个等级

CMM 共计 18 个过程域,52 个目标,300 多个关键实践,是一种用于评价软件承包能力以改善软件质量的方法,侧重于软件开发过程的管理及工程能力的提高与评估。CMM 明确划分各开发过程,通过质量检验的反馈作用确保差错及早排除并保证一定的质量。在各开发过程中实施进度管理,产生阶段质量评价报告,对不合要求的产品及早采取对策。它是对于软件组织在定义、实施、度量、控制和改善其软件过程的实践中各个发展阶段的描述。

CMM 的核心是把软件开发视为一个过程，并根据这一原则对软件开发和维护过程进行监控和研究。CMM 是一种用于评价软件承包能力，以改善软件质量的方法，侧重于软件开发过程的管理及工程能力的提高与评估。

CMM 不但对于指导软件过程改进是一个很好的工具，而且把全面质量管理的概念应用到软件上，实现从需求管理、项目计划、项目控制、软件获取、质量保证到配置管理全软件过程的质量管理。CMM 的思想是一切从顾客需求出发，从整个组织层面上实施过程质量管理，完全符合全面质量管理的基本原则，因此，它不仅是针对软件开发过程，还是一种高效的管理方法，有助于软件企业最大程度降低成本，提高质量和用户满意度，如图 6-11 所示。

图 6-11　CMM 的作用

实施 CMM 是改进软件质量的有效方法。软件质量保证是 CMM 可重复级中六个关键过程域之一，为实现质量保证目标，软件质量保证过程应当审计软件项目的开发是否遵循了为满足软件质量保证关键过程域的要求而定义的一系列软件开发活动应当遵循的标准和规程。

CMMI（Capability Maturity Model Integration，能力成熟度模型集成）将各种能力成熟度模型整合到同一架构中，由此建立起包括软件工程、系统工程和软件采购等在内的多个模型的集成，以解决除软件开发以外的软件系统工程和软件采购工作中的迫切需求。

3. 软件测试成熟度模型

CMM 没有充分地定义软件测试，没有提及测试成熟度的概念，没有对测试过程改进进行充分说明。仅在第三级的软件产品工程（SPE）KPA 中提及软件测试职能，但对于如何有效提高机构的测试能力和水平没有提供相应指导。

研究机构和测试服务机构从不同角度出发提出有关软件测试方面的能力成熟度模型，作为 SEI-CMM 的有效补充。

美国国防部提出了 CMM 软件评估和测试 KPA 建议。

Burnstein 博士提出了测试成熟度模型（TMM），依据 CMM 的框架提出测试的 5 个不同级别。它描述了测试过程，是软件项目测试部分得到良好计划和控制的基础。

TMM 测试成熟度模型的 5 个级别如下。

0 级：测试和调试没有区别，除支持调试外测试没有其他目的。

1 级：测试的目的是为了表明软件能够工作。

2 级：测试的目的是为了表明软件不能够正常工作。

3 级：测试的目的不是要证明什么，而是为了把软件不能正常工作的预知风险降低到能够接受的程度。

4 级：测试不是行为，而是一种自觉的约束（mental discipline），不用太多的测试投入，即可产生低风险的软件。

6.4　质量理念和质量文化

6.4.1　简介

质量保证体系的执行效果最终还是取决于人,如果空有质量保证体系,但没有能够在正确的质量理念和严格的质量措施下贯彻执行,那么质量保证体系只不过是一些无用的赘述和烦琐的流程,产品的质量还是无法得到保证和提高。

从个人角度来说,参与软件研发、软件质量保证工作的人,要有高度的质量意识和正确的质量理念;从企业的角度来说,要建立一种质量文化,以文化的力量来强化质量意识,贯彻质量理念。

质量文化、质量意识和理念、质量管理体系、质量过程和质量产出的关系如图 6-12 所示,它们是一个金字塔结构,其中质量文化是基础。

图 6-12　CMM 的作用

6.4.2　华为的质量理念和质量文化

华为创立于 1987 年,是全球领先的 ICT(信息与通信)基础设施和智能终端提供商。

2016 年 3 月,华为凭借"以客户为中心的华为质量管理模式"获得由国家质量监督检验检疫总局组织颁发的中国质量领域最高政府性荣誉——中国质量奖。华为 CEO 表示,"对华为来说,质量就如同企业的自尊和生命。自华为成立以来,就以'工匠精神'来衡量产品,追求真正的'零缺陷'。""遵守质量的'诚信'原则在华为不能破,它是华为一切行动的标尺,它能够带来商业价值,同时也是品牌的价值和内涵所在。"华为公司有一个明确的规定:"华为公司要做业界标杆,质量标杆,如果我们产品的质量和业界标杆有差距,那么我们就要快速赶超。我们每年必须以不低于 30% 的速度去改进,即使成为业界标杆之后,我们每年依然要以 20% 的改进率去改进质量。"

中国电子信息行业联合会发布的"2021 年度软件和信息技术服务竞争力百强企业",华为排在首位。华为的质量理念方针如下。

(1) 时刻铭记质量是华为生存的基石,是客户选择华为的理由。

(2) 我们把客户要求与期望准确传递到华为整个价值链,共同构建质量。

(3) 我们尊重规则流程,一次把事情做对;我们发挥全球员工潜能,持续改进。

(4) 我们与客户一起平衡机会与风险,快速响应客户需求,实现可持续发展。

(5) 华为承诺向客户提供高质量的产品、服务和解决方案,持续不断让客户体验到我们致力于为每个客户创造价值。

华为认为最重要的基础就是质量。公司在质量汇报中提出"大质量管理体系"概念,指出大质量管理体系需要介入公司的思想建设、哲学建设、管理理论建设等方面,形成华为的质量文化。每个人都愿意兢兢业业地做一些小事,这就是德国、日本的质量科学。要借鉴日本和德国的企业文化,最终形成华为的质量文化。如果公司没有从上到下建立这种大质量体系,形成企业质量文化,所提出的严格质量要求就是不可靠的城墙,最终都会被推翻。华为最宝贵的是无生命的管理体系,因为人的生命都是有限的,要维持管理体系有活力地持续运行。

习 题 六

一、选择题

1. 软件质量保证与测试人员需要的基本素质有(   )。

    A. 计算机专业技能   B. 测试专业技能

    C. 行业知识   D. 以上都是

2. CMM 中文全称为(   )。

    A. 软件能力成熟度模型   B. 软件能力成熟度模型集成

    C. 质量管理体系   D. 软件工程研究所

3. CMM 将软件组织的软件能力成熟度描述为(   )。

    A. 二级   B. 三级   C. 四级   D. 五级

4. 软件的六大质量特性包括(   )。

    ① 功能性、可靠性   ②可用性、效率   ③稳定性、可移植   ④多语言性、可扩展性

    A. ①②③   B. ②③④   C. ①③④   D. ①②④

5. 软件验证和确认是保证软件质量的重要措施,它的实施应该针对(   )。

    A. 程序编写阶段   B. 软件开发的所有阶段

    C. 软件调试阶段   D. 软件设计阶段

二、填空题

1. _____是指软件产品中能满足给定需求的性质和特性的总体。

2. McCall 模型划分了_____、_____、_____三个纬度的 11 个软件质量因素。

3. Burnstein 博士提出了_____,它描述了测试过程,是软件测试得到良好计划和控制的基础。

4. 按照度量的时间点来区分,软件质量特性度量有两类,即_____和_____。

5. CMM 内容包含初始级、_____、_____、可重复级和可优化级五个等级。

三、判断题

1. 软件质量保证的独特性是由软件产品不同于其他制造产品的本质决定的。

                                                          (   )

2. TMM 分解为 3 个级别,在最高级中,测试不是行为,而是一种自觉的约束,不用太多的测试投入,即可产生低风险的软件。   (   )

3. CMMI 并不包括 CMM,更加适用于企业的过程改进实施。   (   )

4. 只有客户才会有兴趣透彻定义软件需求以确保他约定的软件产品的质量。

( )

四、解答题

1. 某软件公司为某电影院设计开发了一款票务系统,包括票务管理、账号管理、在线购票、统计分析等功能,该软件计划长期使用,部分模块将用于其他类似软件,软件在使用时应能接入数字化城市平台。试结合软件质量模型分析应从哪些特性来分析评价这一软件的质量。

2. 软件用户感受到的是软件的使用质量,试分析应如何保证和提高软件的使用质量。

第 2 篇

实 践 篇

第7章

移动应用测试准备

本章主要介绍如何搭建一个 Android 应用测试环境，包括 Java 环境配置、Eclipse 开发工具配置、Android 环境配置等，最后还提供了一个示例程序测试过程供参考。

7.1 测试环境搭建

7.1.1 配置 Java 环境

表 7-1 给出了 Android 应用测试环境的推荐配置。

表 7-1　Android 应用测试环境推荐配置

环境配置	具体版本
Windows	7，8，10(推荐 64 位)
JDK	1.7(必选)
Eclipse	Luna 或 Mars

下面结合全国大学生软件测试大赛，给出具体的环境配置详细步骤。

（1）登录慕测官网 http://www.mooctest.net，官网界面如图 7-1 所示。

（2）若尚未注册，请单击图 7-1 右下角的"现在注册"，进行注册。按图 7-2 中提示输入"用户名、邮箱、密码"等信息进行注册。

图 7-1　慕测网站登录界面

图 7-2　慕测注册界面

（3）使用账号、密码登录后，单击主页左侧"工具下载"按钮，如图 7-3 所示。

图 7-3　慕测主页

（4）如图 7-4 所示为慕测工具下载页面。

图 7-4　慕测工具下载页面

（5）根据计算机操作系统到 JDK 官网下载相应版本的 JDK。查看计算机操作系统，笔者的操作系统是 Windows 10 64 位，所以单击"64 位 JDK7 下载"即可，如图 7-5 所示。

Java SE Development Kit 7		
您必须接受针对 Java SE 的 Oracle 二进制代码许可协议才能下载该软件。		
○ 接受许可协议　　● 拒绝许可协议		
产品/文件说明	文件大小	下载
Linux x86 - RPM 安装程序	77.28 MB	⬇ jdk-7-linux-i586.rpm
Linux x86 - 压缩二进制文件	92.17 MB	⬇ jdk-7-linux-i586.tar.gz
Linux x64 - RPM 安装程序	77.91 MB	⬇ jdk-7-linux-x64.rpm
Linux x64 - 压缩二进制文件	90.57 MB	⬇ jdk-7-linux-x64.tar.gz
Solaris x86 - 压缩程序包	154.74 MB	⬇ jdk-7-solaris-i586.tar.Z
Solaris x86 - 压缩二进制文件	94.75 MB	⬇ jdk-7-solaris-i586.tar.gz
Solaris SPARC - 压缩程序包	157.81 MB	⬇ jdk-7-solaris-sparc.tar.Z
Solaris SPARC - 压缩二进制文件	99.48 MB	⬇ jdk-7-solaris-sparc.tar.gz
Solaris SPARC 64 位 - 压缩程序包	16.28 MB	⬇ jdk-7-solaris-sparcv9.tar.Z
Solaris SPARC 64 位 - 压缩二进制文件	12.38 MB	⬇ jdk-7-solaris-sparcv9.tar.gz
Solaris x64 - 压缩程序包	14.66 MB	⬇ jdk-7-solaris-x64.tar.Z
Solaris x64 - 压缩二进制文件	9.39 MB	⬇ jdk-7-solaris-x64.tar.gz
Windows x86	79.48 MB	⬇ jdk-7-windows-i586.exe
Windows x64	80.25 MB	⬇ jdk-7-windows-x64.exe

图 7-5　JDK 下载页面

（6）下载好相应的 JDK 后，双击运行 jdk-7u80-windows-x64.exe，如图 7-6 所示。

图 7-6　下载好的 JDK

（7）选择 JDK 的安装功能，一般默认即可，如图 7-7 所示，单击"下一步"按钮。

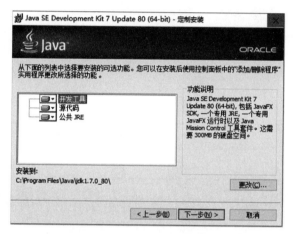

图 7-7　JDK 功能选择

（8）选择 JDK 的安装位置，一般默认即可，如图 7-8 所示，单击"下一步"按钮。

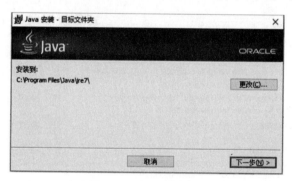

图 7-8　JDK 安装路径

（9）单击"关闭"按钮，完成 JDK 安装，如图 7-9 所示。

（10）新建 JAVA_HOME 环境变量，变量值为 JDK 安装目录。如果是默认的 JDK 安装路径，一般变量值和笔者一样，如图 7-10 所示。

（11）编辑 Path 系统变量。如果是 Windows 7 或 Windows 8 系统，在 Path 变量值末尾添加%JAVA _HOME%\bin;%JAVA _HOME%\jre\bin;（注意原来 Path 的变量值末尾有没有";"，如果没有，先输入";"再输入上面的代码）。如果是 Windows 10 系统，分别添加%JAVA _HOME%\bin 和%JAVA _HOME%\jre\bin，单击"确定"按钮，如图 7-11 所示。

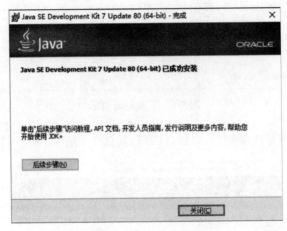

图 7-9　JDK 安装成功

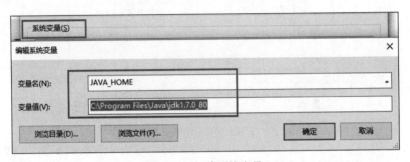

图 7-10　新建环境变量

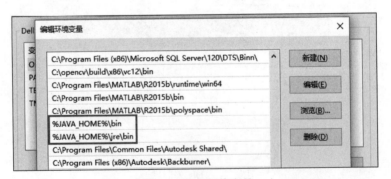

图 7-11　编辑环境变量

注意：如果没有 Path 系统变量，首先新建系统变量。

（12）新建系统变量，变量名为 CLASSPATH，变量值为".；％JAVA＿HOME％\\lib；％JAVA＿HOME％\\lib\\tools.jar（注意最前面有一点）"，如图 7-12 所示。

（13）运行 cmd，输入 java -version，若显示版本信息，则说明安装与配置成功。可按 Windows＋R 快捷键运行 cmd，如图 7-13 所示。

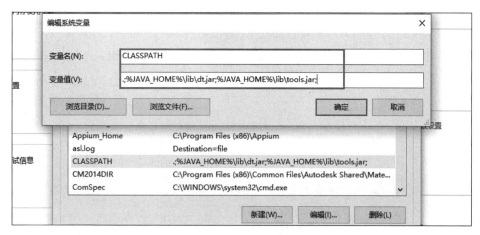

图 7-12　新建 Java 类路径

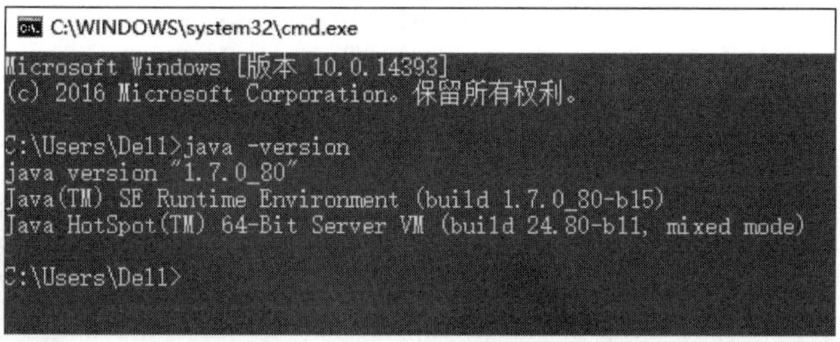

图 7-13　检查 Java 安装版本

7.1.2　安装 Eclipse

（1）进入慕测官网，单击"工具下载"按钮，选择"开发者测试"工具下载模块，如图 7-14 所示。

图 7-14　慕测开发者测试工具下载

（2）根据计算机操作系统选择下载相应的 Eclipse 客户端。例如，笔者的计算机是 Windows 10 64 位，就单击"Win64 含插件 Eclipse 下载"，下载相应版本带插件 Eclipse。

（3）解压下载的 Eclipse 压缩包到安装目录（路径中不能包含中文），如图 7-15 所示。例如，笔者解压到 E:\software 目录下。

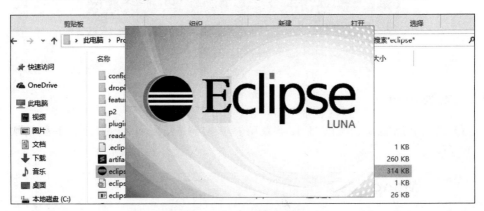

图 7-15　解压后的 Eclipse

（4）运行解压后的 Eclipse 文件夹中的 eclipse.exe 程序，如图 7-16 所示。

图 7-16　Eclipse 启动界面

（5）第一次启动，选择项目工作空间。工作空间包含所有项目和设置，例如，用于语法高亮显示的颜色、字体大小等。单击 OK 按钮即可进入 Eclipse 主界面，如图 7-17 所示。

7.1.3　安装 ADT 工具包

（1）下载 ADT 工具包并解压 http://pan.baidu.com/s/1jHLnLL8，如图 7-18 所示。

（2）进入 Eclipse 安装路径（E:\software\eclipse），单击 eclipse.exe，启动 Eclipse。在上方菜单栏单击 Help→Install New Software，如图 7-19 所示。

（3）在 Available Software 对话框中，单击 Add...按钮，如图 7-20 所示。

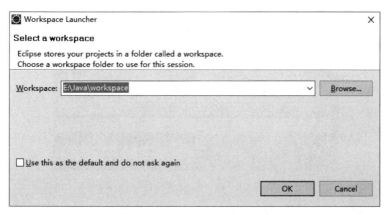

图 7-17　选择工作空间

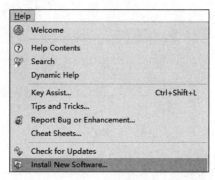

图 7-18　ADT 工具包

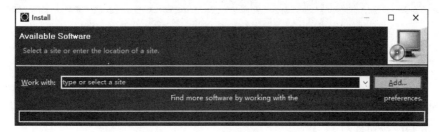

图 7-19　Eclipse 安装插件(一)

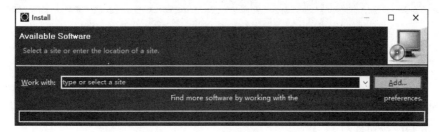

图 7-20　Eclipse 安装插件(二)

（4）在 Add Repository 对话框的 Name 文本框输入 ADT plugin，然后单击 Local...按钮，选择 ADT 安装包解压位置，如图 7-21 所示。

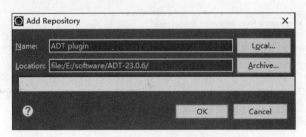

图 7-21　Eclipse 安装插件（三）

（5）单击 OK 按钮关闭 Add Repository 对话框，勾选 Developer Tools 左边的单选框，如图 7-22 所示。单击 Next 按钮，这一步可能需要较长时间，请耐心等待。

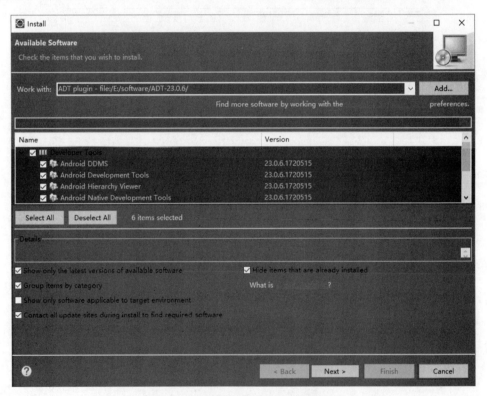

图 7-22　选择安装的 ADT 插件包

（6）在 Install Details 界面中，继续单击 Next 按钮，进行下一步。

（7）接着勾选 I accept the terms of the license agreements 单选框并单击 Finish 按钮开始安装，如图 7-23 所示。如果 Eclipse 弹出一个对话框警告无法验证软件的身份和完整性，单击 OK 按钮即可。

（8）最后，重启 Eclipse 就可以使用 Android 开发环境了。

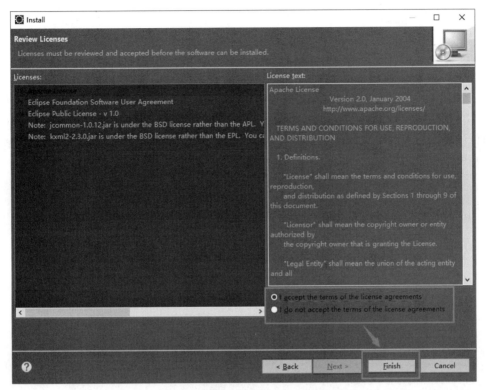

图 7-23 接受许可协议开始安装

7.1.4 安装 Ant

（1）下载 Ant 包（http://pan.baidu.com/s/1kUE0vOj）并解压，密码为 7r9k，如图 7-24 所示。

图 7-24 下载 Ant 包

（2）新建系统变量 ANT_HOME，变量值为 Ant 包解压路径。例如，将解压后的 Ant 包放在 E:\software\apache-ant-1.9.9。注意，解压后的文件是 apache-ant-1.9.9-bin，下一级目录才是 apache-ant-1.9.9，如图 7-25 所示。

（3）在环境变量 Path 中添加％ANT_HOME％\bin，如图 3.27 所示。若没有 Path

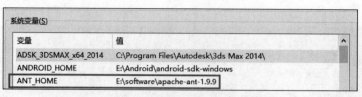

图 7-25　ANT_HOME 变量

变量，则需要新建一个。逐步单击"确定"按钮，保存环境变量配置，完成 Ant 包环境配置，如图 7-26 所示。

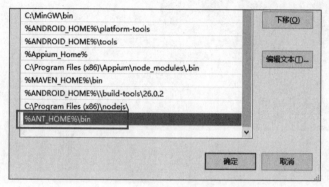

图 7-26　添加系统路径

（4）运行 cmd，输入 ant -version，若输出版本信息，则说明安装正确，如图 7-27 所示。

图 7-27　检查 Ant 版本信息

7.1.5　配置 Android 环境

1. 配置 Android SDK

（1）通过官方网站下载 Android SDK，有可能你是无法访问这个网站的，表 7-2 提供了不同操作系统的 Android-sdk 下载链接。

表 7-2　Android-sdk 下载链接

操 作 系 统	下 载 链 接
Windows	http://dl.google.com/android/android-sdk_r23.0.2-windows.zip
Mac	http://dl.google.com/android/android-sdk_r23.0.2-macosx.zip
Linux	http://dl.google.com/android/android-sdk_r23.0.2-linux.tgz

（2）根据表 7-2 中的操作系统信息，选择相应链接，进行下载、解压。例如，作者使用的 Windows 操作系统，选择表格中的第一个下载链接即可，如图 7-28 所示。

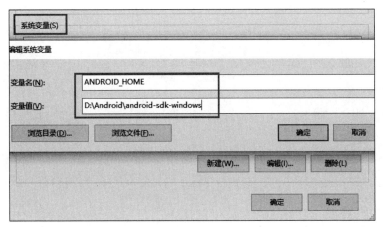

图 7-28　解压后的 SDK

2. 配置 Android 环境变量

（1）新建系统变量 ANDROID_HOME，变量值为 SDK 解压路径（D：\Android\android-sdk-windows），如图 7-29 所示。

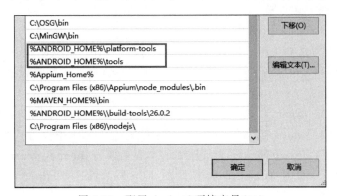

图 7-29　配置 Android 环境变量（一）

（2）双击"系统变量"对话框中的 Path 变量，单击"新建"按钮，填充％ANDROID_HOME％\tools 和％ANDROID_HOME％\platform-tools，如图 7-30 所示。

图 7-30　配置 Android 环境变量（二）

3. 配置 Android SDK

（1）在 SDK 解压目录下（D：\Android\android-sdk-windows），双击 SDK Manger.exe，启动 SDK Manager，如图 7-31 所示。

图 7-31　启动 SDK

（2）SDK Manager 启动后，会自动检查更新，如图 7-32 所示。

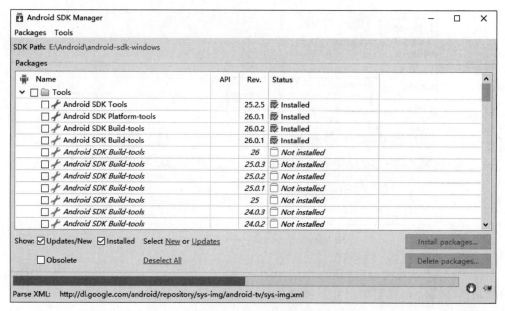

图 7-32　SDK 检查更新

（3）但是更新可能会失败。所以，推荐一个网站：http://www.androiddevtools.cn/，提供了国内的代理，以及各种开发工具的安装，如图 7-33 所示。或者设置代理，下面详细介绍。

（4）在 SDK Manager 菜单栏上单击 Tools→Options，按照图 7-34 中内容，设置代理，重新启动 SDK Manager 进行下载更新。如果按照图 7-34 中设置代理还是更新失败的话，可以将 HTTP Proxy Server 文本框中的内容更换为 mirrors.neusoft.edu.cn。

（5）在 Android SDK Manager 中，按照图 7-35 所示勾选，单击右下角所示 Install 4 packages 按钮，安装 platform-tools 和 build-tools。

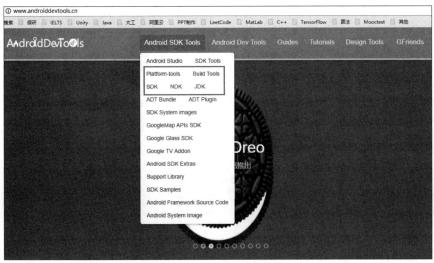

图 7-33 androiddevtools 网站主页

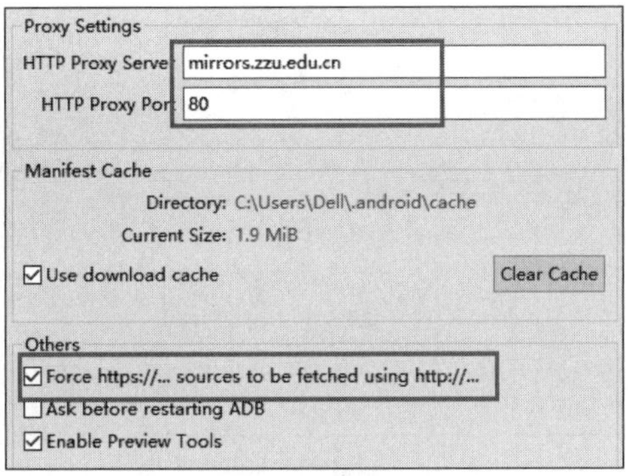

图 7-34 设置 SDK 代理

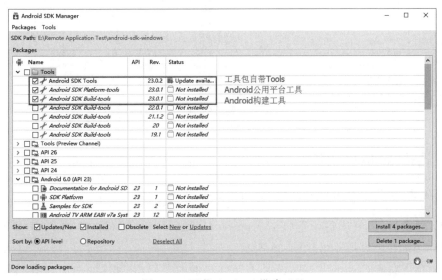

图 7-35 下载 Android 搭建工具

（6）按照图 7-36 所示勾选，单击右下角 Install 5 packages 按钮，安装 Android 6.0（API 23）。刚开始在 Android 6.0（API 23）的下级目录只能看到前 3 个和最后一个，剩余内容在将这 4 个内容下载之后，重新打开 SDK Manager 可以看到。

图 7-36　安装 Android 6.0 API

（7）安装完成后，SDK 文件夹下会多出几个文件夹，如图 7-37 所示。

图 7-37　安装后的 SDK 目录

7.1.6　连接 Android 设备

1. 使用 AVD Manager 创建 Android 模拟器

（1）双击 SDK 解压目录下（D:\Android\android-sdk-windows）的 AVD Manager.exe，创建 Android 模拟器，如图 7-38 所示。

（2）单击右侧 Create...按钮，按照图 7-39 中的内容配置模拟器。单击 OK 按钮，完成创建。

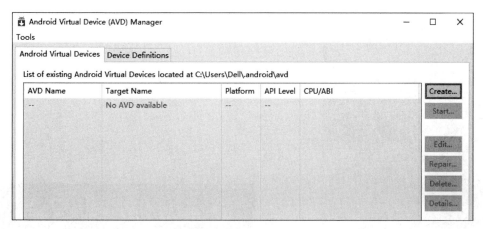

图 7-38　AVD Manager

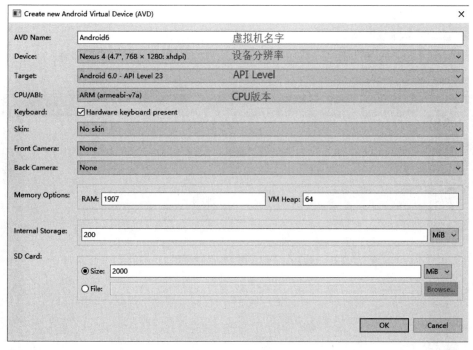

图 7-39　AVD 配置

（3）创建完成后，单击 Start...按钮，运行模拟器，如图 7-40 所示。模拟器启动速度超慢，请耐心等待。

2. 安装雷电模拟器(使用 AVD Manager 创建的模拟器启动速度较慢)

（1）下载。http://sw.bos.baidu.com/sw-search-sp/software/ab4d3f6ce4dc9/ldinst_2.0.46.0.exe，双击进行安装，如图 7-41 所示。

（2）启动雷电模拟器，如图 7-42 所示。

图 7-40　Android 模拟器

图 7-41　安装雷电模拟器

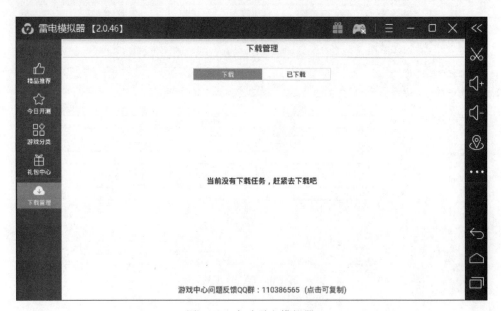

图 7-42　启动雷电模拟器

3. 连接真机

（1）手机"设置"中，打开"开发者选项"，选择"USB 调试"。将 Android 手机通过数据线连接到计算机。Android 4.2 及以上手机的"设置"中可能找不到"开发者选项"，可以根据相应机型上网查找如何打开"开发者选项"。例如，Redmi Pro 手机可以通过快速单击

"关于手机"文字,这时会提示"您现在处于开发者模式",如图 7-43 所示。

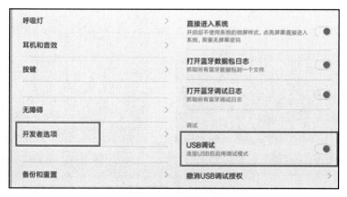

图 7-43　启动 USB 调试

（2）手机连入后会提示选择 USB 用途,选择为除"仅限充电"以外的任何一种即可,如图 7-44 所示。

图 7-44　设置 USB 用途

（3）安装完成后,可在"我的电脑"中查看到已连接设备,如图 7-45 所示。

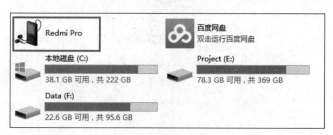

图 7-45　查看已连接设备

4. 检查模拟器或真机连接状况

（1）运行 cmd,输入 adb devices,若显示如下信息,则表示设备连接正常,如图 7-46 所示。

（2）若输入指令后,不显示连接的 Android 设备,可运行 cmd,依次输入 adb kill-server adb start-server,重新启动 adb 服务器,再输入 adb devices 查看设备状态,如图 7-47 所示。

图 7-46　检查 Android 设备连接状况　　　　图 7-47　重新启动 adb server

7.2　建立移动测试工程

7.2.1　导入待测移动应用程序

本示例所采用的待测程序是一个简单的 Android 应用，模拟数据库程序的增删改查功能。程序的主界面是一个书籍列表界面，按作者名列出了每个作者的著作书名。在列表中单击书名可以查看书籍的详细信息，在详细信息界面上单击"编辑"按钮可以编辑书籍的信息，完成后单击"保存"按钮即可保存更改并返回到列表界面。列表界面上有"删除"和"添加"按钮，向列表中添加一本新书籍的操作与"编辑"类似；在从列表中删除一本书时，需要先单击"删除"按钮，然后再单击要删除的书籍。待测示例程序的主界面如图 7-48 所示。

图 7-48　待测示例程序的主界面截图

待测程序的源代码可以在此链接下载：http://pan.baidu.com/s/1mhQ9ma8。按照下面的步骤在 Eclipse 中导入该工程。

（1）启动 Eclipse。

（2）依次单击 Eclipse 上侧菜单栏中的 File→Import…菜单项。

（3）在新弹出的 Import 对话框中选择 Android→Existing Android Code into Workspace 列表项，然后单击 Next 按钮进入下一步，如图 7-49 所示。

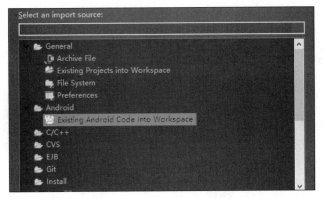

图 7-49　在 Eclipse 中导入待测示例应用工程

（4）在 Import Projects 界面单击 Browser…按钮，填入下载好的源代码的根目录。完成后应该可以在 Projects 列表框看到要导入的工程名：MainActivity。勾选 Copy projects into workspace 复选框，以便将应用的源代码复制到本地硬盘。最后，单击 Finish 按钮完成导入操作，如图 7-50 所示。

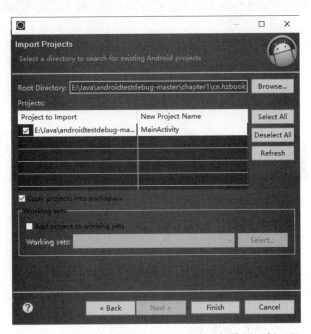

图 7-50　在 Eclipse 中导入工程向导中选择待测示例工程

（5）完成导入后，右击刚导入的工程文件，并依次选择 Run As→Android Application，如

图 7-51 所示。

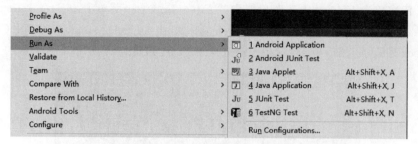

图 7-51　在 Eclipse 中运行示例待测应用

（6）这时 Eclipse 会让你选择要启动的 Android 设备。首先，启动雷电模拟器，选择已启动的模拟器。如果找不到启动的模拟器，可尝试先启动模拟器，再按上述操作运行 Android 应用，如图 7-52 所示。

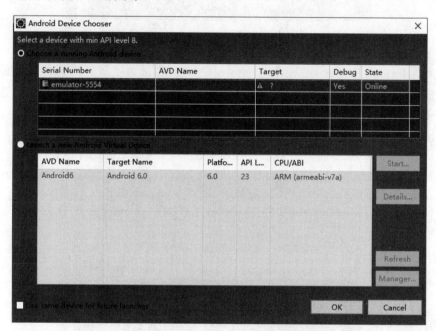

图 7-52　选择待测应用运行的 Android 设备

（7）这时 Eclipse 会自动启动 Android 模拟器并打开应用。此时打开 Eclipse 下方 Console 窗口并选择 Android 下拉框，可以看到类似图 7-53 的输出。

图 7-53 的输出中详细显示了 Eclipse 从启动模拟器到运行应用的完整过程。在测试过程中，会经常用到输出内容来排查错误，下面结合注释解释输出内容。

1. #在这里 Eclipse 接收到启动 Android 应用的命令
2. [2017-11-09 10:10:31 -MainActivity] Android Launch!
3. #Eclipse 首先确定用来与模拟器通信 (调试程序) 的 adb 程序是否运行. 如果没有运行就会启动它

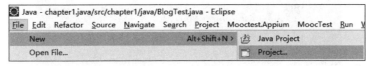

图 7-53   在 Eclipse 中启动应用的过程输出

4. 〔2017-11-09 10:10:31 -MainActivity〕adb is running normally.

5. #找到应用的主 Activity 并启动它

6. 〔2017-11-09 10:10:31 -MainActivity〕Performing cn.hzbook.android.test.
    chapter1.MainActivity activity launch

7. #将编译好的应用上传到模拟器

8. 〔2017 - 11 - 09 10: 10: 36 - MainActivity〕Uploading MainActivity.apk onto
    device 'emulator-5554'

9. #接着安装应用

10. 〔2017-11-09 10:10:36 -MainActivity〕Installing MainActivity.apk...

11. 〔2017-11-09 10:10:38 -MainActivity〕Success!

12. #成功安装后.就直接启动应用

13. 〔2017-11-09 10:10:38 -MainActivity〕Starting activity cn.hzbook.android.
    test.chapter1.MainActivity on device emulator-5554

14. 〔2017-11-09 10:10:38 -MainActivity〕ActivityManager: Starting: Intent {
    act=android.intent.action.MAIN cat=[android.intent.category.LAUNCHER]
    cmp=cn.hzbook.android.test.chapter1/.MainActivity }

7.2.2   新建 Android 测试工程

下面针对导入的待测程序,建立一个简单的 Android 自动化单元测试工程来演示 Android 自动化测试的流程。在 Android 系统中,Android 自动化单元测试也是一个 Android 应用工程,它跟普通 Android 应用工程不同的地方是启动的方式不太一样。

Android 的 Eclipse ADT 插件提供了 Android 自动化单元测试的模板,便于创建自动化测试项目,这里新建一个测试工程。

(1)启动 Eclipse,这次可以看到之前在工作空间已被导入的 Android 工程。

(2)依次单击 Eclipse 菜单栏里的 File→New→Project...菜单项,如图 7-54 所示。

图 7-54   在 Eclipse 中新建工程(1)

（3）在弹出的 New Project 对话框中，展开 Android 列表项，并选择 Android Test Project 来指明要创建一个 Android 自动化测试工程，然后单击 Next 按钮，如图 7-55 所示。

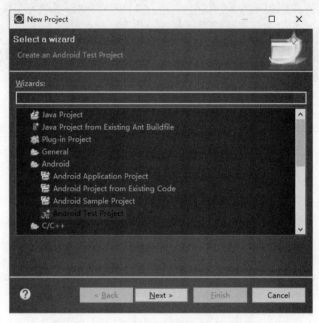

图 7-55　在 Eclipse 中新建 Android 工程（2）

（4）在接下来的 Create Android Project 对话框中，在 Project Name 文本框中输入工程名称，一般来说自动化测试工程的名称是在待测应用的名称后加上".test"后缀。这里的待测应用是在 7.2.1 节导入的，因此将测试工程命名为 MainActivity.test。单击 Next 按钮进入下一步。为第一个测试程序命名，如图 7-56 所示。

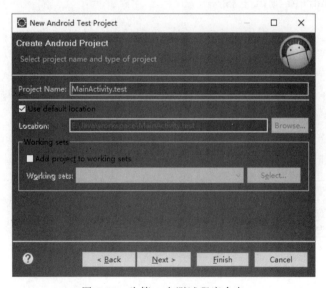

图 7-56　为第一个测试程序命名

（5）在 New Android Test Project 对话框中，由于待测应用是另外一个工程，因此一般建议将测试代码和产品代码分离，选中 An existing Android project：单选框，并在下面的列表选择之前导入的 MainActivity，选择 Finish 按钮完成测试工程的创建，在新建测试工程向导中选择被测应用，如图 7-57 所示。

（6）这时会在 Eclipse 中展开刚刚创建的测试工程，可以看到已经自动创建了一个名为 cn.hzbook.android.test.chapter1.test 的空包，如图 7-58 所示，将在这个包里添加测试代码。

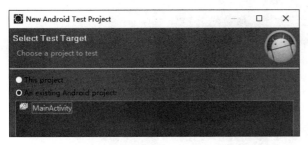

图 7-57　在新建测试工程向导中选择被测应用

图 7-58　测试工程的结构

（7）在 Eclipse 中右击 cn.hzbook.android.test.chapter1.test 包，依次选择 New→Junit Test Case 菜单项来创建一个测试用例源文件，如图 7-59 所示。

图 7-59　新建测试用例源文件

除了 Name 和 Superclass 文本框以外，其他控件均使用默认值。在 Name 文本框输入 HelloWorldTest，单击 Superclass 文本框附近的 Browser…按钮，如图 7-60 所示。

（8）在新弹出的 Superclass Selection 对话框的 Choose a type 文本框输入 Activity InstrumentationTestCase2，并单击 OK 按钮，指明新单元测试的基类是 Activity InstrumentationTestCase2，如图 7-61 所示。

（9）单击 Finish 按钮添加测试用例。

（10）这时新创建的测试用例源文件会有一个编译错误，是因为 ActivityInstrumentationTestCase2 是一个泛类型，这里暂时忽略这个编译错误，如图 7-62 所示，下一步会解决它。

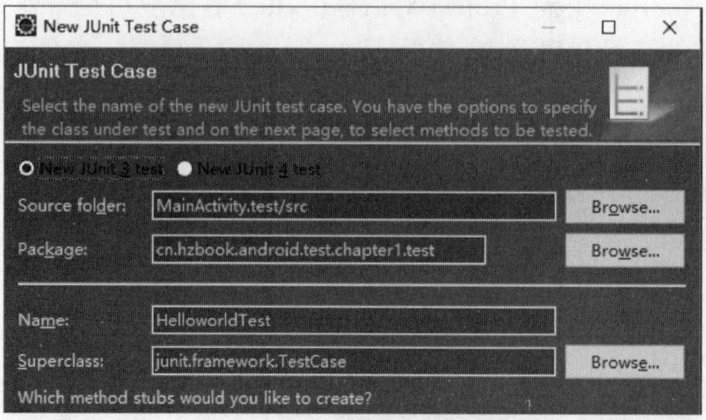

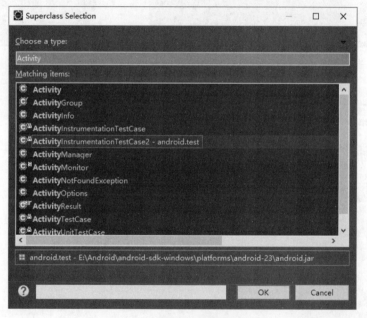

图 7-60　为新测试用例命名

图 7-61　选择测试用例的基类

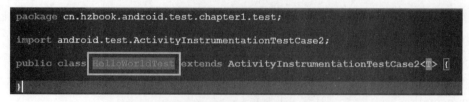

图 7-62　新测试用例的源文件

（11）在 HelloWorldTest.java 中用代码清单 7-1 中的代码替换原来的代码并保存。

代码清单 7-1　Android 自动化测试代码的简明示例

```
1.  package cn.hzbook.android.test.chapter1.test;
```

```
2.
3.    import cn.hzbook.android.test.chapter1.MainActivity;
4.    import cn.hzbook.android.test.chapter1.R;
5.    import android.test.ActivityInstrumentationTestCase2;
6.    import android.widget.Button;
7.
8.    public class HelloWorldTest extends ActivityInstrumentationTestCase2
      <MainActivity>{
9.
10.   public HelloWorldTest() {
11.       super(MainActivity.class);
12.   }
13.
14.   @Override
15.   protected void setUp() throws Exception{
16.       super.setUp();
17.   }
18.
19.   public void test第一个测试用例() throws Exception{
20.       final MainActivity a =getActivity();
21.       assertNotNull(a);
22.       final Button b =
23.           (Button)a.findViewById(R.id.btnAdd);
24.       getActivity().runOnUiThread(new Runnable(){
25.         public void run(){
26.           b.performClick();
27.         }
28.       });
29.       Thread.sleep(5000);
30.   }
31.   }
```

（12）在 Eclipse 中右击 MainActivity.test 工程，依次单击 Run As→Android JUnit Test 菜单项，如图 7-63 所示。

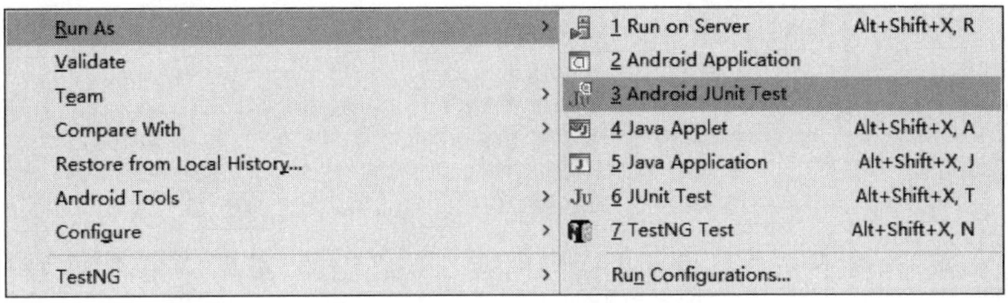

图 7-63　在 Eclipse 中运行 Android 自动化测试用例

（13）如果没有连接真机设备，Eclipse 会启动模拟器，并打开 MainActivity 应用，单击"添加"按钮,等待 5 秒,关闭应用。这时 Eclipse 中会多出一个 JUnit 的标签,其中显示了测试结果—执行并通过一个测试用例,如图 7-64 所示。

图 7-64　MainActivity 的运行结果

在代码清单 7-1 中,有 JUnit 使用经验的读者可以发现代码是一个非常标准的 JUnit 单元测试代码,其中只有一个测试用例"test 第一个测试用例",在 JUnit3 中,以 test 为前缀命名的函数会被当作一个测试用例执行。在代码清单 7-1 的第 23 行,测试用例首先获取对待测应用"添加"按钮的引用,它的标识符是 btnAdd;第 24~28 行针对刚刚抓取到的按钮执行了一个单击操作;因为自动化测试代码执行速度比人工操作要快很多,所以在第 31 行加入一个显示等待 5 秒钟的操作,等待待测应用的界面更新,以便看到自动化的效果。

7.3　执行测试命令

7.3.1　adb 常用指令

1. adb 简介

adb 是什么? adb 的全称为 Android Debug Bridge,就是起到调试桥的作用。通过 adb,我们可以在 Eclipse 中方便通过 DDMS 来调试 Android 程序,说白了就是 debug 工具。adb 的工作方式比较特殊,采用监听 Socket TCP 5554 等端口的方式让 IDE 和 Qemu 通信,默认情况下 adb 会 daemon 相关的网络端口,所以当运行 Eclipse 时,adb 进程就会自动运行。

借助 adb 工具,可以管理设备或手机模拟器的状态;还可以进行很多手机操作,如安装软件、系统升级、运行 shell 命令等。简而言之,adb 就是连接 Android 手机与 PC 端的桥梁,可以让用户在计算机上对手机进行全面的操作。

2. adb 命令参考

```
adb [-d|-e|-s <serialNumber>] <command>
```

adb 是必需的,接下来方括号[]里面的内容不是必需的,最后才是需要执行的命令操作,例如,adb -s emulator-5554 install UCBrowser.apk（即安装 UC 浏览器的意思）。

下面介绍前面几个参数的含义。

-d:让唯一连接到该 PC 端的真实 Android 设备执行命令,如果发现 USB 中连接有多部设备,将会报错。

　　-e：让唯一连接到该 PC 端的模拟器执行命令,如果发现开启了多个模拟器,将会报错。

　　-s：通过设备的序列号进行指定设备执行命令。

　　如果设备只连接有一个设备或者一个模拟器的时候,可以不用声明这 3 个参数,adb 默认会让这部唯一连接到的设备进行命令执行。

　　可用的 adb 子命令说明见表 7-3。

表 7-3　adb 子命令参考

子 命 令	说 明
devices	列出所有正在运行的 Android 模拟器实例和正在连接的 Android 设备
logcat	打印 Android 系统的日志
bugreport	打印 dumpsys、dumpstate 和 logcat 的输出,用在错误报告上作为附件辅助开发人员事后分析
jdwp	打印指定设备上的 jdwp 进程
install	把一个.apk 文件安装到指定的设备
uninstall	从指定设备上卸载一个应用
pull	将 Android 设备上的文件复制到本地开发机
push	将本地开发机上的文件复制到 Android 设备上
forward	将本地套接字连接转发到指定设备的端口,可以是套接字端口,也可以是其他端口
ppp	通过 USB 执行 ppp
get-serialIno	打印设备的序列号
get-state	打印设备的状态
wait-for-device	在设备可用之后再执行命令
start-server	启动 adb 服务器进程
kill-server	结束 adb 服务器进程
shell	打开指定 Android 设备的 shell,以执行 shell 命令

3. 列出所有连接到开发机的设备

　　当开发机连接有多台设备,或者运行有多个模拟器实例时,最好先用 adb devices 看看设备和实例的摘要信息,如图 7-65 所示(从第一行中也可以看到,adb 客户端会自动启动 adb 服务器)。

　　针对每一个 Android 设备,adb devices 命令会打印如下信息。

　　序列号(Serial Number)是 adb 生成的用来唯一标识一个模拟器实例或 Android 设备的字符串,通常序列号的格式是"＜设备类型＞-＜端口号＞",如图 7-65 中的"emulator－5554"就是正在监听 5554 端口的模拟器实例,而"8PEI5HNBPV7PI7PJ"则是连接到开

图 7-65　使用 adb devices 列出连接到系统的设备

发机的 Android 设备的序列号。

状态(State)，即设备的连接状态。

offline：说明设备没有连接到 adb 服务器，或者因为某种原因没有响应（如正在重启）。

device：设备已连接到 adb 服务器上。这个状态并不代表 Android 系统已经启动完毕并可以执行操作，因为 Android 系统在启动时会先连接到 adb 服务器上。但 Android 系统启动完成后，设备与模拟器通常是这个状态。

4. 使用 adb 安装和卸载应用

执行 adb install 子命令，并指定要安装应用的.apk 文件在开发机上的路径，就可以将应用安装到指定设备上，如下面的命令将应用安装到模拟器上（注意 adb 的-e 参数）。

```
adb -e install F:\yqb.apk
```

也可以用 adb 卸载已安装的应用，不过卸载和安装应用时使用的参数是不同的，安装时只需要指定需要安装的.apk 文件的绝对路径即可，如上例中的 F:\yqb.apk。而卸载时，提供的参数是应用的包名，而不是应用的文件名。应用的包名是 AndroidMainfest.xml 文件中 package 节设置的名称，adb 通过这个名称找到要卸载的应用，而安装时使用的应用文件名很有可能与包名不一样。例如，下面的命令将刚刚装到模拟器上的应用卸载。

```
adb -e uninstall com.paic.zhifu.wallet.activity
```

上面两个命令的运行结果如图 7-66 所示，而且从图中也可以看到，如果卸载时向 adb 传递的是应用文件名的话，adb 会提示失败。

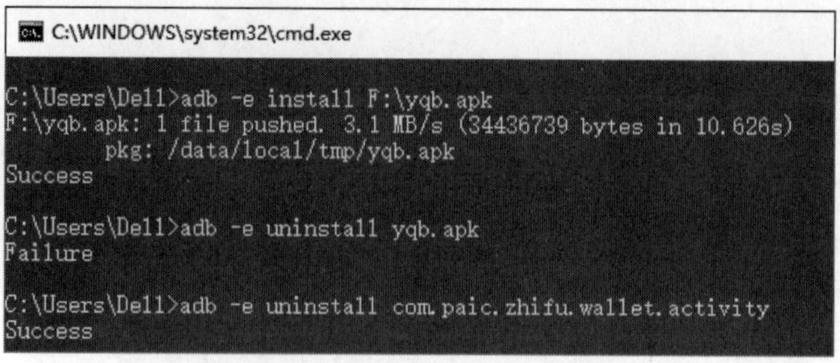

图 7-66　使用应用文件名卸载应用

5. 在 Android 设备上执行 Java 命令行程序

虽然 Andriod 应用大都是 GUI 程序,但是也可以用 Java 编写命令行程序并在 Android 应用上运行,只需要将编译好的.class 文件转换成 dalvikvm 字节码的格式,打包上传到 Android 设备上并执行即可。

(1) 首先,新建一个文件命名为 Test.java,具体代码如代码清单 7-2 所示。将其放在 SDK 安装目录(android-sdk-windows\build-tools\x.x.x)下 build-tools 文件夹下的某一版本的 Android SDK,如图 7-67 所示。

代码清单 7-2　Java 命令行程序

```
1.  public class Test {
2.      public static void main(String[] args) {
3.          System.out.println("Hello from dalvik app!");
4.      }
5.  }
```

图 7-67　Test.java 存放路径

(2) 运行 cmd,进入到 SDK 安装目录下,使用 javac 命令编译 Test.java 并用 dx 命令将.class 文件转换成 dalvikvm 字节码,如图 7-68 所示。

图 7-68　.class 转换为字节码

(3) 将转换好的 Test.jar 文件上传到 Android 设备的 data 文件夹中并用 dalvikvm 命令执行,命令如代码清单 7-3 所示。注意:需要先将模拟器或真机连接到计算机上。

代码清单 7-3　上传 jar 文件

```
1.  adb -e push Test.jar /data/
```

```
2.  adb -e shell dalvikvm -classpath /data/Test.jar Test
```

（4）运行结果如图 7-69 所示。

```
E:\Android\android-sdk-windows\build-tools\23.0.1>javac Test.java

E:\Android\android-sdk-windows\build-tools\23.0.1>dx --dex --output=Test.jar Test.class
E:\Android\android-sdk-windows\build-tools\23.0.1>adb -e push Test.jar /data/
Test.jar: 1 file pushed. 0.0 MB/s (760 bytes in 0.021s)

E:\Android\android-sdk-windows\build-tools\23.0.1>adb -e shell dalvikvm -classpath /data/Test.jar Test
Hello from dalvik app!
```

图 7-69　运行 Test.jar

7.3.2　执行 Android shell 命令

Android 是基于 Linux 系统开发的，因此其也提供了一个 Linux shell，以便于程序员运行常见的 Linux 命令，这些命令都保存在 Android 系统中的/system/bin 文件夹中，可以通过 adb 启动远程 Android 系统的 shell，或者是直接执行某个 shell 命令。**注意：直接运行 shell 命令需要开启 root 权限，本文使用的雷电模拟器默认开启了 root 权限。**

如果在执行 adb 的 shell 子命令后面直接附上要执行的 shell 程序和其参数，就会通过连上 PC 开发机的 Android 设备的远程 shell 执行指定的程序并退出，例如：

```
adb shell ls /data
```

如果 shell 子命令后面没有要执行的程序，adb 就会打开一个远程 shell 交互界面，在其中执行完程序后，按 Ctrl + D 或者输入 exit 命令退出（在类 UNIX 系统中，按 Ctrl+D 表示向程序输入一个 EOF 字符），如图 7-70 所示。

Android shell 命令中包括很多常见的 Linux shell 命令（如 ls、cat、PS 和 kill 等），这些命令的用法与大部分 Linux 系统是一致的，下面选取几个 Android 附带的重要命令进行介绍。

1）app_process

通过 dalvikvm 命令运行一个 Java 程序，虽然后面将看到 dalvikvm 命令本身也可以启动并运行一个 Java 程序，但是 app_process 会注册 Android 系统的 JNI 调用，因此可以很好地使用 Android 系统的 API，而 dalvikvm 默认是不会注册那些 JNI 调用的，因此通过 dalvikvm 执行的 Java 程序不能调用这些 JNI，而 Android SDK 的 framework.jar 中很多 API 都依赖这些调用，也就无法完全使用到 Android 系统的功能。app_process 的命令行格式如下。

```
app_process 命令所在的文件夹启动类型的名称 [参数]
```

其中"参数"是传递给要执行的 Java 程序的参数。代码清单 7-4 启动了 monkey 程序，第 2 行是设置标准的 Java 环境变量 CLASSPATH，以便虚拟机在执行 Java 程序时可以找到其所依赖的包；而第 3 行就是用 app_ process 启动 monkey 程序，/system/bin 是 monkey 程序所在的目录，而"com.android.commands.monkey.Monkey"则是 monkey 程序主函数 main()所在类名，最后的"5"就是传递给 monkey 程序的参数。

图 7-70　进入 adb shell 交互界面

代码清单 7-4　app_process 启动 monkey 程序

```
1.  adb -e shell
2.  export CLASSPATH=/system/framework/monkey.jar
3.  app_process /system/bin com.android.commands.monkey.Monkey 5
```

而如果直接通过 dalvikvm 命令运行 monkey 程序,虚拟机会在调用 native_set 函数时报告 java.lang.UnsatisfiedLinkError 异常,因为 dalvikvm 并没有注册必要的 JNI 调用,如图 7-71 所示。

```
1|root@x86:/ # dalvikvm com.android.commands.monkey.Monkey 5
java.lang.UnsatisfiedLinkError: No implementation found for void android.os.Process.setArgV0(java.lang.String)
va_android_os_Process_setArgV0 and Java_android_os_Process_setArgV0__Ljava_lang_String_2)
    at android.os.Process.setArgV0(Native Method)
    at com.android.commands.monkey.Monkey.main(Monkey.java:507)
1|root@x86:/ #
```

图 7-71　使用 dalvikvm 命令调用 monkey 程序

2）dalvikvm

该命令在 Android 系统中用于执行 dalvikvm 格式的 Java 程序,相当于 PC 的 JDK 中的 java 命令,用法如前面的例子。

3）df

显示 Android 系统中各个分区的空间,如图 7-72 所示。

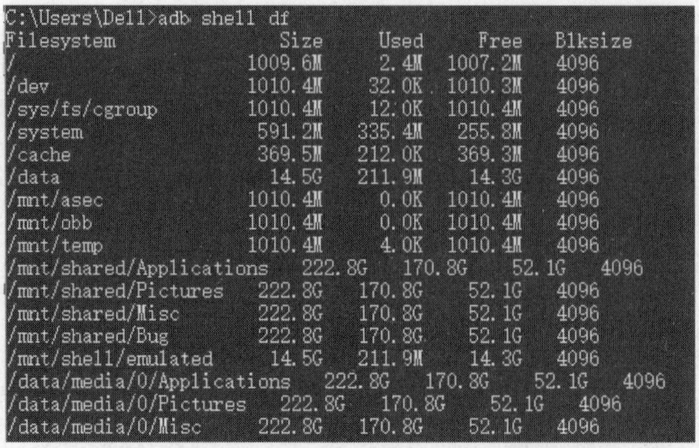

```
C:\Users\Dell>adb shell df
Filesystem                Size     Used     Free   Blksize
/                      1009.6M     2.4M  1007.2M   4096
/dev                   1010.4M    32.0K  1010.3M   4096
/sys/fs/cgroup         1010.4M    12.0K  1010.4M   4096
/system                 591.2M   335.4M   255.8M   4096
/cache                  369.5M   212.0K   369.3M   4096
/data                    14.5G   211.9M    14.3G   4096
/mnt/asec              1010.4M     0.0K  1010.4M   4096
/mnt/obb               1010.4M     0.0K  1010.4M   4096
/mnt/temp              1010.4M     4.0K  1010.4M   4096
/mnt/shared/Applications    222.8G   170.8G    52.1G   4096
/mnt/shared/Pictures    222.8G   170.8G    52.1G   4096
/mnt/shared/Misc        222.8G   170.8G    52.1G   4096
/mnt/shared/Bug         222.8G   170.8G    52.1G   4096
/mnt/shell/emulated      14.5G   211.9M    14.3G   4096
/data/media/0/Applications    222.8G   170.8G    52.1G   4096
/data/media/0/Pictures    222.8G   170.8G    52.1G   4096
/data/media/0/Misc      222.8G   170.8G    52.1G   4096
```

图 7-72　在 Android 系统中运行 df 命令

4）dmesg

打印 Linux 内核日志消息与 Android 类似，Linux 内核也保存了一个环状日志队列，用来保存内核模块以及驱动程序的消息。Dmesg 的用法如图 7-73 所示。

```
adb shell dmesg
```

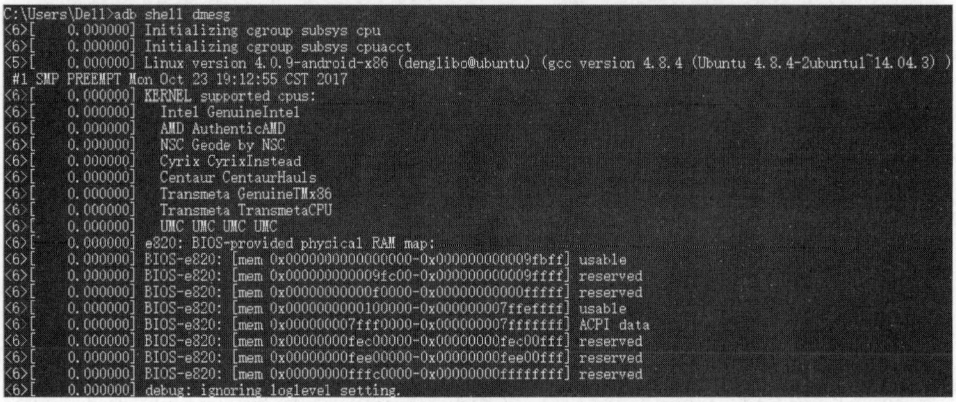

```
C:\Users\Dell>adb shell dmesg
<6>[    0.000000] Initializing cgroup subsys cpu
<6>[    0.000000] Initializing cgroup subsys cpuacct
<5>[    0.000000] Linux version 4.0.9-android-x86 (denglibo@ubuntu) (gcc version 4.8.4 (Ubuntu 4.8.4-2ubuntu1~14.04.3) )
 #1 SMP PREEMPT Mon Oct 23 19:12:55 CST 2017
<6>[    0.000000] KERNEL supported cpus:
<6>[    0.000000]   Intel GenuineIntel
<6>[    0.000000]   AMD AuthenticAMD
<6>[    0.000000]   NSC Geode by NSC
<6>[    0.000000]   Cyrix CyrixInstead
<6>[    0.000000]   Centaur CentaurHauls
<6>[    0.000000]   Transmeta GenuineTMx86
<6>[    0.000000]   Transmeta TransmetaCPU
<6>[    0.000000]   UMC UMC UMC UMC
<6>[    0.000000] e820: BIOS-provided physical RAM map:
<6>[    0.000000] BIOS-e820: [mem 0x0000000000000000-0x000000000009fbff] usable
<6>[    0.000000] BIOS-e820: [mem 0x000000000009fc00-0x000000000009ffff] reserved
<6>[    0.000000] BIOS-e820: [mem 0x00000000000f0000-0x00000000000fffff] reserved
<6>[    0.000000] BIOS-e820: [mem 0x0000000000100000-0x000000007ffeffff] usable
<6>[    0.000000] BIOS-e820: [mem 0x000000007fff0000-0x000000007fffffff] ACPI data
<6>[    0.000000] BIOS-e820: [mem 0x00000000fec00000-0x00000000fec00fff] reserved
<6>[    0.000000] BIOS-e820: [mem 0x00000000fee00000-0x00000000fee00fff] reserved
<6>[    0.000000] BIOS-e820: [mem 0x00000000fffc0000-0x00000000ffffffff] reserved
<6>[    0.000000] debug: ignoring loglevel setting.
```

图 7-73　在 Android 系统中运行 dmesg 命令

5）dumpstate

输出 Android 系统当前的状态，如果不附带任何参数，则其将输出打印到屏幕。因为输出的内容非常多，一般来说都是使用其“-o”选项输出到 Android 设备的一个文件中，有时为了节省空间，也可以用“-z”选项告诉 dumpstate 以 gzip 格式将内容压缩到输出文件中。例如，在下面的命令列表中，第一个命令将 dumpstate 的输出压缩后保存到 Android 设备的 sd 卡上，第二个命令将输出的文件复制到本地开发机，如代码清单 7-5 所示。

代码清单 7-5　dumpstate 命令使用

```
1. adb shell dumpstate -o /sdcard/dumpstate -z
2. adb pull /sdcard/dumpstate.txt.gz
```

其输出的内容主要包括以下部分(详细的信息可以参考 dumpstate 命令的源码 /framework/native/cmds/dumpstate/dumpstate.c 中的 dumpstate()函数)。

设备的基本信息(如 Android 版本号和 Linux 内核版本号)以及状态保存的时间。

内存使用情况。

CPU 使用情况。

/proc 文件夹中保存的系统各种实时信息,特别是内存使用方面的详细信息,如用 procrank 命令获取的按内存使用率情况排序的进程列表。

内核的一些信息。

进程列表。

各进程中的线程以及各线程的堆栈信息。

各进程打开的文件。

logcat 中的 3 个环状日志的内容,分别是系统主日志 System、事件日志 Event 和无线电日志 Radio。

网络相关的信息。

df 命令输出的文件系统使用率信息。

系统中安装的应用包信息。

dumpsys 命令输出的信息。

正在运行的应用列表。

正在运行的服务列表。

正在运行的内容供应组件列表。

6)dumpsys

打印系统服务的状态。

```
adb shell dumpsys
```

7)start

启动(或重启)设备上的 Android 运行时。

```
adb shell start
```

8)stop

关闭设备上的 Android 运行时。

```
adb shell stop
```

移动应用功能测试

8.1 基于 Instrumentation 的移动应用功能测试

8.1.1 Instrumentation 测试框架简介

Android 系统的 Instrumentation 测试框架和工具允许在各种层面上测试应用的方方面面。该测试框架有以下几个核心特点。

（1）测试集合是基于 JUnit 的。既可以直接使用 JUnit，不调用任何 Android API 来测试一个类型，也可以使用 Android JUnit 扩展来测试 Android 组件。

（2）Android JUnit 扩展为应用的每种组件提供了针对性的测试基类。

Android 开发工具包（SDK）既通过 Eclipse 的 ADT 插件提供了图形化的工具来创建和执行测试用例，也提供了命令行的工具，以便与其他 IDES 集成，这些命令行工具甚至可以创建 Ant 编译脚本。这些工具从待测应用的工程文件中读取信息，并根据这些信息自动创建编译脚本、清单文件和源代码目录结构。

1. Android 仪表盘测试工程

与 Android 应用类似，Android 测试用例也是以工程的形式组织。一般推荐使用 Android 自带的工具来创建测试工程，有以下几种原因。

（1）自动为测试包设置使用 InstrumentationTestRunner 作为测试用例执行工具，在 Android 中必须使用 InstrumentationTestRunner（或其子类）来执行 JUnit 测试用例。

（2）为测试包创建一个合适的名称。如果待测应用的包名是 com. mydomain. myapp，那么工具会将测试用例的包名设为.com. mydomain. myapp. test。这样可以帮助我们识别用例与待测应用之间的联系，并且规避类名冲突。

（3）会创建好必要的源码目录结构、清单文件和编译脚本，帮助我们修改编译脚本和清单文件以建立测试用例与待测应用之间的联系。

虽然可以将测试用例保存在文件系统的任意位置，但一般的做法是将测试用例工程的根目录 test/放在待测应用工程的根目录下，与其源文件目录 src/并列放置。比如说，如果待测应用工程的根目录是 MyProject，那么按照编程规范，应该采用下面的目录结构。

```
MyProject:
```

```
AndroidManifest.xml
res/
    …(主应用中的资源文件)
src/
    …(主应用中的源代码)
tests/
    AndroidManifest.xml
    res/
        …(测试用例的资源文件)
    src/
        …(测试用例的源代码)
```

前面已经讲过使用 Eclipse 图形化工具创建 Android 测试工程的方法,下面讲解使用命令行工具创建测试工程的方法。

(1) 使用前述工程 MainActivity,首先运行 cmd,进入工程的主目录。

```
(E:\Java\workspace\MainActivity)
```

(2) 使用"android"命令创建测试工程。

```
1. android create test-project -m android create test-project -m E:\Java\
   workspace\MainActivity -p tests
```

android 命令是一个命令集合,其很多功能都是通过子命令,甚至是二级子命令完成的。在上例中,create 就是一级子命令,而 test-project"就是二级子命令。test-project 接受表 8-1 中的几个参数。

表 8-1 android create test-project 命令参数清单

参数名	说 明
-m	这是一个必填选项,待测应用工程的主目录,该路径是其相对于测试工程的相对路径。在上例中,E:\Java\workspace\MainActivity 表明待测应用工程的主目录。其是新的测试工程的上级目录,也就是说测试工程放在 E:\Java\workspace\MainActivity 目录中
-n	测试工程的名称,这是一个可选项。
-p	必填项,测试工程的主目录名。上例中指定测试工程应该保存在文件夹 E:\Java\workspace\MainActivity 中一个叫 tests 的目录里。如果文件夹不存在,android 命令会创建它

(1) 在正常情况下,前面的命令应该会显示如下输出,笔者采用类似 bash 注释的方式批注说明其意义。

```
1. #首先"android"工具确认待测应用的包名.以便修改测试工程里的 AndroidManifest.xml
2. #文件的"targetPackage"属性
3. Found main project package: cn.hzbook.android.test.chapter1
4. Found main project activity: .MainActivity
5. #确认待测应用要求的最低 Android 版本.以便在执行测试用例时.知道启动哪个版本的模
   拟器
6. #或者设备
```

```
7.
8. Found main project target: Android 6.0
9. #创建测试工程的主目录
10. Created project directory: E:\Java\workspace\MainActivity\tests
11. #创建测试工程的源码目录树结构
12. Created directory E:\Java\workspace\MainActivity\tests\src\cn\hzbook\
    android\test\chapter1
13. #针对待测应用的每个活动.根据测试用例模板分别建一个测试用例源文件
14. Added file E:\Java\workspace\MainActivity\tests\src\cn\hzbook\android\
    test\chapter1\MainActivityTest.java
15. #创建保存测试用例可能会用到的资源文件的目录
16. Created directory E:\Java\workspace\MainActivity\tests\res
17. #创建测试用例的编译输出文件夹
18. Created directory E:\Java\workspace\MainActivity\tests\bin
19. #创建保存测试用例可能会引用到的 jar 包的目录.在编译打包测试用例工程时.Android
    系统
20. #会自动将 libs 文件夹中的 jar 包打包到最终的测试用例应用中
21.
22. Created directory E:\Java\workspace\MainActivity\tests\libs
23. #创建清单文件和编译脚本等文件
24. Added file E:\Java\workspace\MainActivity\tests\AndroidManifest.xml
25. Added file E:\Java\workspace\MainActivity\tests\build.xml
26. Added file E:\Java\workspace\MainActivity\tests\proguard-project.txt
```

（2）测试工程创建好以后,就可以向其中添加测试代码了。

Android 仪表盘测试属于白盒测试范畴,一般来说需要有待测应用的源代码级别的知识才能展开测试,在后文中我们也将看到如何在脱离源码的情况下编写仪表盘测试用例。这种测试技术依赖 Android 系统的仪表盘技术,在编写测试代码之前,先来看看仪表盘测试技术。

2. 仪表盘测试技术

在应用启动之前,系统会创建一个叫作仪表盘的对象,用来监视应用和 Android 系统之间的交互。仪表盘对象通过向应用动态插入跟踪代码、调试技术、性能技术器和事件日志的方式,来操控应用。

Android 仪表盘对象是 Android 系统中的一些控制函数或者钩子(hook),这些钩子独立控制 Android 组件的生命周期并控制 Android 加载应用的方法。通常一个 Android 组件的生命周期由系统决定。例如,一个活动对象的生命周期始于相应意图而被激活,先是调用活动的 onCreate()函数,接着调用 onResume()函数。当用户启动其他应用时,onPause()函数就会被调用。而如果活动中的代码调用了 finish()函数,那么就会触发 onDestory()函数。Android 系统并没有提供直接的 API 允许调用这些回调函数,但可以通过仪表盘对象在测试代码中调用它们,这样一来,允许我们监视组件生命周期的各个阶段。

有如下代码清单 8-1,演示了测试活动保存和恢复状态的方法,先设置下拉框到一个指定的状态(分别是"TEST_STATE_DESTORY_POSITION"和"TEST_STATE_DESTORY_SELECTION"),接着通过重启活动验证活动是否正确保存和恢复重启前下拉框的状态。

代码清单 8-1　调用 Activity 类的 API 来测试活动回调函数

```
1.   public void testStateDestory() {
2.       /*
3.        * 指定活动里下拉框的值和位置.以便后续验证中使用
4.        * 测试执行的时候系统会将测试用例应用和待测应用放在同一个进程中
5.        */
6.       mActivity.setSpinnerPosition(TEST_STATE_DESTORY_POSITION);
7.       mActivity.setSpinnerSelection(TEST_STATE_DESTORY_SELECTION);
8.
9.       // 通过调用 Activity.finish()关闭活动
10.      mActivity.finish();
11.      // 调用 ActivityInstrumentationTestCase2.getActivity()来重启活动
12.      mActivity = this.getActivity();
13.
14.      /*
15.       * 再次获取活动中下拉框的值和位置
16.       */
17.      int currentPosition = mActivity.getSpinnerPosition();
18.      String currentSelection = mActivity.getSpinnerSelection();
19.      // 测试重启前后的值是否相同
20.      assertEquals(TEST_STATE_DESTORY_POSITION, currentPosition);
21.      assertEquals(TEST_STATE_DESTORY_SELECTION, currentSelection);
22.  }
```

创建 Android 示例代码的方式如下所示。

(1) 依次单击 File→New→Project···,如图 8-1 所示。

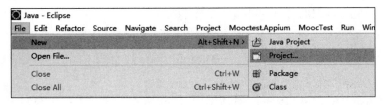

图 8-1　新建工程

(2) 在 New Project 对话框中,选择 Android Sample Project,单击 Next 按钮,如图 8-2 所示。

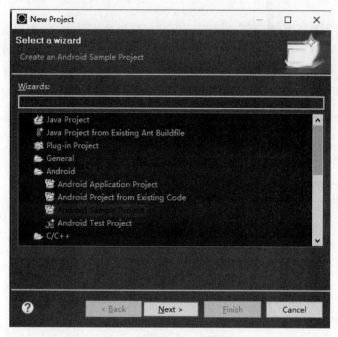

图 8-2　新建 Android 示例工程

（3）在 Select Build Target 对话框中，选择 Target Name 为 Android 6.0，单击 Next 按钮，如图 8-3 所示。

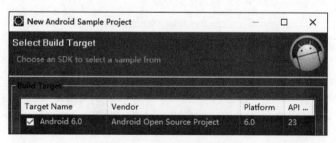

图 8-3　选择构建目标

（4）在 Select Sample 对话框中，选择 Spinner 示例工程，如图 8-4 所示。

（5）单击 Finish 按钮，完成 Spinner 工程的导入。

（6）在导入的 Spinner 工程上右击，选择 New→Project...，如图 8-5 所示。

（7）在 New Project 对话框中选择 Android Test Project，单击 Next 按钮，如图 8-6 所示。

（8）在 Create Android Project 对话框中，Project Name 文本框中填写 SpinnerTest，单击 Next 按钮，如图 8-7 所示。

（9）在 Select Test Target 对话框中，选择 Spinner 为待测工程，单击 Next 按钮，如图 8-8 所示。

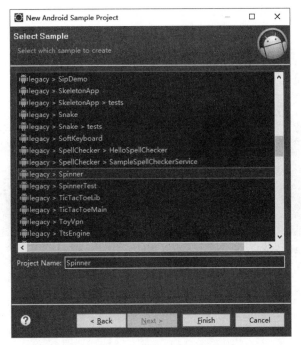

图 8-4　选择示例工程

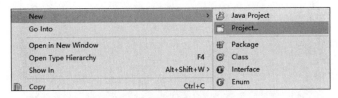

图 8-5　新建工程

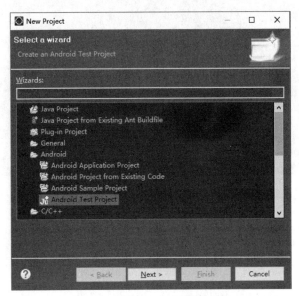

图 8-6　新建 Android 测试工程

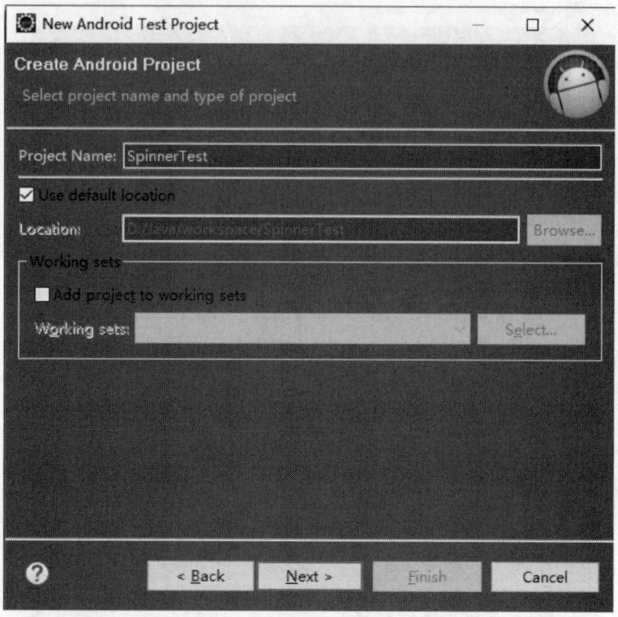

图 8-7　填写项目名

图 8-8　选择待测工程

（10）在 Select Test Target 对话框中，选择 Target Name 为 Android 6.0，单击 Finish
按钮完成创建。

（11）在新建的 SpinnerTest 项目下的 src/com.android.example.spinner.test 文件夹
下右击新建类，命名为 SpinnerActivityTest，如图 8-9 所示。

图 8-9　新建类

（12）具体代码可以到 SDK 安装目录下的示例工程（samples\android-23\legacy\SpinnerTest\src\com\android\example\spinner\test）处找，如图 8-10 所示。

‹ Android › android-sdk-windows › samples › android-23 › legacy › SpinnerTest › src › com › android › example › spinner › test			
名称 ^	修改日期	类型	大小
SpinnerActivityTest.java	2017/11/20 19:22	JAVA 文件	11 KB

图 8-10　SpinnerActivityTest 代码

（13）因为直接导入 SpinnerTest 工程会报错，所以才直接新建测试工程，再导入代码。

这里的关键函数是仪表盘对象的 API getActivity()，只有调用了这个函数，待测活动才会启动。在测试用例里，可以在测试准备函数中做好初始化操作，然后再在用例中调用它启动活动。

在前面的代码中，我们也看到仪表盘技术可以将测试用例程序和待测应用放在同一个进程中，通过这种方式，测试用例可以随意调用组件的函数，查看和修改组件内部的数据。

与 Android 应用其他组件一样，也需要在 AndroidManifest.xml 文件中通过 <instrumentation> 标签声明仪表盘对象，例如代码清单 8-2 就是上例仪表盘的声明。

代码清单 8-2　仪表盘在清单文件里的声明

```
1.  <instrumentation android:name="android.test.InstrumentationTestRunner"
2.       android:targetPackage="com.android.example.spinner"
3.       android:lable="Test for com.android.example.spinner"/>
```

"targetPackage"属性指明了要监视的应用，"name"属性是执行测试用例的类名，而"label"则是测试用例的显示名称。

代码清单 8-1 还是通过调用 Activity 类公开的函数控制活动（Activity）等 Android 应用组件的生命周期，也可以用 Instrument 类型提供的辅助 API 调用到活动的 onPause() 和 onResume() 等回调函数，比如代码清单 8-3 同是 SpinnerTest 中的示例代码，演示了调用回调函数的操作方法。

代码清单 8-3　调用仪表盘 API 来测试活动回调函数

```
1.  /*
2.   * 验证待测活动在中断并恢复执行后依然能恢复下拉框的状态
```

```
3.      * 首先调用活动的 onResume() 函数.接着通过改变活动的视图
4.      * 来修改下拉框的状态。这种做法要求整个测试用例必须运行在 UI
5.      * 线程中.因此与其在 runOnUiThread() 函数中执行测试代码.
6.      * 本例直接在测试用例函数上加@UiThreadTest 属性
7.      */
8.     @UiThreadTest
9.     public void testStatePause() {
10.
11.        // 获取进程中的仪表盘对象
12.        Instrumentation instr = this.getInstrumentation();
13.
14.        // 设置活动中下拉框的位置和值
15.        mActivity.setSpinnerPosition(TEST_STATE_DESTORY_POSITION);
16.        mActivity.setSpinnerSelection(TEST_STATE_DESTORY_SELECTION);
17.
18.        // 通过仪表盘对象调用正在运行的待测活动的 onPause() 函数。它的
19.        // 作用跟 testStateDestory() 里的 finish() 函数调用是完全一样的
20.        instr.callActivityOnPause(mActivity);
21.
22.        // 设置下拉框的状态
23.        mActivity.setSpinnerPosition(0);
24.        mActivity.setSpinnerSelection("");
25.
26.        // 调用活动的 onResume() 函数.这样强制活动恢复其前面的状态
27.        instr.callActivityOnResume(mActivity);
28.
29.        // 获取恢复的状态并执行验证
30.        int currentPosition = mActivity.getSpinnerPosition();
31.        String currentSelection = mActivity.getSpinnerSelection();
32.        assertEquals(TEST_STATE_DESTORY_POSITION, currentPosition);
33.        assertEquals(TEST_STATE_DESTORY_SELECTION, currentSelection);
34.    }
```

在第 20 行,通过 Instru.callActivityOnPause() 函数调用了待测活动的 onPause() 函数,这是因为 Android 系统中的 Activity.onPause() 函数是被保护的(protected),也就是说除了 Activity 类自己和其子类的代码,其他代码都无法调用到这个函数。onPause()这个回调函数只有在系统将活动置于后台,并没有将其取消之前调用。比如,当前有活动 A 运行在系统中,当用户启动活动 B(其将运行在活动 A 之上),Android 会调用活动 A 的 onPause()函数,而系统需要等到这个函数调用完毕之后才会创建活动 B,因此不能在这个函数里执行,一个长时间的操作。一般来说,onPause()函数用来保存活动在编辑时的中间状态,以便在活动置于后台时,万一系统资源不够时将活动杀掉,当用户再次重启活动时,不会丢失之前编辑的数据。这个函数也经常会用来停止一些消耗资源的操作(如动画),以及释放独占性的资源(如相机的访问)。可以看到这个函数和 Activity.onResume()函

数对用户体验来说都是很关键的函数,而 Android 的 API 并没有提供一个直接的调用方式,因此只能通过仪表盘 API 来触发并测试它们。

8.1.2　使用仪表盘技术编写测试用例

在 Android 中一个应用的每个界面都是单独的活动,这样一来 Android 应用可以看成一个由活动(Activity)组成的堆栈,每个活动自身由一系列的 UI 元素组成,并且具有独立的生命周期,因此应用中的每个活动都可以被单独拿来测试。而 ActivityInstrumentationTestCase 2 就是用来做这种测试的,它提供了活动级别的操控和获取 GUI 资源的能力。仪表盘测试用例的流程如图 8-11 所示。

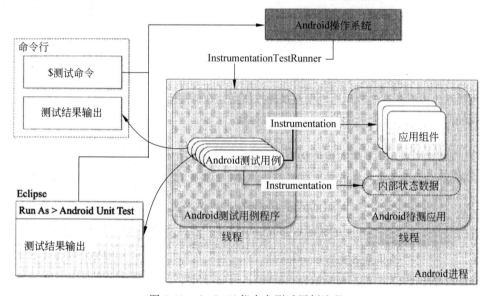

图 8-11　Android 仪表盘测试用例流程

当用户在命令行或者从 Eclipse 中运行测试用例时,首先要把测试用例程序和待测应用部署到测试设备或模拟器上,再通过 InstrumentationTestRunner 这个对象执行测试用例程序中的测试用例,InstrumentationTestRunner 支持很多参数,用来执行一部分的测试用例,每个测试用例都是通过仪表盘技术来操控待测应用的各个组件实现测试目的。而测试用例和待测应用是运行在同一个进程的不同线程上。Android 仪表盘框架是基于 JUnit 的,ActivityInstrumentationTestCase2 是从 JUnit 的核心类 TestCase 中继承下来的,这样做的好处就是可以复用 JUnit 的 assert 功能来验证由用户交互和事件引发的 GUI 行为,而且也让有多年 JUnit 编程经验的程序员容易上手。仪表盘测试框架的各个测试类型与 JUnit 核心类 TestCase 之间的继承结构如图 8-12 所示。

从图 8-12 中可以看到,基本上所有的测试用例都是通过 InstrumentationTestRunner 执行的,而各个测试类型被设计来执行特定的测试。ActivityInstrumentationTestCase2 这个类型是用来针对单个活动执行功能测试。它通过 InstrumentationTestCase. launchActivity()函数使用系统 API 来创建待测活动,可以在这个测试用例里直接操控活

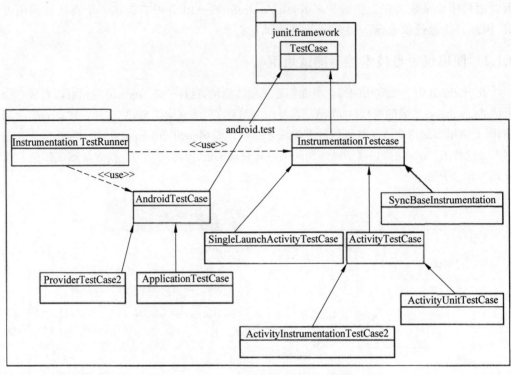

图 8-12　Android 仪表盘测试框架的测试类图

动,在待测应用的 UI 线程上执行测试函数,也允许用户向待测应用注入一个自定义的意图对象。

1. ActivityInstrumentationTestCase2 测试用例

在 Android SDK 的示例工程"SpinnerTest"中,有一个很完整的 ActivityInstrumentation-TestCase2 测试用例示例,演示了 Android 仪表盘测试用例的一些最佳实践,如代码清单 8-4 所示,为了方便读者阅读,笔者将其中的注释翻译成了中文。

代码清单 8-4　ActivityInstrumentationTestCase2 的测试用例源码框架

```
1.   public class SpinnerActivityTest extends
2.       ActivityInstrumentationTestCase2<SplashActivity>{
3.   public SpinnerActivityTest() {
4.       super(SpinnerActivity.class);
5.   }
6.
7.   @Override
8.   protected void setUp() throws Exception {
9.       super.setUp();
10.      // 添加自定义的初始化逻辑
11.  }
12.
```

```
13.     @Override
14.     protected void tearDown() throws Exception {
15.         super.tearDown();
16.     }
17.
18.     public void test测试用例() throws Exception {
19.         // ...
20.     }
```

ActivityInstrumentationTestCase2 泛型类的参数类型是 MainActivity,这样就指定了测试用例的待测活动,而且它只有一个构造函数,需要一个待测活动类型才能创建测试用例,其函数声明如下。

1. ActivityInstrumentationTestCase2(Class<T>activityClass)

传递的活动类型应该跟泛型类参数保持一致,代码清单 8-4 的第 1~5 行就演示了这个要求。

(1) 在启动待测活动之前,先将触控模式禁用,以便控件能接收到键盘消息,如代码清单 8-5 的第 54 行。这是因为在 Android 系统里,如果打开触控模式,则有些控件是不能通过代码的方式设置输入焦点的,手指戳到一个控件后该控件自然而然就获取到输入焦点了,例如戳一个按钮除了导致其获取输入焦点以外,还触发了其单击事件。而如果设备不支持触摸屏,例如老式的手机,需要先用方向键导航到按钮控件使其高亮显示,然后再按主键来触发单击事件。在 Android 系统中,出于多种因素的考虑,在触控模式下,除了文本编辑框等特殊的控件,可触控的控件如按钮、下拉框等无法设置其具有输入焦点。这样在自动化测试时,就会导致一个严重的问题,因在发送按键消息时,为无法设置输入焦点,就没办法知道哪个控件最终会接收到这些按键消息,一个简单的方案就是,在测试执行之前,强制待测应用退出触控模式。这样在第 93 行,才能在代码中设置具有输入焦点的控件。

(2) 在测试集合中,应该有一个测试用例验证待测活动是否正常初始化,如第 69~78 行的 testPreconditions()函数。

代码清单 8-5 Android 示例工程 SpinnerTest 里的最佳实践

```
1.      package com.android.example.spinner.test;
2.
3.      import com.android.example.spinner.SpinnerActivity;
4.
5.      import android.test.ActivityInstrumentationTestCase2;
6.      import android.view.KeyEvent;
7.      import android.widget.Spinner;
8.      import android.widget.SpinnerAdapter;
9.      import android.widget.TextView;
10.
11.     public class SpinnerActivityTest
12.     extends ActivityInstrumentationTestCase2<spinnerActivity>{
```

```
13.     // 下拉框选项数组 mLocalAdapter 中的元素个数
14.     public static final int ADAPTER_COUNT = 9;
15.
16.     // Saturn 这个字符串在下拉选项数组 mLocalAdapter 的位置(从 0 开始计算)
17.     public static final int TEST__POSITION = 5;
18.
19.     // 下拉框的初始位置应该是 0
20.     public static final int INITIAL POSITION = 0;
21.
22.  // 待测活动的引用
23. private SpinnerActivity mActivity;
24.
25.  // 待测活动上下拉框当前显示的文本
26.  private String mSelection;
27.
28.  // 下拉框当前选择的位置
29.  private int mPos;
30.
31.  // 待测活动里的下拉框对象的引用.通过仪表盘 API 来操作
32.  private Spinner mSpinner;
33.
34.  //待测活动里下拉框的数据来源对象
35.  private SpinnerAdapter mPlanetData;
36.
37.  /*
38.   * 创建测试用例对象的构造函数.必须在构造函数里调用基类
39.   * ActivityInstrumentationTestCase2 的构造函数.传入
40.   * 待测活动的类型以便系统可以启动活动
41.   */
42.  public SpinnerActivityTest (){
43.     super (SpinnerActivity.class);
44.  }
45.
46.  @Override
47.  protected void setUp ()throws Exception {
48.     // JUnit 要求 TestCase 子类的 setUp() 函数必须
49.     // 调用基类的 setUp() 函数
50.     super.setUp ();
51.
52.     // 关闭待测应用的触控模式.以便向下拉框发送按键消息
53.     // 这个操作必须在 getActivity() 函数之前调用
54.     setActivityInitialTouchMode (false);
55.
56.     // 启动待测应用并打开待测活动
57.     mActivity =getActivity();
58.
```

```
59.        // 获取待测活动里的下拉框对象.这样也可以确保待测活动
60.        // 正确初始化
61.        mSpinner = (Spinner)mActivity.findViewById (
62.            com.android.example.spinner.R.id.Spinner01);
63.        mPlanetData = mSpinner.getAdapter();
64.    }
65.
66.    // 测试待测应用的一些关键对象的初始值.以此确保待测应用
67.    // 的状态在测试过程中是有意义的.如果这个测试用例(函数)
68.    // 失败了,则基本上可以忽略其他测试用例的测试结果
69.    public void testPreconditions() {
70.        // 确保待测下拉框的选择元素的回调函数被正确设置
71.        assertTrue(mSpinner.getOnItemSelectedlistener () !=null);
72.
73.        // 验证下拉框的选项数据初始化正常
74.        assertTrue(mPlanetData !=null);
75.
76.        // 并验证下拉框的选项数据的元素个数是正确的
77.        assertEquals(mPlanetData.getCount(), ADAPTER_COUNT);
78.    }
79.
80.    // 通过向待测活动的界面发送按键消息,验证下拉框的状态
81.    // 是否与期望的一致
82.    public void testSpinnerUI () {
83.
84.    // 设置待测下拉框控件具有输入焦点.并设置它的初始位置
85.    // 因为这段代码需要操作界面上的控件.因此需要运行在
86.    // 待测应用的线程中.而不是测试用例线程中
87.    // 只需要将要在 UI 线程上执行的代码作为参数传入 runOnUiThread
88.    // 函数里就可以了.代码块是放在 Runnable 匿名对象
89.        // 的 run()函数里
90.        mActivity.runOnUiThread (
91.            new Runnable () {
92.                public void run () {
93.                    mSpinner.requestFocus () ;
94.                    mSpinner.setSelection (INITIAL.POSITION) ;
95.                }
96.            }
97.        );
98.
99.    // 使用手机物理键盘上方向键的主键激活下拉框
100.       // 即高亮显示下拉框的第 5 个元素
101.       for(int i=1; i <=TEST POSITION; i++){
102.           this.sendKeys (KeyEvent.KEYCODE_DPAD_CENTER) ;
103.       }
104.
```

```
105.        // 向下拉框发送 5 次向"下"按键消息
106.            this.sendKeys (KeyEvent.KEYCODE_DPAD_DOWN);
107.
108.        // 选择下拉框当前高亮的元素
109.            this.sendKeys (KeyEvent.KEYCODE_DPAD_CENTER);
110.
111.    // 获取被选元素的位置
112.        mPos=mSpinner.getSelectedItemPosition ();
113.
114.    // 从下拉框的选项数组 mLocalAdapter 中获取被选元素的数据
115.    // (是一个字符串对象)
116.        mSelection = (String)mSpinner.getItemAtPosition (mPos);
117.
118.    // 获取界面上显示下拉框被选元素的文本框对象
119.        TextView resultView = (TextView)mActivity.findViewById(
120.            com.android.example.spinner.R.id.SpinnerResult);
121.
122.    // 获取文本框的当前文本
123.        string resultText = (String) resultView.getText ();
124.
125.    // 验证下拉框显示的值的确是被选的元素
126.        assertEquals (resultText,mSelection);
127.    }
128. }
```

2. sendKeys()和 sendRepeatKeys()函数

在 Android UI 自动化测试中，经常需要向界面发送键盘消息模拟用户输入文本，高亮选择控件之类的交互操作，因此 Android 在 InstrumentationTestCase 类里提供了两个辅助函数（包括重载）sendKeys()和 sendRepeatedKeys()来发送键盘消息。在发送消息之前，一般需要保证接收键盘消息的控件具有输入焦点，这可以在获取控件的引用之后，调用 requestFocus()函数实现，如代码清单 8-5 的第 93 行。

sendKeys()的一个重载函数接受整型的按键值作为参数，这些按键值的整数定义在 KeyEvent 类里，在测试用例里可以用它向具有输入焦点的控件输入单个按键消息，它的用法可参考代码清单 8-5 里的第 102 和 106 行。但 sendKeys()也有一个接受字符串参数的重载函数，它只需要一行代码就可以输入完整的字符串，字符串里的每个字符以空格分隔，每一个按键都对应 KeyEvent 中的定义，只不过需要去掉前缀。代码清单 8-6 就演示了两个函数的区别。

代码清单 8-6　sendKeys()和 sendRepeatKeys()的用法

```
1.  private BookEditor _activity;
2.  public void test 编辑书籍信息() throws Throwable {
3.      // 在标题文本框里输入 Moonlight!
4.      // 找到"标题"文本框
```

```
5.    final EditText txtTitle = (EditText) _activity.findViewById (
6.              R.id.title) ;
7.    this.runTestOnUiThread (new Runnable () {
8.        public void run () {
9.            // 通过 Android API 调用将"标题"文本框
10.         // 的文本清空
11.         txtTitle.setText ("") ;
12.         //设置"标题"文本框具有输入焦点
13.         txtTitle.requestFocus () ;
14.     }
15.   });
16.
17.   // 依次输入"Moonlight!"的各个按键
18.   // 输入一个大写的"M"
19.   sendKeys (KeyEvent.KEYCODE_SHIFT_LEFT) ;
20.   sendKeys (KeyEvent.KEYCODE_M) ;
21.   // 再输入其他小写的字符
22.   sendKeys (KeyEvent.KEYCODE_O) ;
23.   sendKeys (KeyEvent.KEYCODE_O) ;
24.   sendKeys (KeyEvent.KEYCODE_N) ;
25.   sendKeys (KeyEvent.KEYCODE_L) ;
26.   sendKeys (KeyEvent.KEYCODE_I) ;
27.   sendKeys (KeyEvent.KEYCODE_G) ;
28.   sendKeys (KeyEvent.KEYCODE_H) ;
29.   sendKeys (KeyEvent.KEYCODE_T) ;
30.   // "!"需要使用虚拟键盘上类似 Shift 的按键转义
31.   sendKeys (KeyEvent.KEYCODE_ALT_LEFT) ;
32.   sendKeys (KeyEvent.KEYCODE_1) ;
33.   // 关闭虚拟键盘
34.   sendKeys (KeyEvent.KEYCODE_DPAD_DOWN) ;
35.
36.   //验证"标题" 文本框里的内容是期望值
37.   string expected = "Moonlight !";
38.
39.   // 因为只是获取控件上的信息,而不是修改,可以直接
40.   // 从测试用例线程访问,无须放到 UI 线程中执行
41.   string actual = txtTitle.getText ().toString() ;
42.   assertEquals (expected, actual) ;
43.
44.   // 找到"作者"文本框
45.   final EditText txtAuthor = (EditText) _activity.findViewById(
46.       R.id.author) ;
47.   // 设置" 作者" 文本框具有输入焦点
48.   this.runTestOnUiThread (new Runnable () {
```

```
49.        public void run (){
50.             txtAuthor.requestFocus () ;
51.        }
52.    });
53.    //向当前具有输入焦点的控件——"作者"文本框
54.    //发送 20 个 Backspace 按键消息.以便清除
55.    //"作者"文本框原有的文本
56.    sendRepeatedKeys (20, KeyEvent.KEYCODE_DEL) ;
57.    // 用 sendKeys()字符串重载函数输入"Moonlight!"
58.    sendKeys ("SHIFT LEFT M 2 * O N L I G H T ALT_LEFT 1 DPAD_DOWN" );
59.    assertEquals (expected, txtAuthor.getText ().toString () );
60.
61.    // 再演示使用 sendRepeatedKeys()将"作者"文本框
62.    // 清空.并输入"Moonlight! "
63.    sendRepeatedKeys(20, KeyEvent.KEYCODE_DEL,
64.        1, KeyEvent.KEYCODE_SHIFT_LEFT,
65.        1, KeyEvent.KEYCODE_M,
66.        2, KeyEvent.KEYCODE_O,
67.        1, KeyEvent.KEYCODE_N,
68.        1, KeyEvent.KEYCODE_L,
69.        1, KeyEvent.KEYCODE_I,
70.        1, KeyEvent.KEYCODE_G,
71.        1, KeyEvent.KEYCODE_H,
72.        1, KeyEvent.KEYCODE_T,
73.        1, KeyEvent.KEYCODE_ALT_LEFT,
74.        1, KeyEvent.KEYCODE_1,
75.        1, KeyEvent.KEYCODE_DPAD_DOWN);
76.    assertEquals(expected, txtAuthor.getText().toString());
77.
78.    // 下面这段代码是不需要的.只是为了暂停
79.    // 用例以便观察自动化测试效果所用
80.    Thread.sleep(5000);
81. }
```

同样是输入一个"Moonlight!"字符串,使用字符串参数的重载版本代码(第58行)要比
sendKeys()整型参数的函数版本(第19~34行)简洁很多。第58行演示了 sendKeys()的一个
技巧,如果要输入重复的字母,只需要在输入的字母前加上要重复的次数即可。第56行和
第63行演示了 sendKeys()兄弟函数 sendRepeatedKeys()的用法,sendRepeatedKeys 接受一
个不定长度的参数列表,其参数两两配对,每对参数的第一个指明第二个就是要输入的字
母。第55行代码通过发送20个回退字符清空文本字母重复的次数框,如果文本框里的字
符串长度大于20个字符,那么就很有可能导致测试失败,因此在第11行又演示了另一种方
法清空文本框,即直接通过 Android API 显式设置文本框里的文本。

8.1.3 示例程序

（1）新建一个 Android Application Project，单击 Next 按钮，如图 8-13 所示。

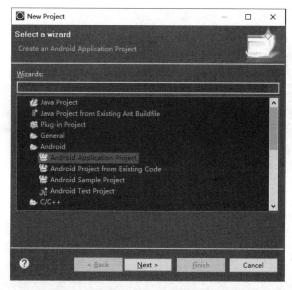

图 8-13　新建 Android Application Project

（2）在 Application Name 文本框中输入 Test，将 Minimum Required SDK 设为
Android 4.0 以上版本，单击 Next 按钮，如图 8-14 所示。

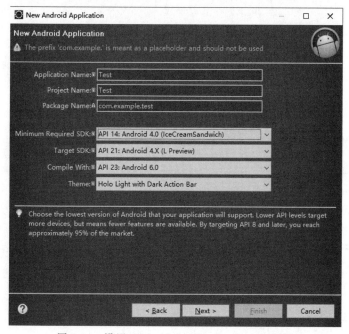

图 8-14　设置 Android Application Project 属性

（3）一直单击 Next 按钮，直到出现 Create Activity 对话框，选择 Blank Activity，单击 Next 按钮，如图 8-15 所示。

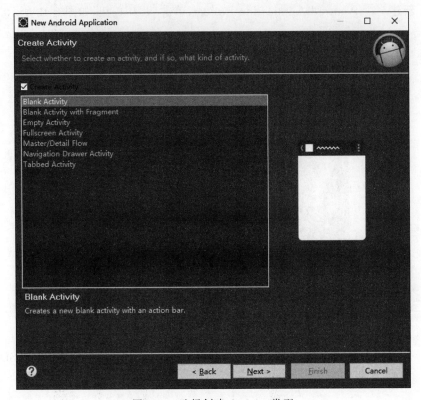

图 8-15　选择创建 Activity 类型

（4）单击 Finish 按钮，完成 Android Application Project 创建。

（5）修改 src/com.example.test 路径下的 MainActivity.java 类，其代码见代码清单 8-7。

代码清单 8-7　MainActivity 类

```
1.  package com.example.test;

2.

3.  import android.app.Activity;

4.  import android.os.Bundle;

5.  import android.view.View;

6.  import android.view.View.OnClickListener;

7.  import android.widget.Button;

8.  import android.widget.TextView;

9.

10.

11. public class MainActivity extends Activity {

12.

13.     TextView myText;
```

```
14.      Button button;
15.      @Override
16.      protected void onCreate(Bundle savedInstanceState) {
17.          super.onCreate(savedInstanceState);
18.          setContentView(R.layout.activity_main);
19.
20.        myText = (TextView) findViewById(R.id.text1);
21.        button = (Button) findViewById(R.id.btn1);
22.        button.setOnClickListener(new OnClickListener() {
23.            @Override
24.            public void onClick(View arg0) {
25.                myText.setText("Hello Android");
26.            }
27.        });
28.      }
29.
30.      public int add(int i, int j) {
31.          return (i + j);
32.      }
33.  }
```

（6）修改 res/layout 路径下的“activity_main.xml”文件，其代码见代码清单 8-8。

代码清单 8-8　XML 布局代码

```
1.    < RelativeLayout xmlns: android =" http://schemas. android. com/apk/res/
android"
2.       xmlns:tools="http://schemas.android.com/tools"
3.       android:layout_width="match_parent"
4.       android:layout_height="match_parent"
5.       tools:context="com.example.test.MainActivity" >
6.
7.       <TextView
8.           android:id="@+id/text1"
9.           android:layout_width="wrap_content"
10.          android:layout_height="wrap_content"
11.          android:text="@string/hello_world" />
12.      <Button android:id="@+id/btn1"
13.          android:layout_width="wrap_content"
14.          android:layout_height="wrap_content"
15.          android:text="hellowrold Btn" />
16.
17.  </RelativeLayout>
```

这个程序的功能比较简单，单击 btn1 按钮之后，TextView 的内容由 Hello World 变成 Hello Android。同时，在这个类中，还写了一个简单的 add 方法，没有被调用，仅供测试而已。

（7）在 src 文件夹上右击，创建一个包，名为 com.example.sample.test，如图 8-16 所示。

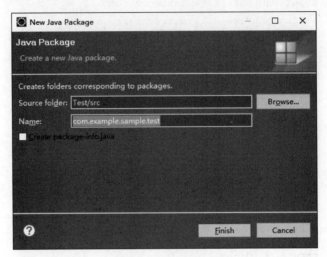

图 8-16　新建测试包

（8）在测试包（com.example.sample.test）中添加一个测试类，名为 SampleTest，其代码见代码清单 8-9。

代码清单 8-9　SampleTest 类

```
1.   package com.example.sample.test;
2.
3.   import com.example.test.*;
4.   import android.content.Intent;
5.   import android.os.SystemClock;
6.   import android.test.InstrumentationTestCase;
7.   import android.util.Log;
8.   import android.widget.Button;
9.   import android.widget.TextView;
10.
11.  public class SampleTest extends InstrumentationTestCase {
12.      private MainActivity sample =null;
13.      private Button button =null;
14.      private TextView text =null;
15.
16.      /*
17.       * 初始设置
18.       * @see junit.framework.TestCase#setUp()
19.       */
20.      @Override
21.      protected void setUp() {
```

```
22.        try {
23.            super.setUp();
24.        } catch (Exception e) {
25.            e.printStackTrace();
26.        }
27.        Intent intent = new Intent();
28.        intent.setClassName(" com. example. test ",  MainActivity. class.
           getName());
29.        intent.setFlags(Intent.FLAG_ACTIVITY_NEW_TASK);
30.        sample = (MainActivity) getInstrumentation ( ). startActivitySync
           (intent);
31.        text = (TextView) sample.findViewById(R.id.text1);
32.        button = (Button) sample.findViewById(R.id.btn1);
33.    }
34.
35.    /*
36.     * 垃圾清理与资源回收
37.     * @see android.test.InstrumentationTestCase#tearDown()
38.     */
39.    @Override
40.    protected void tearDown() {
41.        sample.finish();
42.        try {
43.            super.tearDown();
44.        } catch (Exception e) {
45.            e.printStackTrace();
46.        }
47.    }
48.
49.    /*
50.     * 活动功能测试
51.     */
52.    public void testActivity() throws Exception {
53.        Log.v("testActivity", "test the Activity");
54.        SystemClock.sleep(1500);   //先 sleep 一会.这时大家看到的文字是 Hello
55.
56.        for(int i=0; i<1000; i++)          //单击 1000 次
57.        {
58.            getInstrumentation().runOnMainSync(new PerformClick(button));
59.        }
60.
61.        SystemClock.sleep(3000);
                          //再 sleep 一会.这时大家看到的文字是 Hello Android
62.        Log.v("testActivity", text.getText().toString());
```

```
63.        assertEquals("Hello Android222", text.getText().toString());
64.        //注意.这里做了一个判断.判断当前 text 标签控件的文字是不是 Hello
           Android222.当然不是.所以这句判断是错的!!!!
65.      }
66.
67.    /*
68.     * 模拟按钮单击的接口
69.     */
70.    private class PerformClick implements Runnable {
71.        Button btn;
72.        public PerformClick(Button button) {
73.            btn =button;
74.        }
75.
76.        public void run() {
77.            btn.performClick();
78.        }
79.    }
80.
81.    /*
82.     * 测试类中的方法
83.     */
84.    public void testAdd() throws Exception{
85.        String tag ="testActivity";
86.        Log.v(tag, "test the method");
87.        int test =sample.add(1, 1);
88.        assertEquals(2, test);
89.    }
90.  }
```

（9）讲解一下代码清单8-9中的代码。

setUp()和tearDown()都是受保护的方法，通过继承可以覆写这些方法。setUp()用来初始设置，如启动一个Activity，初始化资源等。tearDown()则用来垃圾清理与资源回收。

在testActivity()这个测试方法中，笔者模拟了一个按钮单击事件，然后来判断程序是否按照预期的执行。在这里PerformClick这个方法继承了Runnable接口，通过新的线程来执行模拟事件，之所以这么做，是因为如果直接在UI线程中运行可能会阻滞UI线程。

（10）要想正确地执行测试用例，还需要修改AndroidManifest.xml这个文件，修改后的代码见代码清单8-10。

代码清单8-10　AndroidManifest.xml

```
1.   <?xml version="1.0" encoding="utf-8"?>
```

```
2.   <manifest xmlns:android="http://schemas.android.com/apk/res/android"
3.       package="com.example.test"
4.       android:versionCode="1"
5.       android:versionName="1.0" >
6.
7.       <uses-sdk
8.           android:minSdkVersion="14"
9.           android:targetSdkVersion="14" />
10.
11.      <application
12.          android:allowBackup="true"
13.          android:icon="@drawable/ic_launcher"
14.          android:label="@string/app_name"
15.          android:theme="@style/AppTheme" >
16.
17.          <!--用于引入测试库-->
18.          <uses-library android:name="android.test.runner" />
19.          <activity
20.              android:name=".MainActivity"
21.              android:label="@string/app_name" >
22.              <intent-filter>
23.                  <action android:name="android.intent.action.MAIN" />
24.
25.                  <category android:name="android.intent.category.LAUNCHER" />
26.              </intent-filter>
27.          </activity>
28.      </application>
29.
30.      <!--表示被测试的目标包与 instrumentation 的名称。-->
31.  <instrumentation android:targetPackage="com.example.test" android:name
=
32.  "android.test.InstrumentationTestRunner" />
33.
34.  </manifest>
```

这里添加了两行代码。

① 引入测试库：<uses-library android:name="android.test.runner" />，这句是固定的，不允许任何改变。

② 被测试的目标包名（targetPackage）与 instrumentation 名称，其中目标包名就是要测试的包名。

注意：关于目标包名写哪个，可以参考以下内容。

* 被测应用：com.example.test

```
<manifest package="com.example.test"…>
```

- 测试应用：com.example.test

```
<instrumentation android:targetPackage="com.example.test"
android:name="android.test.InstrumentationTestRunner" />
```

（11）在 Eclipse 中选择工程 test，右击，在 Run As 子菜单选项中选择 Android Junit Test，如图 8-17 所示。

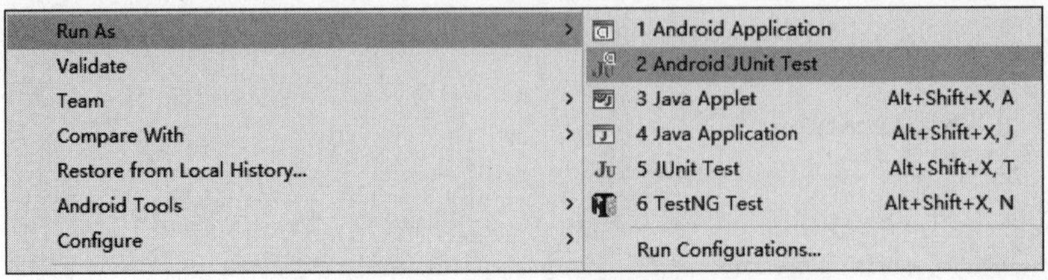

图 8-17　运行 Android 测试

（12）运行结果显示有两个测试用例，一个通过，另一个没有通过，如图 8-18 所示。

图 8-18　出错显示

（13）将定位到那一句的中的 Hello Android222 改为 Hello Android，再次运行即可通过，如图 8-19 所示。

（14）可以通过 LogCat 工具查看信息，如图 8-20 所示。

所以，instrumentation 可以实现自动测试，然后找出哪里的结果没有达到预期，并标出出错位置，我们只需要根据出错的位置继续调试代码就好了。

8.1.4　执行仪表盘测试用例

除了通过 Eclipse，还可以在命令行用 Android 系统自带工具 am 执行仪表盘测试用例，如果不带参数调用，则会执行除性能测试以外的所有测试用例。

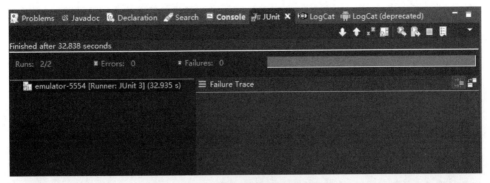

图 8-19　测试用例全部通过

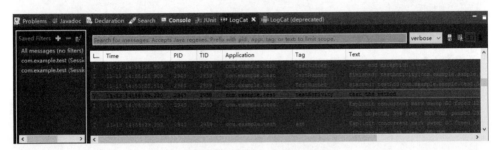

图 8-20　LogCat 工具使用

```
adb shell am instrument -w <测试用例信息>
```

　　＜测试用例信息＞的格式一般是"测试用例包名/android. test. Instrumentation-TestRunner",例如要执行本章的示例"Test"来测试,首先要将其和待测应用安装到设备或模拟器上。只需将模拟器连接到计算机上,运行本章示例"Test"工程,即可将待测应用安装到模拟器上。在虚拟机的命令行中输入下面的命令即可执行所有的测试用例。

```
adb shell am instrument -w com.example.test/android.test.Instrumentation-
TestRunner
```

　　测试用例的执行结果直接输出在终端,上面命令执行完毕后测试用例的输出结果见代码清单 8-11。

代码清单 8-11　运行结果报告

```
1. #测试应用的第一个测试类型
2. com.example.sample.test.SampleTest:
3. #有一个测试用例执行失败.同时输出其堆栈信息
4. Failure in testActivity:
5. junit.framework.ComparisonFailure: expected:<Hello Android[222]>but was:<
   Hello Android[]>
6.    at com.example.sample.test.SampleTest.testActivity(SampleTest.java:63)
7.    at android.test.InstrumentationTestCase.runMethod(InstrumentationTestCase.
   java:214)
```

```
8.   at android. test. InstrumentationTestCase. runTest ( InstrumentationTestCase.
     java:199)
9.   at android.test.AndroidTestRunner.runTest(AndroidTestRunner.java:191)
10.   at android.test.AndroidTestRunner.runTest(AndroidTestRunner.java:176)
11.   at android. test. InstrumentationTestRunner. onStart ( InstrumentationTestRunner.
     java:555)
12.   at android. app. Instrumentation $InstrumentationThread. run ( Instrumentation.
     java:1853)
13. .
14.
15. #测试用例正常运行.没有结果就是最好的结果
16. Test results for InstrumentationTestRunner= .F.
17. Time: 22.308
18.
19. #总测试结果.总共运行了两个用例.失败了一个
20. FAILURES!!!
21. Tests run: 2, Failures: 1, Errors: 0
```

（1）如果给 InstrumentRunner 指定"-e func true"这些参数,则会运行所有的功能测试用例,功能测试用例都是从基类 InstrumentationTestCase 继承而来。

```
adb shell am instrument -w -e func true <测试用例信息>
```

（2）如果为 InstrumentRunner 指定"-e unit true"这些参数,则会运行指定测试类型里的所有测试用例。例如,下面的代码就会运行所有的测试用例。

```
adb shell am instrument -w
com.android.foo/android.test.InstrumentationTestRunner
```

（3）执行所有的小型测试,小型测试用例是指那些在测试函数上标有 SmallTest 标签的测试用例。

```
adb shell am instrument -w -e size small
com.android.foo/android.test.InstrumentationTestRunner
```

（4）执行所有的中型测试,中型测试用例是那些标有 MediumTest 标签的测试用例。

```
adb shell am instrument -w -e size medium
com.android.foo/android.test.InstrumentationTestRunner
```

（5）执行所有的大型测试,大型测试用例是那些标有 LargeTest 标签的测试用例。

```
adb shell am instrument -w -e size medium
com.android.foo/android.test.InstrumentationTestRunner
```

（6）也可只执行具有指定属性的测试用例,下面是只执行标识有"com.android.foo. MyAnnotation"的测试用例。

```
adb shell am instrument -w -e annotation
```

```
com.android.foo.MyAnnotation
com.android.foo/android.test.InstrumentationTestRunner
```

（7）指定"-e notAnnotation"参数执行所有没有标识"com.android.foo.MyAnnotation"的测试用例。

```
adb shell am instrument -w -e notAnnotation
com.android.foo.MyAnnotation
com.android.foo/android.test.InstrumentationTestRunner
```

（8）如果同时指定了多个选项，那么 InstrumentationTestRunner 会执行两个指定选项的测试用例集合的并集，例如，指定参数"-e size large -e annotation com.android.foo.MyAnnotation"会同时执行大型测试用例和标识有"com.android.foo.MyAnnotation"的测试用例。

下面的命令执行单个测试用例 testFoo。

```
adb shell am instrument -w -e class com.android.foo.FooTest#testFoo
com.android.foo/android.test.InstrumentationTestRunner
```

（9）执行多个测试用例（下例中指定了 com.android.foo.FooTest 和 com.android.foo.FooTest 类型里面的所有的测试用例）。

```
adb shell am instrument -w -e class
com.android.foo.FooTest, com.android.foo.FooTest
com.android.foo/android.test.InstrumentationTestRunner
```

（10）只执行一个 Java 包里的测试用例。

```
adb shell am instrument -w -e package com.android.foo.subpkg
com.android.foo/android.test.InstrumentationTestRunner
```

（11）执行性能测试。

```
adb shell am instrument -w -e perf true
com.android.foo/android.test.InstrumentationTestRunner
```

（12）如果需要调试测试用例，先在代码中设置好断点，然后传入参数"-e debug true"，进行调试。

（13）参数"-e log true"指明在"日志模式"下执行所有的测试用例，这个选项会加载并遍历其他选项指明的所有测试类型和函数，但并不实际执行它们。它们在评估一个 Instrumentation 命令将要执行的测试用例列表时很有用。

（14）如果要获取 Emma 代码覆盖率，则可以指定"-e coverage true"参数。

8.1.5 常用 API

1. callActivityOnCreate(Activity activity，Bundle icicle)

说明：Perform calling of an activity's onCreate(Bundle) method

一个 Activity 的 onCreate(Bundle savedInstanceState) 方法，这个 Bundle 对象用来存储 Activity 的状态，比如 Activity 被暂停但不是销毁时，这个对象就用上了，之后再恢复时，就要用到这个 Bundle 对象恢复之前的状态，很像递归里面的堆栈信息的存储。

2. getContext()

说明：得到上下文的一个引用，就可以进一步得到 view、windows 控件。

3. startActivitySync()

说明：以同步方式启动一个 Activity，即这是一个阻塞性的方法，必须启动这个 Activity 之后，返回了结果，然后程序才能继续往下走

同步：就是发出一个请求后什么事都不做，一直等待请求返回后才会继续做事。

异步：就是发出请求后继续去做其他事，这个请求处理完成后会通知用户，这时候就可以处理这个回应了。

4. sendKeyDownUpSync(int key)

downup 的单击事件，通过对一些系统按键的操作来完成。比如 KeyEvent.KEYCODE_MENU、KeyEvent.KEYCODE_HOME 等、

5. sendPointerSync(MotionEvent event)

发送一个具体的点触事件，MotionEvent 有 obtain 方法，可以针对具体的 Down 或者 Up 事件进行操作，在某一个特定的坐标位置，通过这个能够看到测试用例时，程序上会出现被单击选中的阴影效果，而直接调用 button.performClick() 方法是没有这个效果的。

全部 API 文档参见：http://www.android-doc.com/reference/android/app/Instrumentation.html。

8.2 Robotium

8.2.1 简介

开源库 Robotium 就是为了弥补 ActivityInstrumentationTestCase2 对集成测试的不足而编写的，其项目主页是 https://github.com/robotiumtech/robotium，可以从主页中下载最新的 Robotium 预编译版本。它除了在仪表盘 API 的基础上提供了更多的操控控件函数以外，还通过反射等手段，通过调用系统隐藏的功能，实现仪表盘不能支持的功能。

1. 优点

(1) 开发强大的测试用例。

(2) 缩短测试时间。

（3）非常适用于单应用的用户场景测试。

（4）成熟的自动化框架。

2. 缺点

不适宜进行跨应用测试。

8.2.2　添加 Robotium 包

要在测试用例里使用 Robotium 的 API，首先需要把"robotium-solo-x.x.jar"加入测试用例工程的引用路径（Build Path）中。

（1）下载 robotium-solo-x.x.jar，链接为 http://pan.baidu.com/s/1slJUdBJ，密码为 t8c4。

（2）右击工程，从弹出的快捷菜单中选择 Build Path→Configure Build Path，如图 8-21 所示。

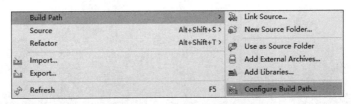

图 8-21　配置编译路径

（3）在 Java Build Path 对话框中，单击 Libraries→Add External JARs…，如图 8-22 所示。

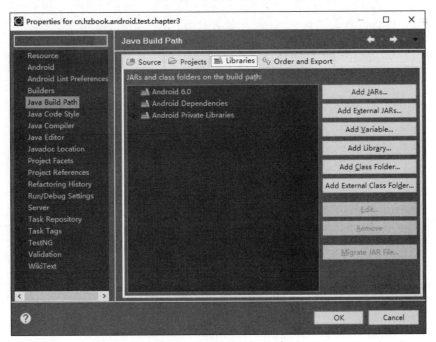

图 8-22　配置 Robotium 库

（4）找到下载的 Robotium 库，双击导入 Robotium 库。

（5）在 Java Build Path 对话框中单击 Order and Export，选中 robotium-solo-x.x.jar，单击 Up 按钮，将其提升到第一个，如图 8-23 所示。

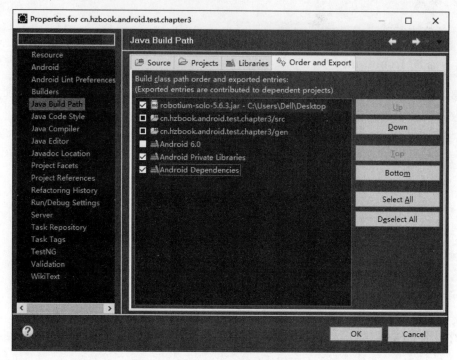

图 8-23　将 Robotium 库提升至第一个

（6）单击 OK 按钮确定后，就把对 Robotium 的引用添加好了。

使用 Robotium 的测试代码，如代码清单 8-12 所示。

代码清单 8-12　Robotium 编写的集成测试用例框架

```
1. package cn.hzbook.android.test.chapter3.test;
2.
3. import com.jayway.android.robotium.solo.Solo;
4. import android.test.ActivityInstrumentationTestCase2;
5.
6. @SuppressWarnings("rawtypes")
7. public class DemoUnitTests extends ActivityInstrumentationTestCase2 {
8.     // 待测应用启动主界面类型全名
9.     private static String LAUNCHER_ACTIVITY_FULL_CLASSNAME
10.        ="cn.hzbook.android.test.chapter3.MainActivity";
11.     // Robotium API 主对象
12.     private Solo _solo;
13.
14.     @SuppressWarnings("unchecked")
15.     public DemoUnitTests() throws Exception {
```

```
16.            super(Class.forName(LAUNCHER_ACTIVITY_FULL_CLASSNAME));
17.        }
18.
19.    public void setUp() throws Exception {
20.            _solo = new Solo(getInstrumentation(), getActivity());
21.        }
22.
23.    public void tearDown() throws Exception {
24.            _solo.finishOpenedActivities();
25.        }
26.
27.    public void test测试用例() throws Exception {
28.            // ...
29.        }
30. }
```

此测试用例框架与仪表盘测试用例框架有几点不同。

(1) Robotium 测试用例虽然也是从 ActivityInstrumentationTestCase2 基类继承下来的,但一般不会使用一个活动类型实例化 ActivityInstrumentationTestCase2 泛类型,如代码清单 8-12 的第 7 行。这是因为 Robotium 一般用作继承测试,在一个测试过程中会同时测试到多个活动,只指定一个活动类型在逻辑上不成立,有时可以用待测应用的主界面来实例化它,但在没有应用源码时就无法在编译期引入活动类型了。Java 语言建议给泛类型指定一个类型进行实例化,为了规避这个编译警告,需要在测试类型加上 SuppressWarnings("rawtypes")标签。

(2) 由于测试类型没有指定待测活动类型,因此在类型的构造函数里,采用反射机制通过应用主界面的类型名称获取其类型构造测试用例,如代码清单 8-12 的第 16 行。

(3) 在测试的准备函数 setUp() 中,一般会通过调用 getInstrumentation() 和 getActivity() 函数获取当前测试的仪表盘对象和待测应用启动的活动对象,并创建 Robotium 自动化测试机器人 solo。与仪表盘测试用例的 setUp() 函数一样,禁用触控模式、创建启动活动的意图对象,这些操作都应该在 getActivity() 函数之前调用,如代码清单 8-12 的第 20 行。

(4) 因为 Robotium 进行的是集成测试,在测试过程中可能会打开多个活动,所以在测试结束后的扫尾函数 tearDown() 中,会调用 Robotium API 关闭所有的已打开活动,为后面执行的测试用例恢复测试环境。

Robotium 的 API 设计可以将 solo 对象看成一个机器人,它的每个 API 可以看成机器人可以执行的一个动作,如 waitForView、searchButton 等,Robotium 的 API 名称都采用谓语＋宾语的方式命名。

8.2.3　示例程序

1. 导入被测工程

(1) 下载待测工程：http://pan.baidu.com/s/1bpMyz4z,密码：mwh7。

（2）在 Eclipse 中，单击 File→Import…，如图 8-24 所示。

图 8-24　导入测试工程

（3）在 Select 对话框选中 Existing Projects into Workspace，单击 Next 按钮，如图 8-25 所示。

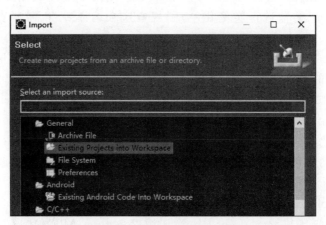

图 8-25　导入 SDK 示例工程

（4）在 Import Projects 对话框选中 Select archive file，单击 Browser…按钮，如图 8-26 所示。

（5）选中下载好的 NotePad.zip，单击"打开"按钮，如图 8-27 所示。

（6）单击 Finish 按钮，完成导入。

（7）如果提示如图 8-28 所示错误，可修改 project.properties 中的 target＝android-19 为计算机上安装的 SDK 版本，Android 6.0 修改为 target＝android-23，保存即可。

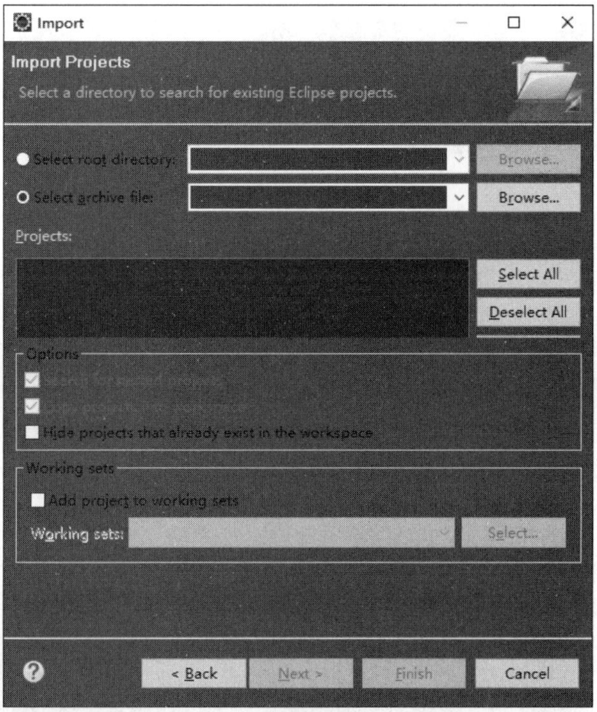

图 8-26　选择导入工程类型

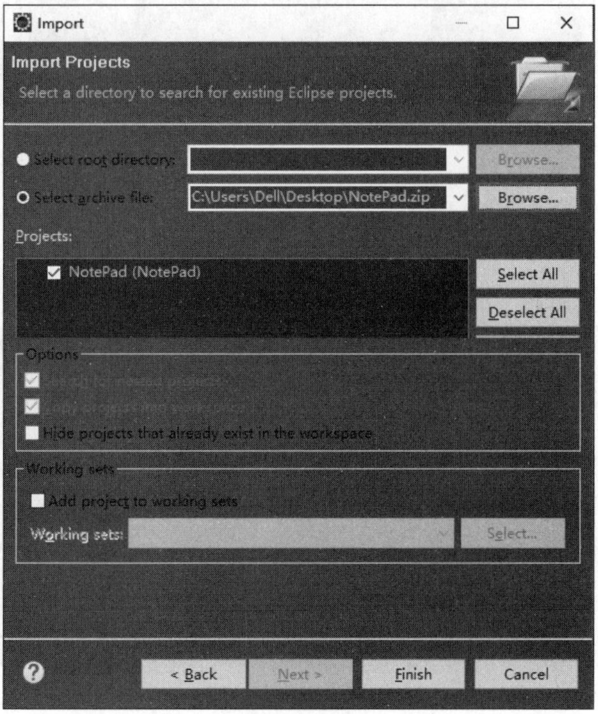

图 8-27　导入 NotePad 项目

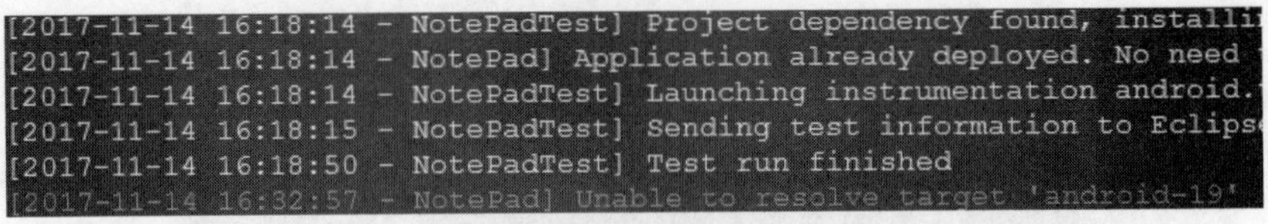

```
[2017-11-14 16:18:14 - NotePadTest] Project dependency found, installi
[2017-11-14 16:18:14 - NotePad] Application already deployed. No need
[2017-11-14 16:18:14 - NotePadTest] Launching instrumentation android.
[2017-11-14 16:18:15 - NotePadTest] Sending test information to Eclipse
[2017-11-14 16:18:50 - NotePadTest] Test run finished
[2017-11-14 16:32:57 - NotePad] Unable to resolve target 'android-19'
```

图 8-28　目标版本错误

2. 新建测试工程

（1）在 Eclipse 菜单栏单击 File→New→Project…。

（2）在 New Project 对话框选择 Android Test Project，单击 Next 按钮，如图 8-29 所示。

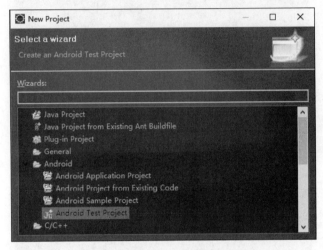

图 8-29　新建 Android Test Project

（3）在 New Android Test Project 对话框中的 Project Name 文本框中输入 NotePadTest，单击 Next 按钮，如图 8-30 所示。

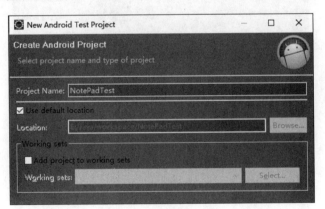

图 8-30　输入测试工程名

（4）在 Choose a project to test 对话框中，选择 NotePad 工程，单击 Next 按钮，如

图 8-31 所示。

图 8-31　选择测试工程

（5）在 Select Build Target 对话框中选择"Android 6.0"，如图 8-32 所示。

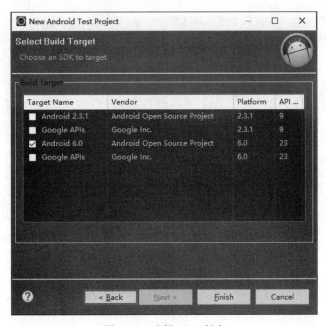

图 8-32　选择 SDK 版本

（6）单击 Finish 按钮完成测试工程的建立。

然后参照 8.2.2 节所述方法，添加 Robotium 包。

3.新建测试类

（1）右击 src/com. example. android. notepad. test，单击 New→JUnit Test Case，如图 8-33 所示。

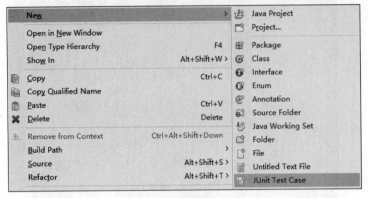

图 8-33　新建测试类

（2）在 JUnit Test Case 对话框中的 Name 文本框中输入 NotePadTest。

（3）单击 SuperClass 右侧"Browser…"按钮，输入 ActivityInstrumentationTestCase2，单击 OK 按钮，如图 8-34 所示。

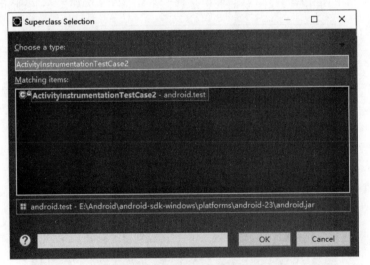

图 8-34　选择测试类的基类

（4）修改 SuperClass 文本框中的＜T＞为＜NotePad＞，单击 Finish 按钮完成测试类的建立，如图 8-35 所示。

（5）修改 NotePadTest 代码，如代码清单 8-13 所示。

代码清单 8-13　NotePadTest 测试类内容

```
1. package com.example.android.notepad.test;
```

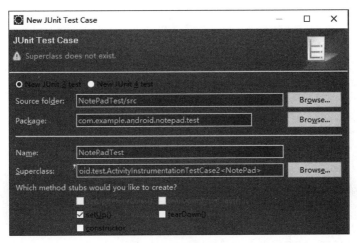

图 8-35 修改泛型

```
2.
3. import com.example.android.notepad.NotesList;
4. import com.robotium.solo.Solo;
5.
6. import android.test.ActivityInstrumentationTestCase2;
7.
8.  public class NotePadTest extends ActivityInstrumentationTestCase2 <
   NotesList>{
9.
10.    private Solo solo;
11.
12.    public NotePadTest() {
13.        super(NotesList.class);
14.        // 自动生成构造器桩
15.    }
16.
17.    protected void setUp() throws Exception {
18.        super.setUp();
19.        solo = new Solo(getInstrumentation(), getActivity());
20.    }
21.
22.    public void tearDown() throws Exception {
23.        solo.finishOpenedActivities();
24.    }
25.
26.    public void testAddNote() {
27.        // 解锁锁定屏幕
28.        solo.unlockScreen();
29.        solo.clickOnMenuItem("Add note");
```

```
30.    // 断言：NoteEditor 页面已打开
31.    solo.assertCurrentActivity("Expected NoteEditor activity", "NoteEditor");
32.    // 在文本框口 0 中输入"Note 1"
33.    solo.enterText(0, "Note 1");
34.    solo.goBack();
35.    // 单击菜单项目
36.    solo.clickOnMenuItem("Add note");
37.    // 在文本框 0 中输入"Note 2"
38.    solo.typeText(0, "Note 2");
39.    // 回退至第一个页面
40.    solo.goBack();
41.    // 截屏并存到"/sdcard/Robotium-Screenshots/"文件夹
42.    solo.takeScreenshot();
43.    boolean notesFound = solo.searchText("Note 1")
44.        && solo.searchText("Note 2");
45.    // 断言"Note 1 或 Note 2"是否被找到
46.    assertTrue("Note 1 and/or Note 2 are not found", notesFound);
47.    }
48.
49. }
```

(6)右击 NotePadTest 工程,单击 Run As→Android JUnit Test,选择模拟器进行测试,如图 8-36 所示。

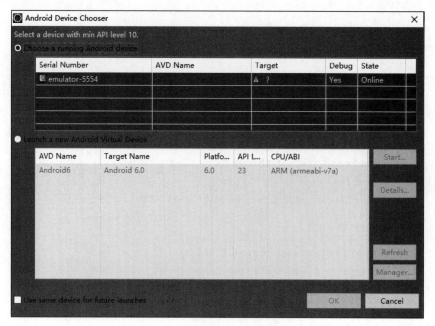

图 8-36　选择测试目标模拟器

(7)启动测试后,NotePad 应用会自动创建两个文本,分别为"Note 1"和"Note 2",测试结果如图 8-37 所示。

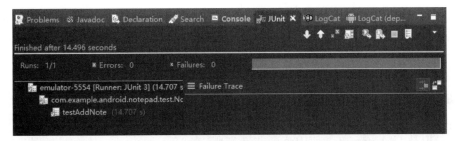

图 8-37　测试结果

8.2.4　常用 API

1. 单击

```
clickOnButton(int)-Clicks on a Button with a given index.
clickOnButton(String)-Clicks on a Button with a given text.
clickOnCheckBox(int)-Clicks on a CheckBox with a given index.
clickOnView(View)-Clicks on a given View.
clickOnText(String)-Clicks on a View displaying a given text.
clickLongOnText(String)-Long clicks on a given View.
clickOnRadioButton(int)-Clicks on a RadioButton with a given index.
clickOnScreen(float, float)-Clicks on a given coordinate on the screen.
```

2. 取得

```
getCurrentActivity()-Returns the current Activity.
getText(String)-Returns a TextView which shows a given text.
getView(int)-Returns a View with a given id.
getEditText(String)-Returns an EditText which shows a given text.
getImage(int)-Returns an ImageView with a given index.
```

3. 拖曳

```
drag(float, float, float, float, int)-Simulate touching a given location and
dragging it to a new location.
```

4. 搜索

```
searchText(String)-Searches for a text string and returns true if at least one
item is found with the expected text.
searchEditText(String)-Searches for a text string in the EditText objects
located in the current Activity.
searchButton(String, boolean)-Searches for a Button with the given text string
```

and returns true if at least one Button is found.

8.3 基于 UiAutomator 的 App 功能测试

8.3.1 简介

UiAutomator 是用于 UI 自动化测试的,主要是仿真单击、滑动、输入文本等操作,而不是人为地进行操作,如果把一组反复进行的操作用 UiAutomator 实现,那么将大大提高效率。但是 UiAutomator 使用范围非常有限,在 UiAutomator 中,每一个 UI 控件都是 UiObject 对象,并没有提供获得控件对应控件类(android.widget. *)的接口。所以,在 UiAutomator 中,Button 和 ImageView 是一样的,都是 UiObjective 的对象。

1. 优点

(1) 可以对所有操作进行自动化,操作简单。

(2) 不需要对被测程序进行重签名,且可以测试所有设备上的程序,如某 App、拨号、发信息等。

(3) 对于控件定位,要比 Robotium 简单一些。

2. 缺点

(1) UiAutomator 需要 Android level 16 及以上才可以使用,因为在 Android level 16 及以上的 API 里面才带有 UiAutomator 工具。

(2) 如果想使用 resource-id 定位控件,则需要 Android level 18 及以上才可以。

(3) 对中文支持不好(不代表不支持,第三方 jar 可以实现)。

(4) 控件定位不如 Robotium 那样层级分明。

8.3.2 建立 Java 项目

(1) 在 Eclipse 菜单栏单击 File→New→Java Project,如图 8-38 所示。

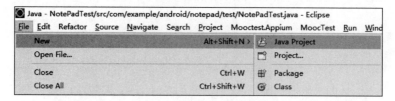

图 8-38 新建 Java Project

(2) 在 Create a Java Project 对话框中,输入 Project name 为"GldProject",如图 8-39 所示。单击 Next 按钮进行下一步。

(3) 单击 Libraries 复选框,单击 Add External JARs 按钮,选择 SDK 安装路径下 "sdk\platform\android-23"下的 android.jar 和 uiautomator.jar 两个 jar 包,如图 8-40 所示。

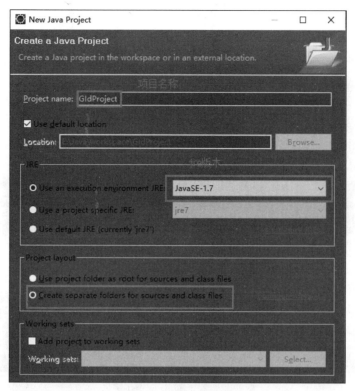

图 8-39　命名新建项目

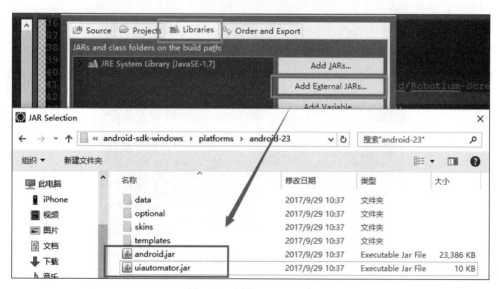

图 8-40　添加 Android 库

（4）添加 android-list 之后如图 8-41 所示。

（5）继续单击 Libraries→Add Library…，选择 JUnit，如图 8-42 所示。单击 Next 按

钮继续。

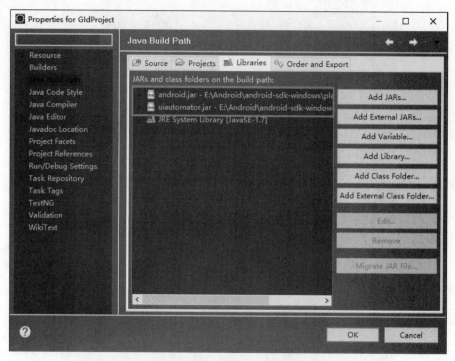

图 8-41　添加 android-list 结果

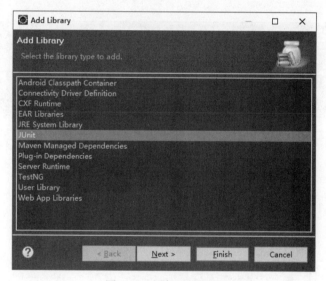

图 8-42　添加 JUnit 包

（6）在 JUnit Library 对话框中，选择"JUnit library version"为"JUnit 4"，如图 8-43 所示。

（7）单击 src 文件夹右击，从弹出的快捷菜单中选择 New→Package，如图 8-44 所示。

图 8-43 选择 JUnit 版本

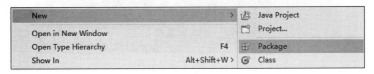

图 8-44 新建 Package

（8）在 Name 文本框中输入"test"，如图 8-45 所示。注意：包名一般小写。

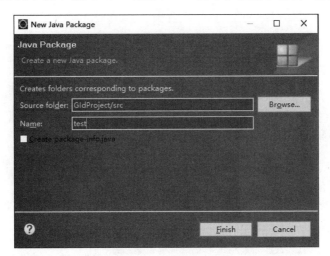

图 8-45 输入包名

（9）单击 test 包，右击 New→Class，输入类名为"Test"，如图 8-46 所示。

8.3.3 编写测试代码

先来尝试编写简单的测试代码。

（1）启动 uiautomator.bat 定位 Notes 元素。

① 首先确定手机已经通过 USB 连接到计算机上。

② 进入 SDK 安装目录，在 tools 目录下找到 uiautomator.bat，单击启动。

③ 单击菜单栏上的第 3 个按钮 Device Screenshot…，获取屏幕快照，如图 8-47 所示。

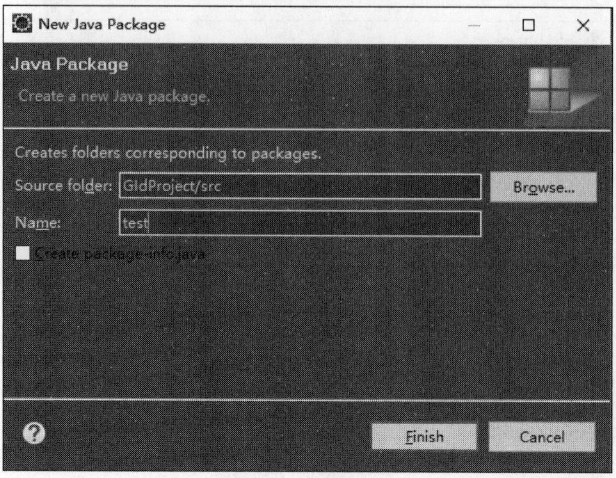

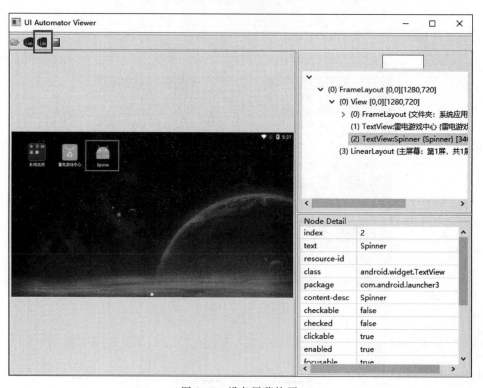

图 8-46　新建类

图 8-47　设备屏幕快照

④ 鼠标单击应用 Notes,右侧就会有相应的属性和参数,如图 8-48 所示。

从页面中可以看到,text 值显示"Spinner",所以采用 text 属性,去定位"Notes";在实际操作中,还可以通过 index、resource-id、class、package、content-desc 去定位元素,或者多个一起使用去定位元素,后续再说。现在用 text 去定位,需注意,如果看到界面 text 后是一些问号,不是工具有问题,是手机系统版本有问题,如果能升级就升级,Android 4.4.2

以下是不支持 text 属性的。

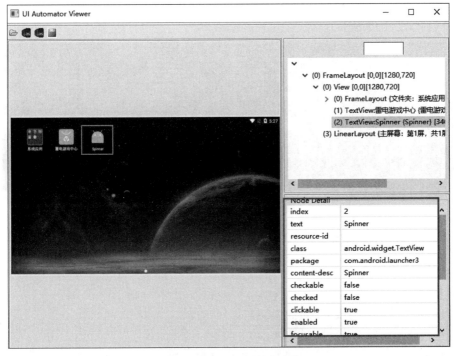

图 8-48　Spinner 属性和参数

（2）编写代码，见代码清单 8-14。

代码清单 8-14　Test 类

```
1. package test;
2.
3. import com.android.uiautomator.core.UiObject;
4. import com.android.uiautomator.core.UiObjectNotFoundException;
5. import com.android.uiautomator.core.UiSelector;
6. import com.android.uiautomator.testrunner.UiAutomatorTestCase;
7.
8. public class Test extends UiAutomatorTestCase{
9.     public void testWakeUpHome() throws UiObjectNotFoundException{
10.         getUiDevice().pressHome();
11.         UiObject note =new UiObject(new UiSelector().text("Spinner"));
12.         note.click();
13.         try{
14.             Thread.sleep(3000);
15.         }catch(InterruptedException e){
16.             e.printStackTrace();
17.         }
18.     }
19. }
```

（3）运行代码

① 运行 cmd，输入"android list"，如图 8-49 所示，图中用的是 Android 6.0，也就是"android-23"的 id 为 2。

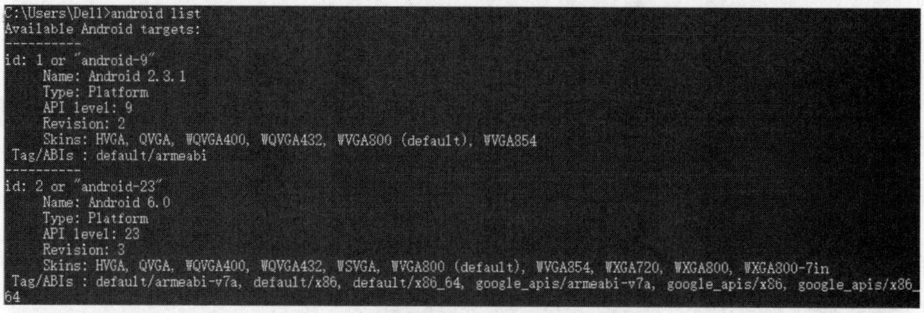

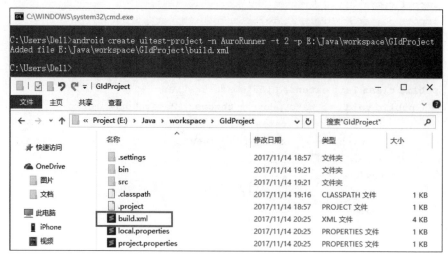

图 8-49　安装的 SDK 列表

② 创建 build 文件，命令如下。

```
android create uitest-project -n <name>-t <android-sdk-id>-p <path>
```

解释如下。

<name>是将来生成 jar 包的名字。

<path>是我们工程的路径地址。

<android-sdk-id>是通过 android list 命令查看到的。

举例如下。

```
android create uitest-project -n AutoRunner -t 2 -p E:\Java\workspace\GIdProject
```

命令运行之后，在工程的根目录（Eclipse 工作空间路径）下生成 build.xml 文件，如图 8-50 所示。

图 8-50　生成 build.xml 文件

③ 编译生成 jar 包(工程目录下)。

运行 cmd,使用"cd"命令进入工程目录下(即文件保存路径),然后运行 Ant build,如图 8-51 所示。Ant 在 7.1.4 节已经安装。

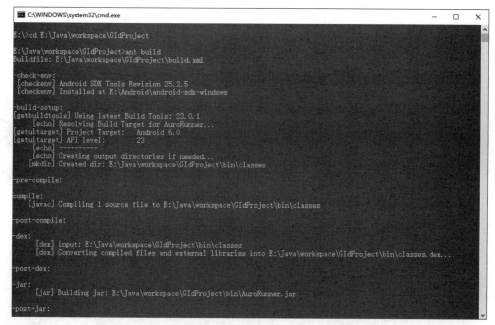

图 8-51　编译 jar 包

④ 创建成功后,在工程 bin 目录下生成 jar 文件,如图 8-52 所示。

图 8-52　生成的 jar 包

⑤ 将 AutoRunner.jar 包 push 到模拟器,如图 8-53 所示。

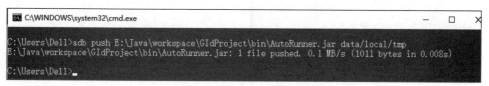

图 8-53　将 jar 包 push 到模拟器

运行 cmd,输入如下命令。

```
adb push <jar 文件路径>data/local/tmp
```

举例如下。

```
adb push E:\Java\workspace\GIdProject\bin\AutoRunner.jar data/local/tmp
```

⑥ 运行 jar 文件，如图 8-54 所示。

命令：`adb shell uiautomator runtest <jar 文件名>-c <包名.类名>`
举例：`adb shell uiautomator runtest AutoRunner.jar -c test.Test`

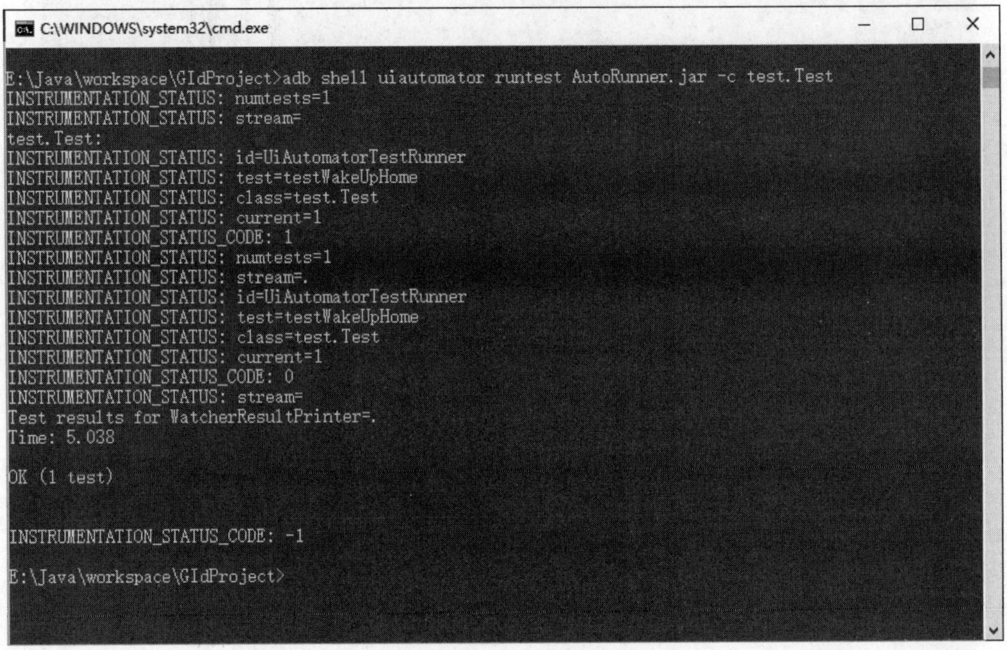

图 8-54　运行 jar 文件

8.3.4　UiAutomatorHelper 类控制台快速调试

（1）下载 UiAutomatorHelper。
链接：http://pan.baidu.com/s/1hsrMnNA，密码：gjhj。
（2）导入并配置 UiAutomatorHelper 类。

将下载好的 UiAutomatorHelper 类直接放在 test 包下（可以直接粘贴过来），然后在类中配置相应参数，如图 8-55 所示。

相关参数说明如下。

```
android_id = "2";            // 这个是使用 android list 时看到的 Android id.笔者的是 2
jar_name = "AutoRunner";     // 将要生成的 jar 包名字
test_class = "test.Test";    // 包名.类名(类下可以有很多方法)
test_name = "testWakeUpHome"; // 类名下要运行测试的那个方法名
```

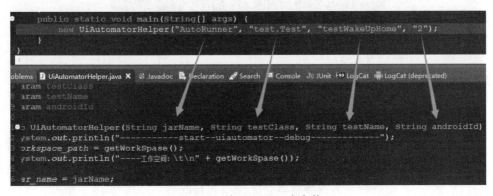

图 8-55 配置相关参数

（3）在测试类中添加 main()方法。

通过在 main()方法中直接创建，输入相应参数即可，注意顺序与 Helper 类中顺序需保持一致，如图 8-56 所示。

图 8-56 填写 Helper 类参数

（4）运行 Test 类。

选择 Test 类右击，从弹出的快捷菜单中选择 Run As→Java Application，如图 8-57 所示。

Run As	>		1 Run on Server	Alt+Shift+X, R
Validate			2 Java Application	Alt+Shift+X, J
Team	>	Ju	3 JUnit Test	Alt+Shift+X, T
Compare With	>			
Replace With			Run Configurations...	

图 8-57 运行测试类

（5）在 Console（控制台）查看运行结果。

如果 Console 没有运行，则单击菜单栏 Windows→Show View→Console，如图 8-58 所示。

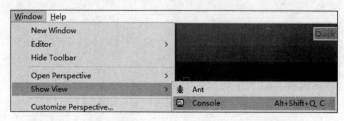

图 8-58　打开控制台窗口

（6）查看结果，如图 8-59 所示。

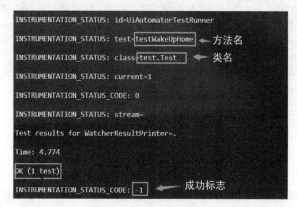

图 8-59　测试结果

8.3.5　常用 API

1. UiAutomator 的基础对象

（1）UiDevice 代表设备状态。在测试中，可以通过 UiDevice 实例来检测设备的各种属性，如当前的屏幕方向以及屏幕尺寸。同时，还可以通过 UiDevice 实例来执行设备级别的操作，例如，把设备设置为横屏或者竖屏、按下 Home 键等。例如：

```
getUiDevice().pressHome();                    //模拟按下 Home 键操作
```

（2）UiSelector 代表一个搜索 UI 控件的条件。如果发现多个满足条件的控件则会返回第一个控件。返回的结果为 UiObject 对象。在构造 UiSelector 的时候可以组合使用多个属性来定位具体的控件。如果没有找到控件，则会抛出 UiAutomatorObjectNotFoundException 异常。

（3）UiObject 代表一个 UI 控件。通过 UiSelector 来查找 UiObject。

（4）UiCollection 代表控件的集合。获取 UiCollection 的方式和 UiObject 一样，通过 UiSelector 查找。UiCollection 对应 Android 系统中的 ViewGroup 以及子控件。比如，界面中有多个 check 时，我们要使用 classname 获取当前界面中所有的 checkbox，就

可以使用 UiCollection 来接收获取的控件集合。

（5）UiScrollable 代表可滚动的控件。可以用 UiScrollable 来模拟水平或者垂直滚动的 UI 元素。如果需要操作的元素在屏幕外需要滚动屏幕才能看到的情况下需要使用 UiScrollable。

2. 一些常用的 UiAutomator 控件定位 API

（1）通过文本定位

① UiSelector().text

例如：

```
textview =new UiObject(new UiSelector().text("user info"));
```

该方法通过直接查找当前界面上所有的控件来比较每个控件的 text 属性是否如参数值来定位控件。

② UiSelector().textContains

例如：

```
addNote =new UiObject(new UiSelector().textContains("user"));
```

（2）通过 resource-id 定位。

UISelector().resourceId 方法

例如：

```
UiObject lb=new UiObject(new UiSelector().
resourceId("com.cleanmaster.mguard:id/relativeLayoutBtns"));
```

（3）通过 classname 定位。

UiSelector().classname 方法

例如：

```
UiCollection list=new UiObject(new UiSelector().
className("android.widget.CheckBox"));
```

（4）通过伪 xpath 定位。

UiSelector 类提供了一些方法根据控件在界面的 XML 布局中的层级关系来进行定位，但是 UIAutomator 又没有真正地提供类似 Appium 的 findElementWithXpath 相关的方法，所以这个位置叫它伪 xpath，其实就是通过层级一层一层去定位控件，通常用于 Listview 中定位 id 相同的控件，如图 8-60 所示。

UiSelector.fromParent 或 UiObject.getFromParent 方法

例如：

```
UiObject uio=new UiObject(new UiSelector().text("Cache junk").fromParent、(new
UiSelector().className("android.widget.CheckBox")));
```

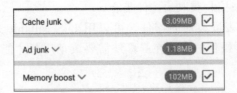

图 8-60　层级定位控件

上面这段代码是一个场景。

这是一个 Android 里面常见的 listview，它里面有很多的 layout，可是如果只想获取 Cache junk 这一条目中的 checkbox，又没有 id，index 又不固定的情况下，怎么办呢，就使用上面那段代码，图 8-61 是 UI 和层级关系。

图 8-61　UI 和层级关系

那段代码的思路是，使用 text 定位 Cache junk 这个 UI 中的唯一控件，然后.fromParent 定位到 Cache junk 控件的父控件，就是 index 为 1 的那个 RelativeLayout 控件，再在 RelativeLayout 控件中通过 classname 定位这个 layout 中的唯一一个 checkbox 控件。

① 通过 UiSelector.childSelector 或 UiObject.getChild 方法定位控件。

例如：

```
UiObject parentView =new UiObject(new UiSelector().、className("android.view.
View"));
save =parentView.getChild(new UiSelector().text("Save"));
```

② 下面是一些零散的操作类方法。

i. 唤醒手机：getUiDevice().wakeUp()。

ii. 滑动：getUiDevice().swipe(startX，startY，endX，endY，steps)。

iii. 单击并等待窗口刷新。

```
UiObject huancun=new UiObject(new UiSelector().text("Cache junk"));
huancun..clickAndWaitForNewWindow()
```

iv. 长按：huancun.longclick()。

Kikbug 自动化测试

9.1 Monkey

9.1.1 Monkey 介绍

为了支持黑盒自动化测试的场景，Android SDK 提供了 Monkey 和 Monkeyrunner 两个测试工具，这两个工具除了名字类似外，还都可以向待测应用发送按键等消息。下面介绍一下它们之间的不同点。

Monkey 运行在设备或模拟器上，可以脱离 PC 运行，其运行时如图 9-1 所示。而 Monkeyrunner 运行在 PC 上，需要通过服务器/客户端的模式向设备或模拟器上的 Android 应用发送指令来执行测试，其运行时如图 9-2 所示。

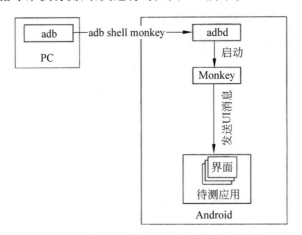

图 9-1　从 PC 上启动 Monkey 的执行示意图

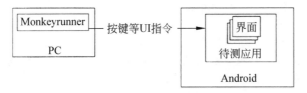

图 9-2　执行 Monkeyrunner 的示意图

虽然 Monkey 也可以根据一个指定的命令脚本发送按键消息，但其不支持条件判断，也不支持读取待测界面的信息来验证操作。而 Monkeyrunner 的测试脚本中有明确的条件判断等语句，可用来做功能测试。

1. 运行 Monkey

Monkey 的命令列表和参数都比较多，但可以将这些选项归类成以下几个大类。

- 基本参数设置，例如设定要发送的消息个数。
- 测试的约束条件，例如限定要测试的应用。
- 发送的事件类型和频率。
- 调试选项。

Monkey 命令的基本形式如下。

```
monkey［选项］<要生成的消息个数>
```

既可以从 PC 上通过 adb 启动 Monkey——其还是在设备或模拟器上运行，也可以直接从设备或模拟器上启动它。如果没有指定命令选项，则 Monkey 会运行在安静模式下，也就是不向控制台输出任何文本，随机启动系统中安装的任意应用并向其发送随机按键消息。执行 Monkey 命令更普遍的做法是指明要测试的应用包名，以及随机生成的按键次数。比如，下面的命令在 PC 上用 Monkey 测试应用 QQ，并向其发送 100 次随机按键消息。QQ 的 APK 链接：http://pan.baidu.com/s/1jIQo2yU，可以将其直接拖曳到雷电模拟器的界面内进行安装，等待一会儿即可。

```
adb shell monkey -p com.tencent.mobileqq 100
```

执行完命令后，可能会发现 QQ 很快就闪退了，难道这是因为 QQ 不稳定？由于前面的命令并没有指定日志相关的选项，因此 Monkey 就采取默认的日志输出详细级别，也就是除了最终测试结果以外什么都不输出。加上"-v -v"选项再运行一次，结果如代码清单 9-1 所示。

代码清单 9-1　用 Monkey 向 QQ 发送 100 次随机按键消息并输出详细信息

```
1. C:\Users\Dell>adb shell monkey -p com.tencent.mobileqq - v - v 100
2. #Monkey 在使用伪随机数产生器生成事件序列时.使用的种子是 0.产生 100 个事件
3. :Monkey: seed=0 count=100
4. #指明只启动在"com.tencent.mobileqq"包中的活动(界面)
5. :AllowPackage: com.tencent.mobileqq
6. #指明只启动意图种类为"LAUNCHER"和" MONKEY"
7. :IncludeCategory: android.intent.category.LAUNCHER
8. :IncludeCategory: android.intent.category.MONKEY
9. #Monkey 找到"com.tencent.mobileqq"包中的"LAUNCHER"活动.也就是
   #"SplashActivity".
10. #其对应的就是 QQ 启动时显示的欢迎界面
11. // Selecting main activities from category android.intent.category.LAUNCHER
12. // + Using main activity com.tencent.mobileqq.activity.SplashActivity
```

(from package com.tencent.mobileqq)

13. // Selecting main activities from category android.intent.category.MONKEY

14. // Seeded: 0

15. # 显示将要产生的各种随机事件的比例.这个比例可以自定义

16. // Event percentages:

17. //   0: 15.0%

18. //   1: 10.0%

19. //   …

20. //   9: 1.0%

21. //   10: 13.0%

22. # 下面就是各种随机事件的日志输出了.启动活动也是其中一种事件.这里首先启动主界
    # 面并发送一些随机消息

23. :Switch: # Intent; action = android. intent. action. MAIN; category = android. intent.category.LAUNCHER; launchFlags = 0x10200000; component = com. tencent. mobileqq/.activity.SplashActivity;end

24. # 这里启动了另外一个界面 QQSettingActivity.从名字可以看出来是 QQ 的设置界面

25. // Allowing start of Intent { act=android.intent.action.MAIN cat=[android. intent. category. LAUNCHER] cmp = com. tencent. mobileqq/. activity. SplashActivity } in package com.tencent.mobileqq

26. # Monkey 支持在发送各种消息之间有一个延迟.由于命令里没有设置这个延迟事件.因

27. # 此其尽快发送消息

28. Sleeping for 0 milliseconds

29. :Sending Key (ACTION_DOWN): 23   // KEYCODE_DPAD_CENTER

30. :Sending Key (ACTION_UP): 23   // KEYCODE_DPAD_CENTER

31. …

32. Sleeping for 0 milliseconds

33. :Sending Key (ACTION_DOWN): 21   // KEYCODE_DPAD_LEFT

34. :Sending Key (ACTION_UP): 21   // KEYCODE_DPAD_LEFT

35. Sleeping for 0 milliseconds

36. :Sending Key (ACTION_DOWN): 82   // KEYCODE_MENU

37. :Sending Key (ACTION_UP): 82   // KEYCODE_MENU

38. Sleeping for 0 milliseconds

39. :Sending Key (ACTION_DOWN): 82   // KEYCODE_MENU

40. :Sending Key (ACTION_UP): 82   // KEYCODE_MENU

41. Sleeping for 0 milliseconds

42. :Sending Trackball (ACTION_MOVE): 0:(-5.0,0.0)

43. :Sending Trackball (ACTION_MOVE): 0:(-3.0,2.0)

44. :Sending Trackball (ACTION_MOVE): 0:(-3.0,2.0)

45. :Sending Trackball (ACTION_MOVE): 0:(2.0,0.0)

46. :Sending Trackball (ACTION_MOVE): 0:(-5.0,-2.0)

47. :Sending Trackball (ACTION_MOVE): 0:(-3.0,0.0)

48. :Sending Trackball (ACTION_MOVE): 0:(-5.0,-1.0)

49. :Sending Trackball (ACTION_MOVE): 0:(-3.0,-5.0)

50. Events injected: 100

51. :Sending rotation degree=0, persist=false
52. :Dropped: keys=0 pointers=6 trackballs=0 flips=0 rotations=0
53. # # Network stats: elapsed time = 569ms（0ms mobile，0ms wifi，569ms not connected)
54. // Monkey finished

前面都是从 PC 上通过 adb 启动 Monkey 命令，也可以在设备上直接启动 Monkey。由于 Monkey 命令都是向系统的 UI 消息队列中插入随机按键消息，因此这个操作需要 root 用户权限。当通过 adb 执行时，Monkey 自动获取这个权限，然而要在设备上运行，就只能在 root 过的设备上执行，否则 Monkey 会悄悄退出，并留下如图 9-3 所示消息。雷电模拟器默认为 root 状态。

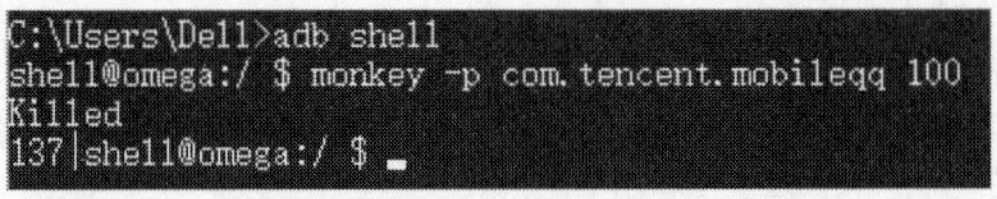

图 9-3　运行 Monkey

2. Monkey 程序介绍

（1）Monkey 程序由 Android 系统自带，使用 Java 语言写成，在 Android 文件系统中的存放路径是：/system/framework/monkey.jar。

（2）Monkey.jar 程序是由一个名为"monkey"的 Shell 脚本来启动执行，Shell 脚本在 Android 文件系统中的存放路径是：/system/bin/monkey。

（3）Monkey 命令启动方式如下。

① 可以通过 PC cmd 窗口中执行：adb shell monkey｛＋命令参数｝来进行 Monkey 测试。

② 在 PC 上执行 adb shell 命令进入 Android 系统，通过执行 monkey｛＋命令参数｝进 Monkey 测试。

③ 在 Android 机或者模拟器上直接执行 Monkey 命令，可以在 Android 机上安装 Android 终端模拟器。

3. Monkey 缺点

Monkey 虽然可以根据一个指定的命令脚本发送按键消息，但其不支持条件判断，也不支持读取待测界面的信息来执行验证操作。

9.1.2　基本指令

1. Monkey 参数大全

Monkey 包含如图 9-4 所示的命令行参数，这些参数分为 3 类，包括基础参数、发送的事件类型和调试选项。各参数具体的含义和用法参考表 9-1。

表 9-1 中包含了 Monkey 常用指令的含义和具体用法。

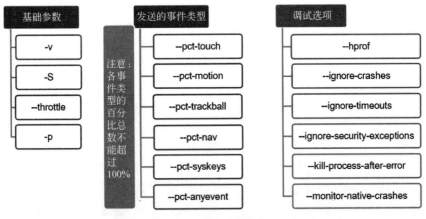

图 9-4　Monkey 参数大全

表 9-1　Monkey 命令

种　类	选　项	说　明
基本参数	--help	打印帮助消息
	-v	可以在命令行中出现多次,每一个-v 选项都会增加 Monkey 向命令行打印输出的详细级别。默认的级别 0 只会打印启动信息、测试完成信息和最终结果信息等。级别 1 会打印测试执行时的一些信息,如发送给待测活动的事件。而级别 2 则打印最详细的信息。 如果在命令行中不指定"-v"选项,采用默认的级别 0 输出设置,指定一个"-v"选项设定级别 1.而采用两个"-v"选项就是设定级别 2
事件相关	-s<随机数种子>	给 Monkey 内部使用的伪随机数生成器的种子,如果用相同的随机数种子重新执行 Monkey,则会生成相同的事件序列
	--throttle<毫秒>	在发送的两个事件之间添加一个延迟时间,如果不指定这个参数,Monkey 会尽可能快地生成和发送消息
	--pct-touch <百分比>	设置触控事件生成的比例。触控是指在一点上先后有手指按下和抬起的事件
	--pct-motion <百分比>	设置滑动事件生成的比例。滑动是指先按下一个位置,滑动一段距离然后再抬起手指的手势
	--pct-trackball <百分比>	设置跟踪球事件生成的比例。跟踪球事件包括一系列的随机移动和单击操作
	--pct-nav <百分比>	设置"基本"的导航事件的生成比例。导航事件是指模拟方向性设备输入向上/下/左/右导航操作
	--pct-majornav <百分比>	设置"主要"的导航事件的生成比例。这种导航是指会导致 UI 产生回馈的事件,例如,单击 5 个方向键中的中间按钮,单击后退(Back)键或者菜单键
	--pct-syskeys <百分比>	设置系统按键消息的比例,即系统保留的按键消息,如首页(Home)、后退、拨号、挂断,以及音量控制键
	--pct-appswitch <百分比>	设置启动活动的事件比例。每隔一段随机时间,Monkey 就会调用 startActivity( )函数来尽可能地覆盖待测应用里的界面
	--pct-anyevent <百分比>	设置其他事件的比例,包括普通的按键消息,设备上一些不常用的按钮事件等

种 类	选 项	说 明
约束条件	-p ＜允许的包名列表＞	如果使用这个参数指定了一个或几个包名，Monkey 就只会测试这些包中的活动（或界面）。如果待测应用会访问到其他包的活动（如打开联系人列表活动），那也需要在此参数中设置这些包名，否则Monkey 会阻止待测应用打开这些活动。 要同时设置多个包名，每个包都需要用"-P"参数指定
	-c＜意图的种类＞	指定意图种类，这样 Monkey 只会启动可以处理这些种类的意图的活动。如果没有设置这个选项，Monkey 只会启动列有 Intent. CATEGORY LAUNCHER 和 Intent. CATEGORY_ MONKEY 的活动。 与"-p"选项类似，可以使用多个"-c"选项设置多个意图种类，每个意图种类对应一个"-c"选项
调试选项	--dbg-no-events	如果指定了这个选项，那么 Monkey 会启动待测应用，但是不发送任何消息。最好将其与"-v""-p"和"--throttle"等选项一起使用，并让Monkey 运行 30s 以上，这样可以让我们观测到待测应用在多个包的切换过程
	--hprof	如果指定了这个选项，Monkey 会在发送事件的前后生成性能报告，一般会在设备的/data/misc 目录下生成一个 5MB 左右的文件
	--ignore-crashes	一般情况下，Monkey 会在待测应用崩溃或者发生未处理异常后停止运行。如果指定了这个选项，会继续向系统发送消息，直到指定个数的消息全部发送完毕
	--ignore-timeouts	一般情况下，Monkey 会在待测应用停止响应（如弹出"应用无响应"对话框）时停止运行。如果指定了这个选项，会继续向系统发送消息，直到指定个数的消息全部发送完毕
	--ignore-security-exceptions	一般情况下，Monkey 会在待测应用碰到权限方面的错误时停止运行。如果指定了这个选项，会继续向系统发送消息，直到指定个数的消息全部发送完毕
	--kill-process-after-error	一般情况下，当 Monkey 因为某个错误指定运行时，出问题的应用会留在系统上继续执行。这个选项通知系统当错误发生时关闭进程 注意，当 Monkey 正常执行完毕后，它不会关闭所启动的应用，设备依然保留其最后接收到消息的状态
	--monitor-native-crashes	监视由 Android C/C++ 代码部分引起的崩溃，如果设置了"--kill-process-after-error"，整个系统会关机
	--wait-dbg	启动 Monkey 后，先中断其运行，等待调试器附加上来

2. Monkey 脚本

除了生成随机的事件序列，Monkey 也支持接受一个脚本解释执行命令，而且既可以直接为 Monkey 命令指定脚本文件路径来执行（即通过"-f"选项指定），也可以以客户端/服务器的方式执行（即"-port"选项）。

先来看看"-f"选项，其后面需要跟一个脚本文件在设备上的路径，因此在执行之前需要先将脚本文件上传到设备上。而 Monkey 脚本的格式如下所示。

```
1. #控制 Monkey 发送消息的一些参数
2. count=10
3. speed=1.0
4. start data>>
5. #monkey 命令
6. #…
```

在脚本中，以"start data ＞＞"这一个特殊行作为分隔行，将控制 Monkey 的一些参数设置和具体的 Monkey 命令分隔开，而所有以"#"开头的行都被当作注释处理，与大部分脚本语言不同的是，注释不能和命令放在同一行。代码清单 9-2 就演示了如何使用 Monkey 在 QQ 的登录界面中输入用户名和密码。

（1）首先将脚本上传到 Android 设备的"sdcard"目录上。

```
adb push E:\qqtest.mks /sdcard/
```

（2）再执行 Monkey 命令，由于脚本中已经有启动待测应用的命令，因此不需要向 Monkey 命令传入"-p"参数。

```
adb shell monkey -f /sdcard/qqtest.mks 1
```

代码清单 9-2　操控 QQ 的 Monkey 脚本（qqtest.mks）

```
1. #下面这个 count 选项,Monkey 并没有用到.可以忽略它
2. count =1
3. #speed 选项是用来调整两次按键的发送频率的
4. speed =1.0
5. #"start data >>"是大小写敏感的.而且单词间的间隔只能有一个空格
6. start data >>
7.
8.  LaunchActivity ( com. tencent. mobileqq, com. tencent. mobileqq. activity.
    SplashActivity)
9. UserWait(10000)
10.
11. #click log in
12. #具体的 (x, y) 坐标需要根据自己使用的测试设备.打开 SDK 安装路径下的
13. #"tools\uiautomatorviewer.bat"根据输入框的 bounds (xStart, yStart, xEnd,
    yEnd) 属性定.
14. DispatchPointer(5109520, 5109520, 0, 200, 1180, 0, 0, 0, 0, 0, 0, 0)
15. DispatchPointer(5109521, 5109521, 1, 200, 1180, 0, 0, 0, 0, 0, 0, 0)
16. UserWait(5000)
17.
18. #click user
19. DispatchPointer(5109520, 5109520, 0, 100, 230, 0, 0, 0, 0, 0, 0, 0)
20. DispatchPointer(5109521, 5109521, 1, 100, 230, 0, 0, 0, 0, 0, 0, 0)
```

```
21. UserWait(5000)
22. #输入 QQ 号："1234567".请修改为自己的 QQ 号
23. #命令中的 KEYCODE 可以在下面的链接中找到
24. #http://developer.android.com/reference/android/view/KeyEvent.html
25. DispatchPress(KEYCODE_1)
26. UserWait(200)
27. DispatchPress(KEYCODE_2)
28. UserWait(200)
29. DispatchPress(KEYCODE_3)
30. UserWait(200)
31. DispatchPress(KEYCODE_4)
32. UserWait(200)
33. DispatchPress(KEYCODE_5)
34. UserWait(200)
35. DispatchPress(KEYCODE_6)
36. UserWait(200)
37. DispatchPress(KEYCODE_7)
38. UserWait(200)
39.
40. #click password
41. DispatchPointer(5109520, 5109520, 0, 100, 300, 0, 0, 0, 0, 0, 0, 0)
42. DispatchPointer(5109521, 5109521, 1, 100, 300, 0, 0, 0, 0, 0, 0, 0)
43. UserWait(5000)
44.
45. #输入 QQ 密码："1234567".请修改为自己的 QQ 密码
46. DispatchPress(KEYCODE_1)
47. UserWait(200)
48. DispatchPress(KEYCODE_2)
49. UserWait(200)
50. DispatchPress(KEYCODE_3)
51. UserWait(200)
52. DispatchPress(KEYCODE_4)
53. UserWait(200)
54. DispatchPress(KEYCODE_5)
55. UserWait(200)
56. DispatchPress(KEYCODE_6)
57. UserWait(200)
58. DispatchPress(KEYCODE_7)
59. UserWait(200)
60.
61. DispatchPointer(5109520, 5109520, 0, 100, 400, 0, 0, 0, 0, 0, 0, 0)
62. DispatchPointer(5109521, 5109521, 1, 100, 400, 0, 0, 0, 0, 0, 0, 0)
63. UserWait(5000)
64. WriteLog()
```

在 Android 官网上是找不到 Monkey 所支持的命令列表的，只能通过阅读 Monkey 的源码才能获取。

（1）DispatchPointer。

DispatchPointer 命令用于向一个指定位置发送单个手势消息。

命令形式如下，共 12 个参数。

```
DispatchPointer(downTime, eventTime, action, x, y, pressure, size, metastate,
xPrecision, yPrecision, device, edgeFlags)
```

关键参数是下面 5 个。

- downTime：发送消息的时间，只要是合法的长整型数字即可。
- eventTime：主要是用在指定发送两个事件之间的停顿。
- action：消息是按下还是抬起，0 表示按下，1 表示抬起。
- x：x 坐标。
- y：y 坐标。

其余 7 个参数均可以设置为 0。

例如，要发送一个单击事件，需要调用两次这个函数，分别模拟手指按下和抬起两个事件。

```
1. #发送按下事件.downTime 和 eventTime 是一样的.0 表示按下事件
2. DispatchPointer(5109520, 5109520, 0, 100, 300, 0, 0, 0, 0, 0, 0, 0)
3. #发送抬起事件.downTime 和 eventTime 一样.只是比前个事件多了点时间(+1)
4. #表示手指在这个位置上的停顿
5.
6. DispatchPointer(5109521, 5109521, 0, 100, 300, 0, 0, 0, 0, 0, 0, 0)
```

（2）DispatchTrackball。

DispatchTrackball 命令用于向一个指定位置发送单个跟踪球消息。其使用方式和 DispatchPointer 完全相同。

（3）RotateScreen。

RotateScreen 命令用于发送屏幕旋转事件。

命令形式如下，共两个参数。

```
RotateScreen(rotationDegree, persist)
```

- rotationDegree：旋转的角度，参考 android.view.Surface 里的常量。
- persist：是否保持旋转后的状态，0 为不保持，非 0 值为保持。

（4）DispatchKey。

DispatchKey 用于发送按键消息。

命令形式如下，共 8 个参数。

```
DispatchKey (downTime, eventTime, action, code, repeat, metaState, device,
scancode)
```

关键参数是下面 5 个。

- downTime：发送消息的时间，只要是合法的长整型数字即可。
- eventTime：主要是用在指定发送两个事件之间的停顿。
- action：消息是按下还是抬起，0 表示按下，1 表示抬起
- code：按键的值，参见 KeyEvent 类。
- repeat：按键重复的次数。

其他参数均可设置为 0。

（5）DispatchFlip。

DispatchFlip 用于打开或关闭软键盘。

命令形式如下。

```
DispatchFlip(keyboardOpen)
```

keyboardOpen，该参数为 true 表示打开，为 false 表示关闭键盘。

（6）DispatchPress。

DispatchPress 表示用于模拟敲击键盘事件。

命令形式如下。

```
DispatchPress(keyName)
```

keyName 要敲击的按键，具体的值参见 KeyEvent。

（7）LaunchActivity。

LaunchActivity 命令用于启用任意应用的一个活动（或界面）。

命令形式如下。

```
LaunchActivity(pkg_name, cl_name)
```

- pkg_name：要启动的应用包名。
- cl_name：要打开的活动的类名。

（8）LaunchInstrumentation。

LaunchInstrumentation 命令用于运行一个仪表盘测试用例。

命令形式如下。

```
LaunchInstrumentation(test_name, runner_name)
```

- test_name：要运行的测试用例名。
- runner_name：运行测试用例的类名。

（9）UserWait。

UserWait 命令用于让脚本中断一段时间。

命令形式如下。

```
UserWait(sleepTime)
```

sleepTime：要休眠的时间，以毫秒为单位。

（10）LongPress。

LongPress 命令用于模拟长按事件，长按 2s。

命令形式如下。

```
LongPress()
```

（11）PowerLog

PowerLog 命令用于模拟电池电量信息。

命令形式如下。

```
PowerLog(power_log_type, test_case_status)
```

- power_log_type：可选值有 AUTOTEST_SEQUENCE_BEGIN、AUTOTEST_ TEST、Power_log_type、BEGIN、AUTOTEST_TEST_BEGIN_DELAY、AUTOTEST_TEST_SUCCESS、AUTOTEST_IDLE、SUCCESS。
- test_case_status：这个命令是发送给电量管理自动框架使用的。

（12）WriteLog。

WriteLog 命令用于将电池电量信息写入 SD 卡。

命令形式如下。

```
WriteLog()
```

（13）RunCmd。

RunCmd 命令用于在设备上运行 shell 命令。

命令形式如下。

```
RunCmd(cmd)
```

cmd：要执行的 shell 命令。

由于 monkey 在运行时具有超级用户 root 权限，其可以启动任意的命令，包括 Android 系统底层使用的 Linux 命令。

（14）Tap。

Tap 命令用于模拟一次手指单击事件。

命令形式如下。

```
Tap(x, y, tapDuration)
```

- x：x 坐标。
- y：y 坐标。
- tapDuration：可选，单击的持续时间。

（15）ProfileWait。

ProfileWait 命令用于等待 5s。

命令形式如下。

```
ProfileWait()
```

（16）DeviceWakeUp。

DeviceWakeUp 命令用于唤醒设备并解锁。

命令形式如下。

```
DeviceWakeUp()
```

（17）DispatchString。

DispatchString 命令用于向 shell 输入一个字符串。

命令形式如下。

```
DispatchString(input)
```

（18）PressAndHold。

PressAndHold 命令用于模拟一个长按事件，持续时间可指定。

命令形式如下。

```
PressAndHold(x, y, pressDuration)
```

- x：x 坐标。
- y：y 坐标。
- pressDuration：持续时间，以毫秒为单位计时。

（19）Drag。

Drag 命令用于模拟一个拖曳操作。

命令形式如下。

```
Drag(xStart, yStart, xEnd, yEnd, stepCount)
```

- xStart：拖曳起始的 x 坐标。
- yStart：拖曳起始的 y 坐标。
- xEnd：拖曳终止的 x 坐标。
- yEnd：拖曳终止的 y 坐标。
- stepCount：拖曳实际上是一个连续的事件，这个参数指定有多少个连续的小事件组成一个完整的拖曳事件。

（20）PinchZoom。

PinchZoom 命令用于模拟缩放手势。

命令形式如下。

```
PinchZoom (pt1xStart, pt1yStart, pt1xEnd, pt1yEnd, pt2xStart, pt2yStart,
pt2xEnd, pt2yEnd, stepCount)
```

- pt1xStart：第一个手指的起始 x 位置。
- pt1yStart：第一个手指的起始 y 位置。
- pt1xEnd：第一个手指的结束 x 位置。
- pt1yEnd：第一个手指的结束 y 位置。
- pt2xStart：第二个手指的起始 x 位置。

- pt2yStart：第二个手指的起始 y 位置。
- pt2xEnd：第二个手指的结束 x 位置。
- pt2yEnd：第二个手指的结束 y 位置。
- stepCount：细分为多少步完成缩放操作。

（21）StartCaptureFramerate。

StartCaptureFramerate 获取帧率，在执行这个命令之前，需要设置系统变量 viewancestor.profile_rendering 的值为 true，以便强制当前窗口的刷新频率保持在 60Hz。

命令形式如下。

```
StartCaptureFramerate()
```

（22）EndCaptureFramerate。

EndCaptureFramerate 结束获取帧率，将结果保存在/sdcard/avgFrameRateOut.txt 文件里。

命令形式如下。

```
EndCaptureFramerate(input)
```

input：测试用例名。调用结束后，会在 avgFrameRateOut.txt 中加上格式为 "<input>:<捕获的帧率>" 的一行新日志。

（23）StartCaptureAppFramerate。

StartCaptureAppFramerate 命令用于获取指定应用的频率，在执行这个命令之前，需要设置系统变量 viewancestor.profile_rendering 的值为 true，以便强制当前窗口的刷新频率保持在 60Hz。

命令形式如下。

```
StartCaptureAppFramerate(app)
```

app：要测试的应用名。

（24）EndCaptureAppFramerate。

EndCaptureAppFramerate 结束获取帧率，将结果保存在/sdcard/avgAppFrameRateOut.txt 文件里。

命令形式如下。

```
EndCaptureAppFramerate(app, input)
```

app：正在测试的应用名。

input：测试用例名。

3. Monkey 服务器

除了支持解释脚本，monkey 还支持在设备上启动一个在线服务，可以通过 Telnet 的方式从 PC 远程登录到设备上以交互的方式执行 Monkey 命令，这需要用到 Monkey 的 "--port" 参数。一般的习惯是将 1080 端口分配 Monkey 服务，不过也可以根据读者自己的喜好和实际情况使用其他端口。

```
adb-e shell monkey-p com.tencent.mobileqq --port 1080 &
```

接着再把模拟器上的端口重新映射到PC宿主机的端口。

```
adb-e forward tcp:1080 tcp:1080
```

之后就可以使用 Telnet 连接到 Monkey 服务器上执行命令，很遗憾 Monkey 服务器理解的命令格式和 Monkey 脚本的命令格式完全不一样，而且支持的命令集合也不一样。完整的命令读者可自行参阅 Android Monkey 关于服务器处理的源代码。

```
/development/cmds/monkey/src/com/android/commands/monkey/
MonkeySourceNetwork.java
```

而且与可以在 Monkey 脚本中启动应用不同的是，Monkey 服务器没有办法启动应用。因此，在通过服务器执行命令时，需要事先手动启动待测应用。代码清单 9-3 就是启动腾讯 QQ 应用后，通过 Monkey 服务器执行命令的例子（其中以字符"♯"开头的行是本书添加的注释，不是 Telnet 或 Monkey 服务器的输出）。

代码清单 9-3　在 Monkey 模拟器模式下操作腾讯 QQ

```
 1. #使用服务器方式交互的时候.可以不指定待测的应用包
 2. adb-e shell monkey --port 1080 &
 3. #将模拟器的 1080 端口映射到主机的 1080 端口.这样就可以通过连接主机的
    #1080 端口连到模拟器的 1080 端口
 4. adb forward tcp:1080 tcp:1080
 5. #正在模拟器中手动启动待测应用.这里启动的是腾讯 QQ
 6. #通过 Telnet 连接到 Monkey 服务器
 7. telent localhost 1080
 8. Trying 127.0.0.1
 9. Connected to localhost.
10. Escape character is '^]'
11.
12. #输入一个字符串"1234"
13. type 1234
14. #Monkey 服务器返回状态消息
15. OK
16. #单击位置"128, 235".其中 128 是 x 坐标.235 是 y 坐标
17. tap 128 235
18. OK
19. #按键盘的 Delect 键
20. press DEL
21. OK
22. #按"Ctrl+]"组合键退出这次会话
23. ^]
```

24.＃再按"Ctrl+D"组合键退出 Telnet

下面是常用的 Monkey 服务器支持的命令。

表 9-2　Monkey 服务器指令集

指　令	用　途	使 用 示 例
flip	flip 命令用于打开或关闭键盘	m flip open,打开键盘; m flip closed,关闭键盘
touch	touch 用于模拟手指按下界面的操作 touch［down｜up｜move］［x］［y］	命令"touch down 120 120"的意思是发送手指按下位置"120，120"的事件。注意,手指单击事件包括两个:先是按下(down)事件,再接着是一个抬起(up)事件。而手指移动事件包括至少 3 个:先是按下(down)事件,接着是一系列移动(move)事件,最后才是抬起(up)事件。
trackball	trackball 命令用于发送一个跟踪球操作事件。	trackball［dx］［dy］ 调用示例: m trackball 1 0,向右移动; m trackball －1 0,向左移动
key	key 命令用于发送一个按键事件,一个单击按键事件包括两个事件:先是按下(down)事件,再接着一个放松(up)事件	key［down｜up］［keycode］ 调用示例: m key down 82,按下 ASCII 码值为 82 的按键; m key up 82,放松 ASCII 码值为 82 的按键
sleep	sleep 命令用于让 monkey 服务器暂停 x 毫秒	sleep 2000
type	type 命令用于向当前 Android 应用发送一个字符串	type［字符串］
wake	wake 命令用于唤醒设备,给设备解锁	wake
tap	tap 命令用于发送一个单击坐标位置是"x，y"的事件	tap［x］［y］
press	press 命令用于按下一个按键	press［keycode］
deferreturn	deferretun 命令用于执行一个"command"命令,在指定"timeout"的超时时间之内,等待一个"event"事件。例如,"deferreturn screenchange 1000 press KEYCODE_HOME"的意思是,单击 HOME 按键,并在 1s 内等待"screenchange"这个事件	deferreturn［event］［timeout (ms)］［command］

续表

指　令	用　途	使　用　示　例
listvar	listvar 命令用于列出在 Android 系统中可以查看的系统变量，这些系统变量的值可以从 Android 的文档中找到说明。listvar 和后面的命令 getvar 的源码均可从/development/cmds/monkey/src/com/android/commands/monkey/MonkeySourceNetworkVars.java 找到	listvar 调用结果： OK：am. current. action am. current. categories am. current. comp. class am. current. comp. package am. current.data am.current.package build.board build.brand build.cpu.abi build.device build.display build.fingerprint build.host build.id build.manufacturer build.model build. product build. tags build. type build. user build. version. codename build. version. release build. version. sdk clock.millis clock.build.version.incremental realtime clock. uptime display.density display.height display.width
getvar	getvar 命令用于获取一个 Android 系统变量的值，可选的变量由"listvar"命令列出	getvar [variable name] 调用示例： getvar build.brand OK：1277931480000
listviews	listviews 命令用于列出待测应用里所有视图的 id，不管这个视图当前是否可见。注意，不是所有 Android 都支持这个命令，例如 Android 2.2 就不支持它	listviews 及下面的 getrootview 和 getview 等命令的源码均可从/development/cmds/monkey/src/com/android/commands/monkey/MonkeySourceNetWorkViews.java 中找到
getrootview	getrootview 命令用于获取待测应用的最上层控件的 id	getrootview
getviewswithtext	getviewswithtext 命令用于返回所有包含指定文本的控件的 id，如果有多个控件包含指定的文本，则这些控件的 id 使用空格分隔并返回	getviewswithtext [text]

指　令	用　途	使 用 示 例
queryview	queryview 命令用于根据指定的 id 类型以及 id 来查找控件,id 类型只能是"viewid"或"accessibilityids",如果 id 类型是"viewid",则 id 是在源码中对控件的命名,如"queryview viewid button1 gettext";如果 id 类型是"accessibilityids",则需要两个 id,而且只能是数字,如"queryview accessbilityids 12 5 getparent"。	queryview viewid［id］［command］ queryview accessibilityids［id1］［id2］［command］ 可使用的"command"如下： （1）m getlocation,获取控件的 x、y、宽度和高度信息,以空格分隔,如 queryview viewid button1 getlocation。 （2）m gettext,获取控件上的文本,如 queryview viewid button1 gettext。 （3）m getclass,获取控件的类名,如 queryview viewid button1 getclass。 （4）m getchecked,获取控件选中的状态,如 queryview viewid button getchecked。 （5）m getenabled,获取控件的可用状态,如 queryview viewid button1 getenabled。 （6）m getselected,获取控件的被选择状态,如 queryview viewid button1 getselected。 （7）m setselected,设置控件的被选择状态,接受一个布尔值的参数,命令形式是 queryview［id type］［id］setselected［boolean］,如 queryview viewid button1 setselected true。 （8）m getfocused,获取控件的输入焦点状态,如 queryview viewid button1 getfocused。 （9）m setfocused,设置控件的输入焦点状态,接受一个布尔值的参数,命令形式是 queryview［id type］［id］setfocused［boolean］,如 queryview viewid button1 setfocused true。 （10）m getaccessibilityids,获取一个控件的辅助访问 id,如 queryview viewid button1 getaccessibilityids。 （11）m getparent,获取一个控件的父级节点,如 queryview viewid button1 getparent。 （12）m getchildren,获取一个控件的子孙控件,如 queryview viewid button1 getchildren。 虽然 Monkey 命令都是通过 Telnet 与 Monkey 服务器交互的,但是在 Linux 机器上,可以将要执行的命令都保存到一个文本文件中,使用 nc 命令逐行向 Monkey 服务器发送,如： nc localhost 1080 ＜ monkey.txt

在实际操作中,Monkey 由于缺少必要的条件判断等命令,难以在功能测试上有所作为,因此将其作为生成一些随机事件的工具,测试应用的健壮性,待测应用崩溃后,可以根据 Monkey 打印的日志,再用 Monkey 脚本创建一个重现步骤,供开发团队调研分析。而 Monkey 服务器模式更适合在开发黑盒测试用例时,用来调试脚本中的命令,而不建议在实际测试过程中使用这种模式进行自动化测试。

4. 九个系统操作事件及百分比

1）九个事件

（1）--pct-touch ＜percent＞ 0

调整触摸事件的百分比（触摸事件是一个 down-up 事件，它发生在屏幕上的某单一位置）（——单击事件，涉及 down、up）

（2）--pct-motion ＜percent＞ 1

调整动作事件的百分比（动作事件由屏幕上某处的一个 down 事件、一系列的伪随机事件和一个 up 事件组成）（——注：move 事件，涉及 down、up、move 三个事件）。

（3）--pct-trackball ＜percent＞ 2

调整轨迹事件的百分比（轨迹事件由一个或几个随机的移动组成，有时还伴随有单击）——（轨迹球）。

（4）--pct-nav ＜percent＞ 3

调整"基本"导航事件的百分比（导航事件由来自方向输入设备的 up/down/left/right 组成）。

（5）--pct-majornav ＜percent＞ 4

调整"主要"导航事件的百分比（这些导航事件通常引发图形界面中的动作，如 5-way 键盘的中间按键、回退按键、菜单按键）。

（6）--pct-syskeys ＜percent＞ 5

调整"系统"按键事件的百分比（这些按键通常被保留，由系统使用，如 Home、Back、Start Call、End Call 及音量控制键）。

（7）--pct-appswitch ＜percent＞ 6

调整启动 Activity 的百分比。在随机间隔里，Monkey 将执行一个 startActivity() 调用，作为最大程度覆盖包中全部 Activity 的一种方法（从一个 Activity 跳转到另一个 Activity）。

（8）--pct-flip ＜percent＞ 7

调整"键盘翻转"事件的百分比。

（9）--pct-anyevent ＜percent＞ 8

调整其他类型事件的百分比。它包罗了所有其他类型的事件，如按键、其他不常用的设备按钮等。

例如，图 9-5 所示红色方框中第二行"0：15.0％"，表示分配--pct-touch 事件 15％，即测试 100 次分配 15 次测试 down-up。

2）百分比控制

如果在 Monkey 参数中不指定上述参数，这些事件都是随机分配的，9 个事件中每个事件分配的百分比之和为 100％，可以通过添加命令选项来控制每个事件的百分比，进而可以将操作限制在一定的范围内。

先来看一下不加动作百分比控制，系统默认分配事件百分比的情况。

命令：adb shell monkey -v -p com.paic.zhifu.wallet.activity 500

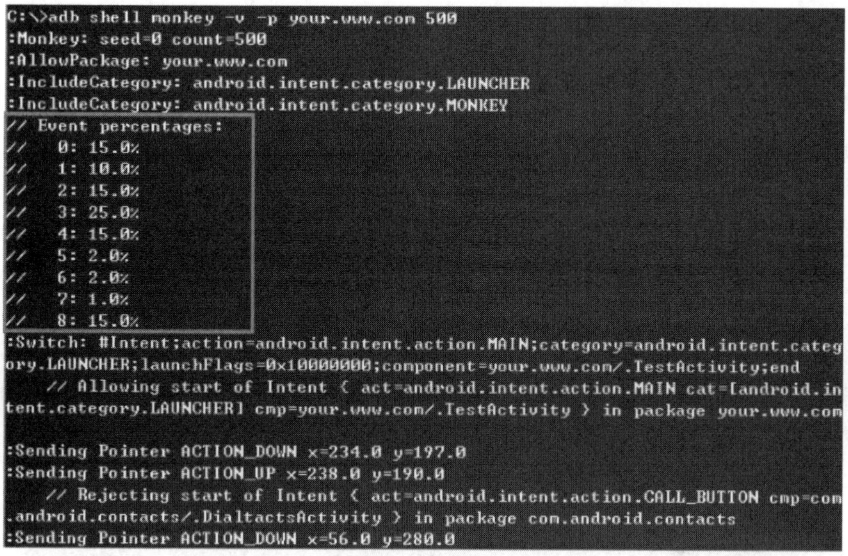

```
C:\>adb shell monkey -v -p your.www.com 500
:Monkey: seed=0 count=500
:AllowPackage: your.www.com
:IncludeCategory: android.intent.category.LAUNCHER
:IncludeCategory: android.intent.category.MONKEY
// Event percentages:
//   0: 15.0%
//   1: 10.0%
//   2: 15.0%
//   3: 25.0%
//   4: 15.0%
//   5: 2.0%
//   6: 2.0%
//   7: 1.0%
//   8: 15.0%
:Switch: #Intent;action=android.intent.action.MAIN;category=android.intent.categ
ory.LAUNCHER;launchFlags=0x10000000;component=your.www.com/.TestActivity;end
    // Allowing start of Intent { act=android.intent.action.MAIN cat=[android.in
tent.category.LAUNCHER] cmp=your.www.com/.TestActivity } in package your.www.com

:Sending Pointer ACTION_DOWN x=234.0 y=197.0
:Sending Pointer ACTION_UP x=238.0 y=190.0
    // Rejecting start of Intent { act=android.intent.action.CALL_BUTTON cmp=com
.android.contacts/.DialtactsActivity } in package com.android.contacts
:Sending Pointer ACTION_DOWN x=56.0 y=280.0
```

图 9-5　系统默认事件百分比

结果如图 9-5 所示。

再看一下指定事件,控制事件百分比之后的情况。

命令：

```
adb shell monkey -v -p com.paic.zhifu.wallet.activity --pct-anyevent 100 500
```

结果如图 9-6 所示。

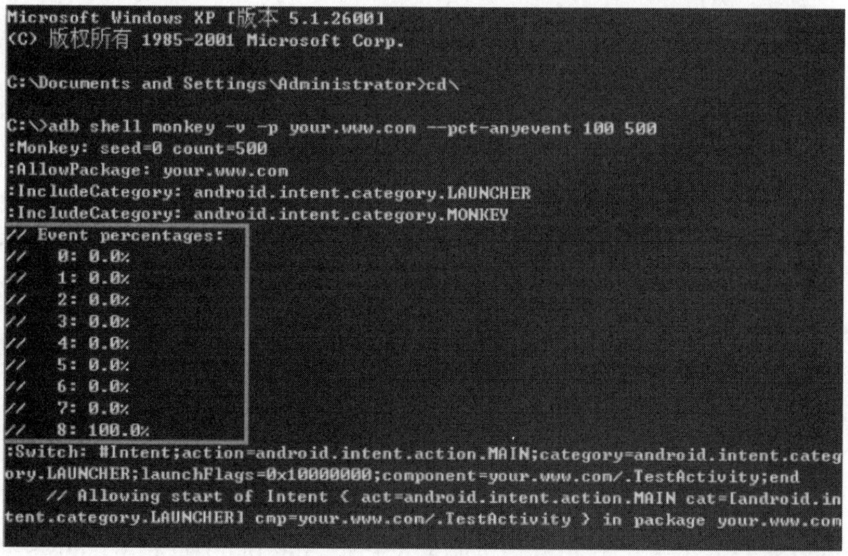

```
Microsoft Windows XP [版本 5.1.2600]
(C) 版权所有 1985-2001 Microsoft Corp.

C:\Documents and Settings\Administrator>cd\

C:\>adb shell monkey -v -p your.www.com --pct-anyevent 100 500
:Monkey: seed=0 count=500
:AllowPackage: your.www.com
:IncludeCategory: android.intent.category.LAUNCHER
:IncludeCategory: android.intent.category.MONKEY
// Event percentages:
//   0: 0.0%
//   1: 0.0%
//   2: 0.0%
//   3: 0.0%
//   4: 0.0%
//   5: 0.0%
//   6: 0.0%
//   7: 0.0%
//   8: 100.0%
:Switch: #Intent;action=android.intent.action.MAIN;category=android.intent.categ
ory.LAUNCHER;launchFlags=0x10000000;component=your.www.com/.TestActivity;end
    // Allowing start of Intent { act=android.intent.action.MAIN cat=[android.in
tent.category.LAUNCHER] cmp=your.www.com/.TestActivity } in package your.www.com
```

图 9-6　自定义事件百分比

说明：--pct-anyevent 100 表明 pct-anyevent 所代表的事件的百分比为 100%。

9.1.3 Monkey 实例

1. Monkey 代码实例

下面是一段 Monkey 代码实例。

```
1. adb shell monkey -p com.paic.zhifu.wallet.activity --throttle 100 --pct-
touch 50 --pct-motion 50 -v -v 1000 >f:\monkey.txt
```

2. Monkey 日志分析

正常情况下，如果 Monkey 测试顺利执行完成，在 log 的最后，会打印出当前执行事件的次数和所花费的时间；// Monkey finished 代表执行完成，如图 9-7 所示。

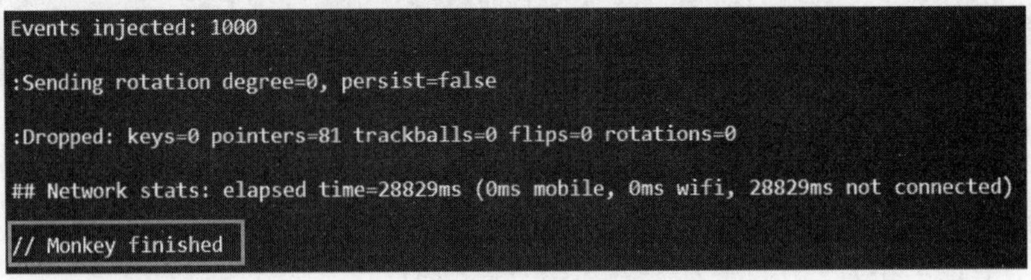

```
Events injected: 1000
:Sending rotation degree=0, persist=false
:Dropped: keys=0 pointers=81 trackballs=0 flips=0 rotations=0
## Network stats: elapsed time=28829ms (0ms mobile, 0ms wifi, 28829ms not connected)
// Monkey finished
```

图 9-7　Monkey 日志分析

Monkey 测试出现错误后，一般的分析步骤如下。

看 Monkey 的日志（注意第一个 switch 以及异常信息等）。

（1）程序无响应的问题：在日志中搜索"ANR"。

（2）崩溃问题：在日志中搜索 Exception，如果出现空指针异常 NullPointerException，则肯定有 Bug。

Monkey 执行中断，在 log 最后也能看到当前执行次数。

3. 必须重视 Crash

虽然 Monkey 测试有部分缺陷，我们无法准确地得知重现步骤，Monkey 测试所出现的 NullPointerException，都是可以在用户使用时出现的，何时出现只是时间问题。

理论上来说，Monkey 所有的 Crash 都需要在发布前修复。

9.2　Kikbug 自动化测试之 Appium

9.2.1 Appium 简介

Appium 是一个开源工具，用于自动化 iOS 手机、Android 手机和 Windows 桌面平台上的原生、移动 Web 和混合应用。"原生应用"指那些用 iOS、Android 或者 Windows SDK 编写的应用。"移动 Web 应用"是用移动端浏览器访问的应用（Appium 支持 iOS 上的 Safari、Chrome 和 Android 上的内置浏览器）。"混合应用"带有一个 webview 的包装器——用来和 Web 内容交互的原生控件。类似 PhoneGap 的项目,让用 Web 技术开发,然后打包进原生包装器,创建一个混合应用变得容易了。

重要的是,Appium 是跨平台的:它允许用户用同样的 API 对多平台写测试,做到在 iOS、Android 和 Windows 测试套件之间复用代码。

1. Appium 理念

Appium 旨在满足移动端自动化需求的理念,概述为以下四个原则:

(1)没有必要为了自动化而重新编译应用或者以任何方式修改它。

(2)不应该被限制在特定的语言或框架上来编写运行测试。

(3)移动端自动化框架在自动化接口方面不应该重造轮子。

(4)移动端自动化框架应该开源,不但在名义上而且在精神和实践上都要实至名归。

2. Appium 结构

(1)客户端/服务器架构

Appium 的核心是暴露 RESTAPI 的网络服务器。它接受来自客户端的连接,监听命令并在移动设备上执行,答复表示执行结果的 HTTP 响应。客户端/服务器架构实际给予了许多可能性:可以使用任何有 HTTP 客户端 API 的语言编写测试代码,不过选一个 Appium 客户端程序库用更容易。我们可以把服务器放在另一台机器上,而不是执行测试的机器。我们可以编写测试代码,并依靠类似 SauceLabs 的云服务接收和解释命令。

(2)会话

自动化始终在一个会话的上下文中执行,这些客户端程序库以各自的方式发起与服务器的会话,但都以发给服务器一个 POST/session 请求结束,请求中包含一个被称作 Desired Capabilities 的 JSON 对象。这时服务器就会开启这个自动化会话,并返回一个用于发送后续命令的会话 ID。

(3)Desired Capabilities

Desired Capabilities 是一些发送给 Appium 服务器的键值对集合(如 map 或 hash),告诉服务器想要启动什么类型的自动化会话。也有各种可以在自动化运行时修改服务器行为的 capabilities。例如,可以把 platformName capability 设置为 iOS,告诉 Appium 我们想要 iOS 会话,而不是 Android 或者 Windows 会话。也可以设置 safariAllowPopups capability 为 true,确保我们在 Safari 自动化会话中可以使用 JavaCcript 打开新窗口。

(4)Appium 服务器

Appium 是用 Node.js 写的服务器。它可以从源码构建安装或者从 NPM(如安装过 node.js 即可使用此指令)直接安装。

```
$ npm install-gappium
$ appium
```

(5)Appium 客户端

有多个客户端程序库(如 Java、Ruby、Python、PHP、JavaScript 和 C♯ 的)支持

Appium 对 WebDriver 协议的扩展，需要用这些客户端程序库代替通常的 WebDriver 客户端。在这里浏览所有程序库的列表。

（6）Appium.app，Appium.exe

有 Appium 服务器的图形界面包装器可以下载。它们打包了 Appium 服务器运行需要的所有东西，所以不需要为 Node 而烦恼。它们还提供一个 Inspector 使用户可以查看应用的层级结构，这在写测试时很方便。

9.2.2　WebDriver 介绍

Selenium 2.0 最主要的一个新特性就是集成了 WebDriver API。WebDriver 提供更精简的编程接口，以解决 Selenium-RC API 中的一些限制。WebDriver 为那些页面元素可以不通过页面重新加载来更新的动态网页提供了更好支持。

1. WebDriver 与 Selenium-RC

是否需要 Selenium-Server，取决于如何使用 Selenium-WebDriver。如果测试和浏览器都在一台机器上，那么就只需要 WebDriver API，而不需要 Selenium-Server，WebDriver 将直接操作浏览器。

在某些情况下，需要使用 Selenium-Server 来配合 Selenium-WebDriver 工作，例如以下 3 种情况。

（1）使用 Selenium-Grid 来分发测试给多个机器或者虚拟机。

（2）希望连接一台远程的机器来测试一个特定的浏览器。

（3）没有使用 Java 绑定（如 Python、C♯或 Ruby），并且可能希望使用 HtmlUnit Driver。

2. WebDriver 与 Selenium-Server

Selenium-WebDriver 直接通过浏览器自动化的本地接口来调用浏览器。如何直接调用和调用的细节取决于使用的浏览器。

相比 Selenium-RC，WebDriver 确实非常不一样。Selenium-RC 在所有支持的浏览器中工作原理是一样的。它将 JavaScript 在浏览器加载的时候注入浏览器，然后使用这些 JavaScript 驱动 AUT 运行 WebDriver 使用的是不同的技术，再一次强调，它是直接调用浏览器自动化的本地接口。

3. Selenium-WebDriver API 和操作

（1）获取一个页面

访问一个页面或许是使用 WebDriver 时你第一件想要做的事。最常见的是调用 get()方法：

```
driver.get("http://www.baidu.com");
```

包括操作系统和浏览器在内的多种因素影响，WebDriver 可能会也可能不会等待页面加载。在某些情况下，WebDriver 可能在页面加载完毕前就返回控制，甚至是开始加载之前。为了确保健壮性，需要使用 Explicit and Implicit Waits 等到页面元素可用。

（2）查找 UI 元素（web 元素）

WebDriver 实例可以查找 UI 元素。每种语言实现都暴露了"查找单个元素"和"查找所有元素"两种方法。第一种方法，如果找到，则返回该元素；如果没找到则抛出异常。第二种方法，如果找到，则返回一个包含所有元素的列表；如果没找到则返回一个空的数组。

"查找"方法使用了一个定位器或者一个叫"By"的查询对象。"By"支持的元素查找策略如下。

① By id。

这是最高效也是首选的方法用于查找一个元素。UI 开发人员常犯的错误是，要么没有指定 id，要么自动生成随机 id，这两种情况都应避免。即使是使用 class 也比使用自动生成随机 id 要好得多。

```
1. HTML:
2. <div id="coolestWidgetEvah">…</div>
3. Java:
4. WebElement element =driver.findElement(By.id("coolestWidgetEvah "))
```

② By Class Name。

"class"是 DOM 元素上的一个属性。在实践中，通常是多个 DOM 元素有同样的 class 名，所以通常用它来查找多个元素。

```
1. HTML:
2. <div class="cheese"><span>Cheddar</span></div><div class="cheese"><span>
   G</span></div>
3. Java:
4. List<WebElement>cheeses =driver.findElements(By.className("cheese")); 3)
   By Tag Name
```

③ By Tag Name。

根据元素标签名查找。

```
1. HTML:
2. <iframe src="…"></iframe>
3. Java:
4. WebElement frame =driver.findElement(By.tagName("iframe"));
```

④ By Name。

查找 name 属性匹配的表单元素。

```
1. HTML:
2. <input name="cheese" type="text"/>
3. Java:
```

```
4. WebElement cheese =driver.findElement(By.name("cheese"));
```

⑤ By Link Text。

查找链接文字部分匹配的链接元素。

```
1. HTML:
2. <a href="http://www.google.com/search?q=cheese">cheese</a>>
3. Java:
4. WebElement cheese =driver.findElement(By.linkText("cheese"));
```

⑥ By Partial Link Text。

查找链接文字部分匹配的链接元素。

```
1. HTML:
2. <a href="http://www.google.com/search?q=cheese">search for cheese</a>>
3. Java:
4. WebElement cheese =driver.findElement(By.partialLinkText("cheese"));
```

⑦ By CSS。

正如名字所表明的，它通过 CSS 来定位元素。默认使用浏览器本地支持的选择器，可参考 W3C 的 CSS 选择器。如果浏览器默认不支持 CSS 查询，则使用 Sizzle。IE 6 和 IE 7 和 FF 3.0 都使用了 Sizzle。

注意，使用 CSS 选择器不能保证在所有浏览器里都表现一样，有些在某些浏览器里工作良好，在另一些浏览器里可能无法工作。

```
1. HTML:
2. <div id="food"><span class="dairy">milk</span><span class="dairy aged">
   cheese</span></div>
3. Java:
4. WebElement cheese = driver.findElement(By.cssSelector("# food span.dairy.
   aged"));
```

⑧ By XPath。

在高层次上，WebDriver 尽可能使用浏览器原生的 XPath 功能。在那些没有本地 XPath 支持的浏览器上，Selenium 团队提供了自己的实现。这可能会导致一些出乎意料的结果，除非你知道各种 XPath 引擎的差异。

```
1. HTML:
2. <input type="text" name="example" />
3. <INPUT type="text" name="other" />
4. Java:
5. List<WebElement>inputs =driver.findElements(By.xpath("//input"));
```

（3）用户输入—填充表单

已经了解了怎么在输入框或者文本框中输入文字，但是如何操作其他的表单元素呢？可以切换多选框的选中状态，可以通过"单击"以选中一个 select 的选项。操作 select 元素不是一件很难的事情：

```
1. WebElement select =driver.findElement(By.tagName("select"));
2. List<WebElement>allOptions =select.findElements(By.tagName("option"));
3. for (WebElement option : allOptions) {
4.     System.out.println(String.format("Value is: %s", option.getAttribute("
       value")));
5.     option.click();
6. }
```

上述代码将找到页面中第一个 select 元素，然后遍历其中的每个 option，打印其值，再依次进行单击操作以选中这个 option。这并不是处理 select 元素最高效的方式。WebDriver 有一个叫"Select"的类，这个类提供了很多有用的方法，用于 select 元素进行交互。

```
1. Select select =new Select(driver.findElement(By.tagName("select")));
2. select.deselectAll();
3. select.selectByVisibleText("Edam");
```

上述代码取消页面上第一个 select 元素的所有 option 的选中状态，然后选中字面值为"Edam"的 option。

如果已经完成表单填充，你可能希望提交它，只要找到 submit 按钮然后单击它即可。

```
1. driver.findElement(By.id("submit")).click();
```

或者，可以调用 WebDriver 为每个元素提供的 submit()方法。如果你对一个 form 元素调用该方法，WebDriver 将调用这个 form 的 submit()方法。如果这个元素不是一个 form，将抛出一个异常。

```
1. element.submit();
```

（4）在窗口和帧（frames）之间切换

有些 Web 应用含有多个帧或者窗口。WebDriver 支持通过使用 switchTo()方法在多个帧或者窗口之间切换。

```
1. driver.switchTo().window("windowName");
```

所有 dirver 上的方法调用均被解析为指向这个特定的窗口。但是如何知道这个窗口的名字？来看一个打开窗口的链接。

```
<a href="somewhere.html" target="windowName">Click here to open a new window
</a>
```

可以将"window handle"传递给"switchTo().window()"方法。可以通过如下方法遍历所有打开的窗口。

```
1. for (String handle : driver.getWindowHandles()) {
2.     driver.switchTo().window(handle);
3. }
```

也可以切换到指定帧。

```
1. driver.switchTo().frame("frameName");
```

可以通过点分隔符访问子帧，也可以通过索引号指定它，例如：

```
1. driver.switchTo().frame("frameName.0.child");
```

该方法将查找到名为"frameName"的帧的第一个子帧的名为"child"的子帧。所有帧的计算都会从 top 开始。

（5）弹出框

由 Selenium2.0 beta1 开始，就内置了对弹出框的处理。如果触发了一个弹出框，可以通过如下方式访问到它。

```
1. Alert alert =driver.switchTo().alert();
```

该方法将返回目前被打开的弹出框。通过这个返回对象，可以访问、关闭、读取它的内容，甚至在 prompt 中输入一些内容。这个接口可以胜任 alerts、comfirms 和 prompts 的处理。

（6）导航：历史记录和位置

更早的时候，我们通过 get() 方法来访问一个页面（driver.get("http://www.example.com")）。正如你所见，WebDriver 有一些更小巧的、聚焦任务的接口，而 navigation 就是其中一个非常有用的任务。因为加载页面是一个非常基本的需求，实现该功能的方法取决于 WebDriver 暴露的接口。它等同于如下代码。

```
1. driver.navigate().to("http://www.example.com");
```

重申一下："navigate().to()"和"get()"做的事情是完全一样的。只是前者更易用。"navigate"接口暴露了访问浏览器历史记录的接口。

```
1. driver.navigate().forward();
2. driver.navigate().back();
```

需要注意的是，该功能的表现完全依赖于你所使用的浏览器。如果你习惯了一种浏览器，那么在另一种浏览器中使用它时，完全可能发生一些意外的事情。

（7）拖曳

以下代码演示了如何使用"Actions"类来实现拖曳。浏览器本地方法必须要启用。

```
1. WebElement element =driver.findElement(By.name("source"));
2. WebElement target =driver.findElement(By.name("target"));
3. (new Actions(driver)).dragAndDrop(element, target).perform();
```

9.2.3　环境配置

1. 移动应用测试插件安装

（1）下载 Mooctest.Appium 插件，如图 9-8 所示。

图 9-8 下载 Mooctest.Appium

（2）打开 Eclipse，选择 Help→Install New Software，如图 9-9 所示。

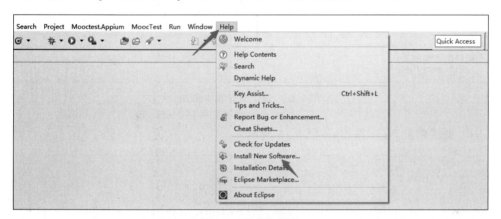

图 9-9 安装新插件

（3）单击 Add→Local 找到插件下载的位置，选中文件进行安装，如图 9-10 所示。

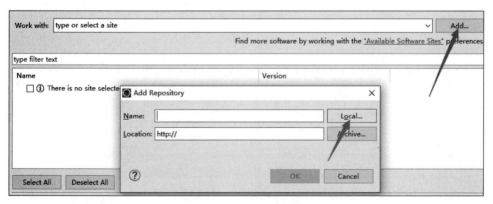

图 9-10 查找插件位置

（4）插件名设置为 MoocTest，如图 9-11 所示，安装时间较长，请耐心等待。

（5）选中 MoocTest 插件，单击 Next 按钮，如图 9-12 所示。

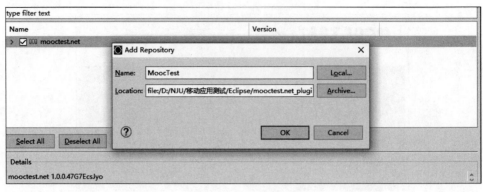

图 9-11　填写插件名

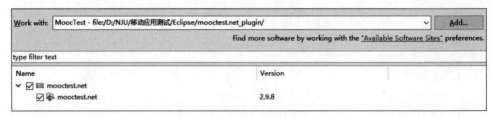

图 9-12　选择要安装的插件

（6）继续单击 Next 按钮，如图 9-13 所示。

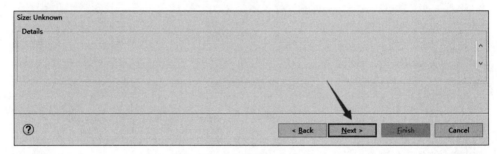

图 9-13　继续下一步

（7）选择 I accept the terms of the license agreement，单击 Finish 按钮，如图 9-14 所示。

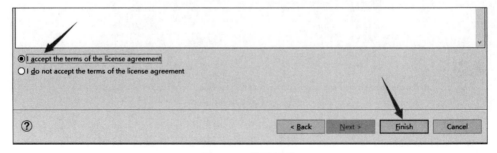

图 9-14　接受证书

（8）如果弹出安全警告，则直接单击 OK 按钮即可，如图 9-15 所示。

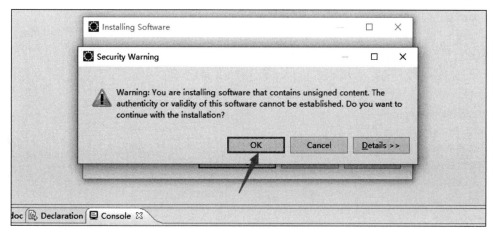

图 9-15　忽略安全警告继续安装

（9）单击 Yes 按钮，重启 Eclipse。现在插件已经可以正常使用，如图 9-16 所示。

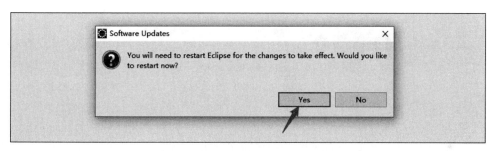

图 9-16　重启 Eclipse

（10）安装完可以看到 Mooctest.Appium 插件，如图 9-17 所示。

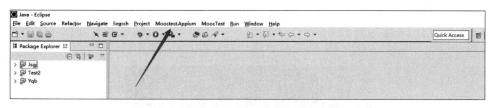

图 9-17　查看已安装插件

2. 配置 Appium 环境

如果在 Windows 上安装 Appium，无法使用预编译专用于 OS X 的 .app 文件，也将不能测试 iOS 的 App，因为 Appium 依赖 OS X 专用的库来支持 iOS 测试。这意味着只能通过在 MAC 上来运行 iOS 的 App 测试。

（1）安装 node.js（**0.8 版本及以上**）。

① 下载适合自己机型的版本：https://nodejs.org/en/download/，如图 9-18 所示。

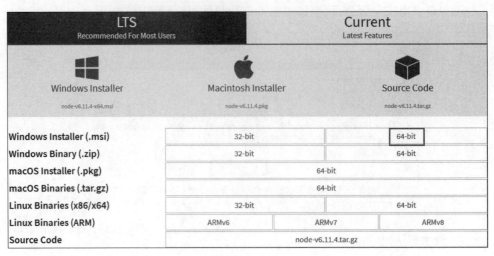

图 9-18　下载 node.js

② 双击安装文件，一直单击 Next 按钮，完成 node.js 的安装，如图 9-19 所示。

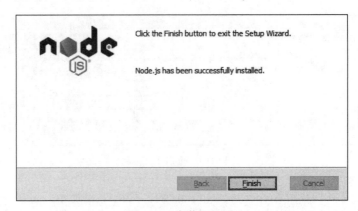

图 9-19　安装 node.js

③ 运行 cmd，输入 node -v，如果安装成功，则输出版本信息，如图 9-20 所示。

图 9-20　查看 node.js 版本

（2）安装 Appium

方法一：

通过 npm 安装 Appium。运行 cmd，输入 npm install -g appium，如图 9-21 所示。但是，这种方法很慢，而且经常下载失败，所以推荐使用方法二。

图 9-21　使用 npm 安装 Appium

方法二：

① 在 Appium 官方网站下载操作系统相应的 Appium 版本，如图 9-22 所示。

https://bitbucket.org/appium/appium.app/downloads/

Downloads	Tags	Branches				
Name			**Size**	**Uploaded by**	**Downloads**	**Date**
Download repository			77.7 MB			
appium.dmg			106.2 MB	astro03	40012	2016-06-08
appium-1.5.3.dmg	For MAC		106.2 MB	astro03	142235	2016-06-08
appium-1.5.2.dmg			104.1 MB	astro03	78801	2016-05-03
AppiumForWindows.zip			47.3 MB	astro03	95244	2015-12-08
AppiumForWindows_1_4_16_1.zip	For Windows		47.3 MB	astro03	178581	2015-12-08
appium-1.4.13.dmg			178.3 MB	dcuellar	367030	2015-10-26

图 9-22　官网下载 Appium

② 若官网下载失败，可通过百度网盘下载操作系统相应版本，如图 9-23 所示。

http://pan.baidu.com/s/1jGvAISu

Appium各版本安装包		保存到网盘	下载	〓	举报
⏱ 2014-05-05 11:16　失效时间：永久有效					赞
返回上一级 | 全部文件 » Appium各版本安装包					
☐ 文件名			大小	修改日期	
☐ 　Appium-Desktop-1.0.2-beta.2			-	2017-05-24 10:02	
☐ 　network emulatot for windows toolkit-32&64bit.zip			4M	2014-09-28 13:57	
☐ 　AppiumForWindows_1.4.16.1.zip		➡ ⬇	47.3M	2015-12-09 15:43	
☐ 　AppiumForWindows_1.4.13.1.zip			46.2M	2015-11-02 09:29	
☐ 　AppiumForWindows_1.4.0.zip			51.5M	2015-05-15 10:28	
☐ 　AppiumForWindows-1.3.7.2.zip			48.5M	2015-04-06 15:40	
☐ 　AppiumForWindows-1.3.7.1.zip			48.5M	2015-03-30 12:00	

图 9-23　通过百度网盘下载 Appium

③ 将下载的 AppiumForWindows_1.4.16.1.zip 进行解压，如图 9-24 所示。

名称	修改日期	类型
appium-installer.exe	2015/12/9 6:09	应用程序
update.bat	2015/10/10 1:40	Windows 批处理...

图 9-24　解压 Appium

④ 双击 appium-installer.exe 进行安装。安装完会在桌面上生成 Appium 图标。

⑤ 若提示缺少.NET Framework，如图 9-25 所示，则百度搜索".NET Framework 4.5"进行下载、安装，如图 9-26 所示。

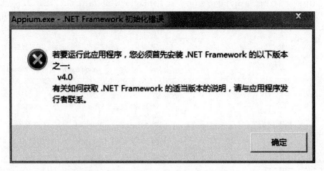

图 9-25　缺少.NET Framework

图 9-26　下载.NET Framework

⑥ 检查 Appium 环境安装是否成功。

运行 cmd，输入"appium-doctor"，若显示如图 9-27 所示，则说明 Appium 配置成功。

若提示"不是内部或外部命令"，可进行如下操作。

新建系统变量"Appium_Home"，变量值为 Appium 安装路径，默认为"C:\Program Files（x86）\Appium"，如图 9-28 所示。

系统变量中，在 Path 末尾单击新建增加"％Appium_Home％;％Appium_Home％\node_modules\.bin"，如图 9-29 所示。

```
C:\Users\Dell>appium-doctor
Running Android Checks
√ ANDROID_HOME is set to "E:\Android\android-sdk-windows"
√ JAVA_HOME is set to "C:\Program Files\Java\jdk1.7.0_80."
√ ADB exists at E:\Android\android-sdk-windows\platform-tools\adb.exe
√ Android exists at E:\Android\android-sdk-windows\tools\android.bat
√ Emulator exists at E:\Android\android-sdk-windows\tools\emulator.exe
√ Android Checks were successful.

√ All Checks were successful
```

图 9-27 检测 Appium 是否安装成功

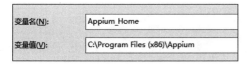

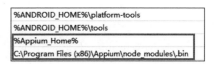

图 9-28 配置 Appium 环境变量　　　　　　图 9-29 添加 Appium 系统路径

3. 示例程序

(1) 打开 Eclipse，单击 File→New→Project…，新建 Java 工程，如图 9-30 所示。

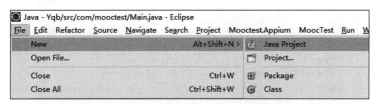

图 9-30 新建 Java 工程

(2) 在 Create a Java Project 对话框中的 Project name 文本框输入"AppiumDemo"，单击 Finish 按钮，完成工程创建，如图 9-31 所示。

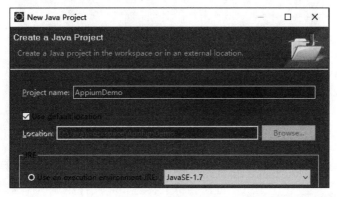

图 9-31 填写工程名

(3) 在新建的工程 AppiumDemo 上右击，从弹出的快捷菜单中选择 New→Folder，如图 9-32 所示。

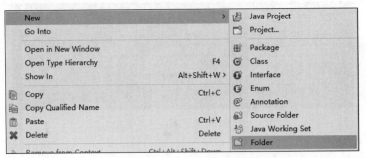

图 9-32　新建文件夹

（4）在 New Folder 对话框中的 Folder name 文本框中输入"apk"，单击 Finish 按钮完成文件夹新建，如图 9-33 所示。

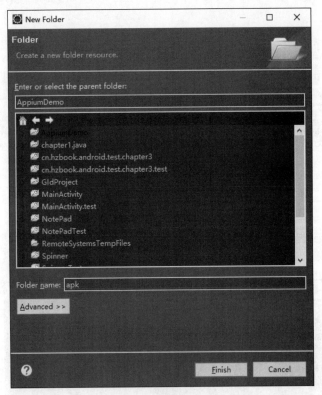

图 9-33　填写文件夹名

（5）下载 apk 文件，http://pan.baidu.com/s/1jIpGIOm。注意：计算机的杀毒软件可能会将下载的 apk 文件识别为病毒并删除，此时可以先关闭杀毒软件，再重新下载。

（6）将下载好的 apk 文件复制到上一步使用 Eclipse 创建的 apk 文件夹下，如图 9-34 所示。

（7）参照上面的方法，使用 Eclipse 创建文件夹"lib"。

图 9-34　复制 apk 文件

（8）下载需要的外部库，http://pan.baidu.com/s/1qXRidvm。

（9）将下载的两个外部库复制到使用 Eclipse 创建的"lib"文件夹中，如图 9-35 所示。

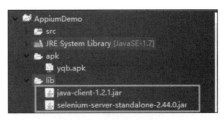

图 9-35 复制 lib 文件

（10）在 Eclipse 中，按住 Ctrl 键，选中复制进来的两个 lib 库。右击 Build Path→Add to Build Path，将它们加入编译路径，如图 9-36 所示。

（11）右击 src 文件夹，从弹出的快捷菜单中选择 New→Package，如图 9-37 所示。

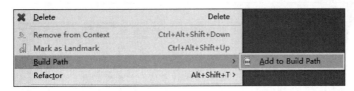

图 9-36 将 lib 文件加入编译路径

图 9-37 新建包

（12）在 New Java Package 对话框中的 Name 文本框中输入"com.mooctest"，单击 Finish 按钮，如图 9-38 所示。

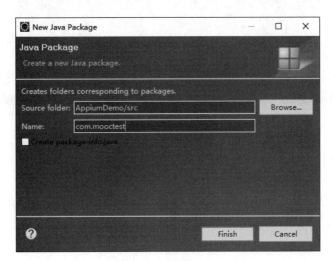

图 9-38 填写包名

（13）在新建的 com.mooctest 包上右击 New→Class，如图 9-39 所示。

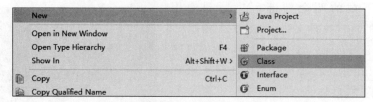

图 9-39 新建类

（14）在 New Java Class 对话框中的 Name 文本框中输入 Main，如图 9-40 所示。

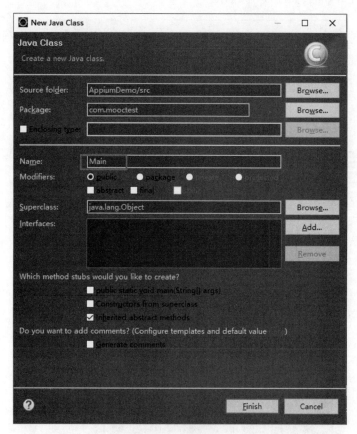

图 9-40 填写类名

（15）类中填写如代码清单 9-4 所示的代码。

代码清单 9-4 Main.java 代码

```
1. package com.mooctest;
2.
3. import io.appium.java_client.AppiumDriver;
4.
5. import java.io.File;
```

```
6.  import java.net.MalformedURLException;
7.  import java.net.URL;
8.  import java.util.List;
9.  import java.util.concurrent.TimeUnit;
10.
11. import org.openqa.selenium.By;
12. import org.openqa.selenium.NoSuchElementException;
13. import org.openqa.selenium.WebElement;
14. import org.openqa.selenium.remote.CapabilityType;
15. import org.openqa.selenium.remote.DesiredCapabilities;
16. import org.openqa.selenium.remote.UnreachableBrowserException;
17.
18.
19. public class Main {
20.
21.     /**
22.      * "appPackage", "com.paic.zhifu.wallet.activity"
23.      * "app-launchActivity", "com.paic.zhifu.wallet.activity.modules.
                guide.LoadingActivity"
24.      */
25.
26.     /**
27.      * 所有和 AppiumDriver 相关的操作都必须写在该函数中
28.      * @param driver
29.      */
30.     public void test(AppiumDriver driver) {
31.
32.     }
33.
34.     /**
35.      * AppiumDriver 的初始化逻辑必须写在该函数中
36.      * @return
37.      */
38.     public AppiumDriver initAppiumTest() {
39.         AppiumDriver driver=null;
40.         File classpathRoot =new File(System.getProperty("user.dir"));
41.         File appDir =new File(classpathRoot, "apk");
42.         File app =new File(appDir, "yqb.apk");
43.
44.         //设置自动化相关参数
45.         DesiredCapabilities capabilities =new DesiredCapabilities();
46.         capabilities.setCapability("browserName", "");
47.         capabilities.setCapability("platformName", "Android");
48.         capabilities.setCapability("deviceName", "emulator-5554");
```

```
49.
50.        //设置安 Android 统版本,注意和自己的手机版本号一致
51.        capabilities.setCapability("platformVersion", "22");
52.        //设置 apk 路径
53.        capabilities.setCapability("app", app.getAbsolutePath());
54.
55.        //设置 app 的主包名和主类名
56.        capabilities.setCapability("appPackage", "com.paic.zhifu.wallet.
           activity");
57.          capabilities. setCapability ( " appActivity",  ". modules. guide.
             LoadingActivity");
58.        //设置使用 Unicode 键盘.支持输入中文和特殊字符
59.        capabilities.setCapability("unicodeKeyboard","true");
60.        //设置用例执行完成后重置键盘
61.        capabilities.setCapability("resetKeyboard","true");
62.        //初始化
63.        try {
64.            driver = new AppiumDriver(new URL("http://127.0.0.1:4723/wd/
     hub"), capabilities);
65.        } catch (MalformedURLException e) {
66.            // 自动生成的 try-catch 块
67.            e.printStackTrace();
68.        }
69.        return driver;
70.    }
71.
72.    public void start() {
73.        test(initAppiumTest());
74.    }
75.
76.    public static void main(String[] args) {
77.        Main main = new Main();
78.        main.start();
79.    }
80.
81.  }
```

（16）启动雷电模拟器,如图 9-41 所示。

（17）运行 cmd,输入"adb devices""adb shell getprop ro. build. version. sdk",如图 9-42 所示。

（18）打开 Eclipse 中的 Main.java 文件,修改第 48 行的 deviceName 为 adb devices 输出内容,第 51 行的 platformVersion 为 adb shell getprop ro. build. version. sdk 输出内容,如图 9-43 所示。

（19）启动 Appium 服务器,如图 9-44 所示。

图 9-41　启动雷电模拟器

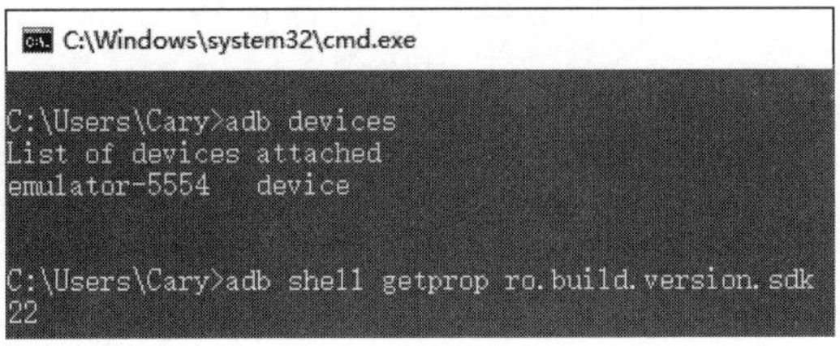

C:\Windows\system32\cmd.exe

```
C:\Users\Cary>adb devices
List of devices attached
emulator-5554   device


C:\Users\Cary>adb shell getprop ro.build.version.sdk
22
```

图 9-42　查看设备信息

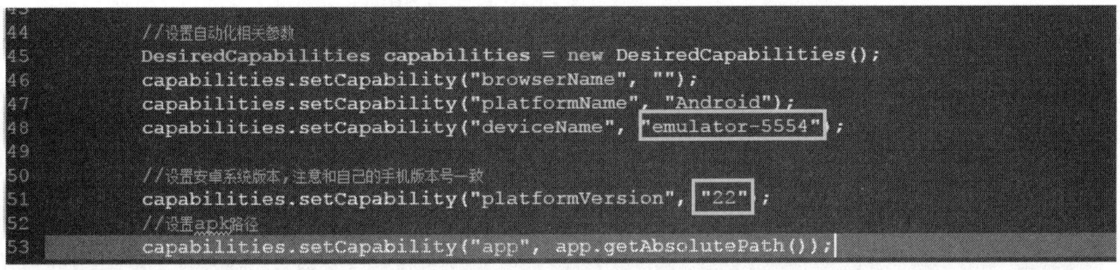

```
43
44      //设置自动化相关参数
45      DesiredCapabilities capabilities = new DesiredCapabilities();
46      capabilities.setCapability("browserName", "");
47      capabilities.setCapability("platformName", "Android");
48      capabilities.setCapability("deviceName", "emulator-5554");
49
50      //设置安卓系统版本,注意和自己的手机版本号一致
51      capabilities.setCapability("platformVersion", "22");
52      //设置apk路径
53      capabilities.setCapability("app", app.getAbsolutePath());
```

图 9-43　填写设备信息

图 9-44　启动 Appium 服务器

　　(20) 右击 Main.java 文件,从弹出的快捷菜单中选择 Run As→Java Application,如图 9-45 所示。

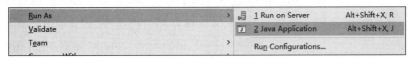

图 9-45　运行 Java 工程

（21）模拟器上会自动安装应用，并打开。Appium 客户端控制台会输出日志。

9.2.4　Appium API 示例

1. 获取当前页面的 activity 名

比如需要实现这个登录的功能时，主要思路为如果当前界面为登录页面时，就进行登录行为，否则就跳转到登录页面，如代码清单 9-5 所示。

代码清单 9-5　登录跳转

```
1. if driver.current_activity ==".ui.login.ViewPage":
2.     // To login_action
3. else:
4.     // Trun to loginPage
```

2. 通过元素 id 查找当前页面的一个目标元素

通过源码注释可以得到 find_element_by_id 这一类的 API 主要有两个使用途径，第一个使用途径如代码清单 9-6 所示。

代码清单 9-6　查找目标元素（一）

```
1. driver.find_element_by_id("com.codoon.gps:id/tv_login")
   // from webdriver.py
```

在 driver 下通过 id 查找一个元素，此用法通常适用于当前界面的 driver 有且仅有一个唯一的 id 元素标示，通过调用 find_element_by_id() 可以准确地找到目标元素；另一种使用途径主要如代码清单 9-7 所示。

代码清单 9-7　查找目标元素（二）

```
1. driver_element = driver.find_element_by_xpath("//android.widget.ListView/
   android.widget.LinearLayout")
2.
3. // from webdriverelement.py
4.
5. driver_element.find_element_by_id("com.codoon.gps:id/activity_active_
   state")
```

在 driver.find_element_by_xpath 返回了 driverElement 类型，调用 find_element_by_id 在 driverElement 下的子元素以 id 匹配目标元素。图 9-46 为 uiautomatorviewer 对 id、name、class 的图示说明。特别说明：若 id、name、xpath 等在当前 driver 或者 driverElement 查找的目标元素不是唯一元素，此时调用 find_element_by_id（name\xpath）时，会返回查找匹配到的第一个元素。

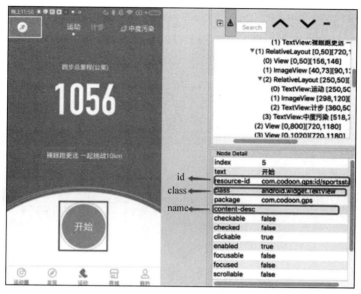

图 9-46　获取页面元素

9.2.5　Appium 测试用例录制

（1）Android Settings。

① 设置 apk 路径，如图 9-47 所示。

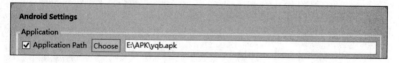

图 9-47　设置 apk 路径

② 设置不重新安装 apk，如图 9-48 所示。

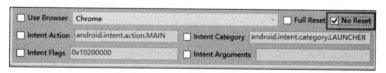

图 9-48　取消重复安装

③ 填写设备相关信息，如图 9-49 所示。

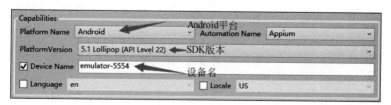

图 9-49　填写设备信息

（2）General Settings，如图 9-50 所示。

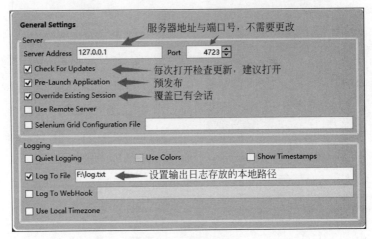

图 9-50　常规设置

（3）连接模拟器，启动服务器，如图 9-51 所示。

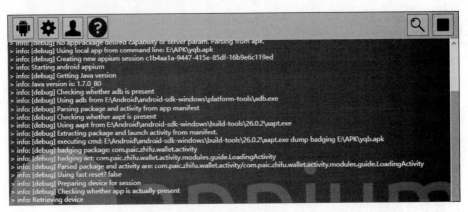

图 9-51　启动服务器

（4）Inspector。

① 单击 Refresh 按钮，如果报错如图 9-52 所示。

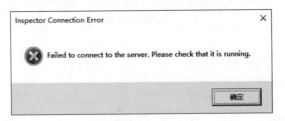

图 9-52　adb server 未成功启动

② 重启 adb server。运行 cmd，依次输入"adb kill-server""adb start-server""adb devices"，结果如图 9-53 所示。

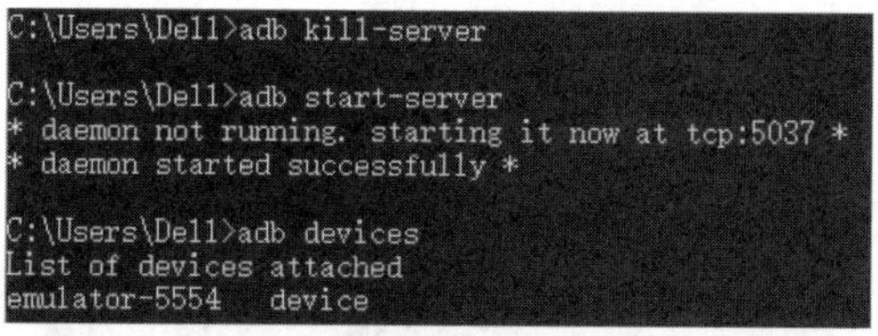

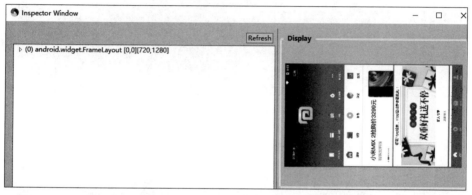

图 9-53　重新启动 adb server

③ 重新启动 Appium，使用 Inspector 功能，如图 9-54 所示。

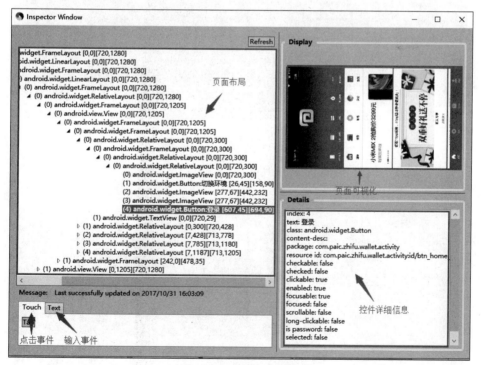

图 9-54　检查窗口

④ 录制脚本，如图 9-55 所示。

图 9-55　录制脚本功能

（5）Stop the Appium Node Server，如图 9-56 所示。

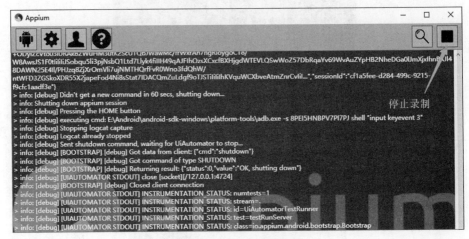

图 9-56　停止脚本录制

（6）控制台的输出日志，如图 9-57 所示。

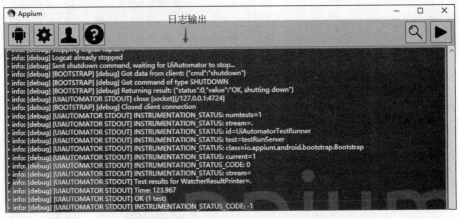

图 9-57　控制台输出日志

（7）日志输出到文件中，如图 9-58 所示。

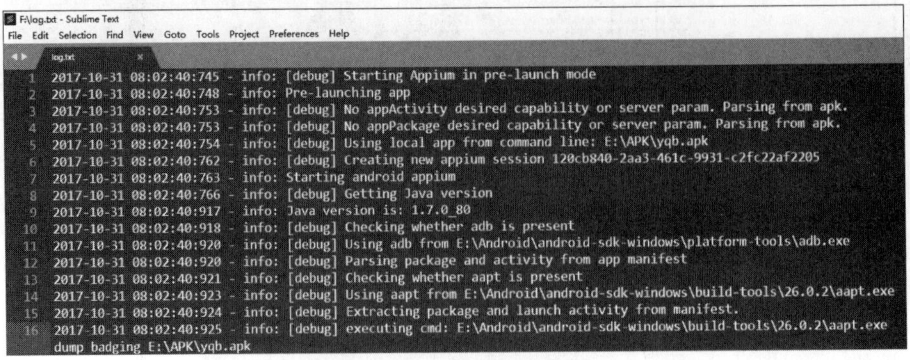

图 9-58　日志输出到文件中

（8）清除日志信息，如图 9-59 所示。

图 9-59　清除日志信息

图 9-60　MoocTest 登录界面

9.2.6　Appium 测试用例编写

1. 下载题目

下面结合全国软件测试大赛赛题，给出 Appium 测试用例编写过程示例。

（1）登录网址 http://www.mooctest.net，如图 9-60 所示。

（2）单击大赛入口，参加相应的比赛，如图 9-61 所示。

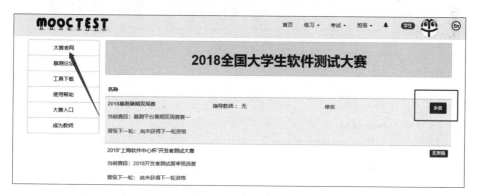

图 9-61　参加大赛

（3）单击"我要做题"，复制考题密钥，如图 9-62 所示。

（4）打开安装好插件的 Eclipse，使用 Mooctest.Appium 插件的 Login 功能，如图 9-63 所示。

（5）输入考题密钥，如图 9-64 所示。

（6）登录成功，如图 9-65 所示。

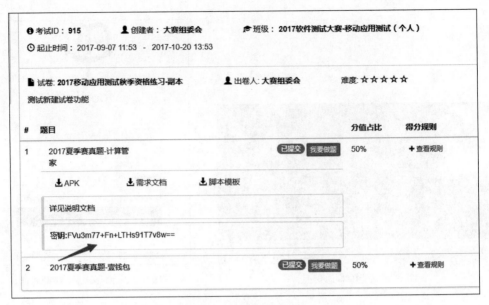

图 9-62　复制考题密钥

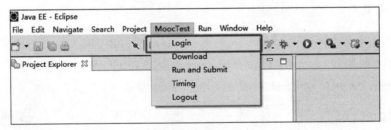

图 9-63　Eclipse 插件——Login

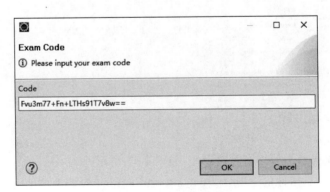

图 9-64　输入考题密钥

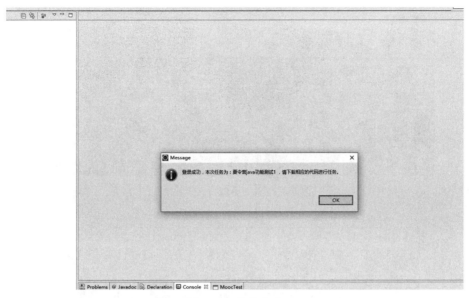

图 9-65　登录成功

（7）选择 MoocTest-Download 下载试题，如图 9-66 所示。

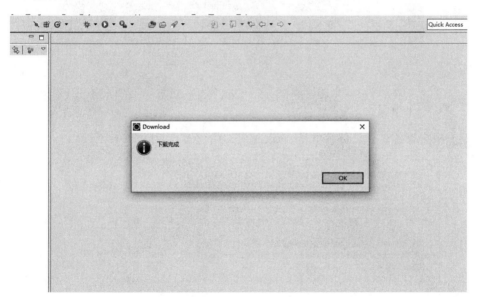

图 9-66　下载试题

2. 启动 Appium 服务

（1）运行 cmd，输入 Appium，打开 Appium 客户端，如图 9-67 所示。

（2）单击 Launch the Appium Node Server，启动 Appium 服务器，如图 9-68 所示。

图 9-67　启动 Appium 客户端

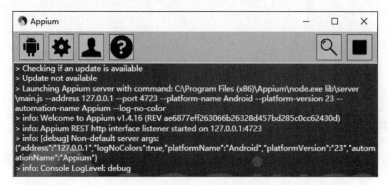

图 9-68　启动 Appium 服务器

3. 编写测试脚本

（1）根据设备名和设备版本号，修改相应初始化参数，如图 9-69 所示。

```
//设置自动化相关参数
DesiredCapabilities capabilities = new DesiredCapabilities();
capabilities.setCapability("browserName", "");
capabilities.setCapability("platformName", "Android");
capabilities.setCapability("deviceName", "8PEI5HNBPV7PI7PJ");设备名

//设置Android系统版本,注意和自己的手机版本号一致
capabilities.setCapability("platformVersion", "6.0");设备版本
//设置apk路径
capabilities.setCapability("app", app.getAbsolutePath());
```

图 9-69　修改初始化参数

（2）使用 adb devices 命令查看设备 deviceName，如图 9-70 所示。

图 9-70　查看设备连接状态

（3）打开手机中设置→我的手机，查看 platform-Version，如图 9-71 所示。

（4）在 test 函数中完成测试脚本，和 AppiumDriver 相关的操作必须写在该函数中，如图 9-72 所示。

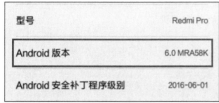

型号	Redmi Pro
Android 版本	6.0 MRA58K
Android 安全补丁程序级别	2016-06-01

图 9-71　查看设备 Android 版本

```
/**
 * 所有和AppiumDriver相关的操作都必须写在该函数中
 * @param driver
 */
public void test(AppiumDriver driver) {

}
```

图 9-72　在此函数中填写代码

（5）脚本编写完成后，选择 Mooctest.Appium-Score 进行运行并打分、提交，如图 9-73 所示。

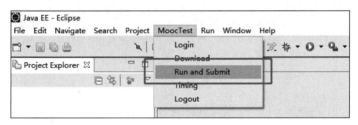

图 9-73　插件打分、提交

4. 示例脚本

在代码清单 9-8 中提供了一份示例脚本供参考。

代码清单 9-8　示例脚本

```
1. package com.mooctest;
2.
3. import io.appium.java_client.AppiumDriver;
4. import io.appium.java_client.AndroidKeyCode;
5. import java.io.File;
6. import java.net.MalformedURLException;
7. import java.net.URL;
8. import java.util.List;
9. import java.util.concurrent.TimeUnit;
10. import org.openqa.selenium.By;
11. import org.openqa.selenium.NoSuchElementException;
12. import org.openqa.selenium.WebElement;
13. import org.openqa.selenium.remote.CapabilityType;
14. import org.openqa.selenium.remote.DesiredCapabilities;
15. import org.openqa.selenium.remote.UnreachableBrowserException;
16.
17. public class Main {
18.     /**
19.      * "appPackage", "longbin.helloworld"
```

```
20.        *  "app-launchActivity", "longbin.helloworld.SplashActivity"
21.        *  本示例脚本仅作为参考.具体请根据自己的测试机型
22.        *  可能出现的特殊情况进行脚本的编写调整
23.        */
24.
25.    /**
26.     *  所有和 AppiumDriver 相关的操作都必须写在该函数中
27.     *  @param driver
28.     */
29.    public void test(AppiumDriver driver) {
30.        try {
31.            Thread.sleep(8000);
32.        } catch (InterruptedException e) {
33.            // 自动生成的 try-catch 块
34.            e.printStackTrace();
35.        }
36.        driver.manage().timeouts().implicitlyWait(8, TimeUnit.SECONDS);
37.        driver.manage().timeouts().implicitlyWait(8, TimeUnit.SECONDS);
38.        int screen_width = driver.manage().window().getSize().width;   //
           screen width
39.        int screen_height = driver.manage().window().getSize().height;     //
           screen height
40.        int startx = screen_width * 9/10;
41.        int starty = screen_height/2;
42.        int endx = screen_width/10;
43.        int endy = starty;
44.        driver.swipe(startx, starty, endx, endy, 1000);
45.        driver.swipe(startx, starty, endx, endy, 1000);
46.        driver.swipe(startx, starty, endx, endy, 1000);
47.        driver.swipe(startx, starty, endx, endy, 1000);
48.        driver.swipe(startx, starty, endx, endy, 1000);
49.        driver.swipe(startx, starty, endx, endy, 1000);
50.        driver.swipe(startx, starty, endx, endy, 1000);
51.        try {
52.            driver.findElementById("longbin.helloworld:id/coolchuan_guide_
               checkbox").click();
53.        } catch (Exception e) {
54.        }
55.        driver.findElementById("longbin.helloworld:id/guide_btn").click();
56.        driver.sendKeyEvent(AndroidKeyCode.BACK);
57.        driver.findElementById("longbin.helloworld:id/button23").click();
58.        driver.findElementByXPath("//android.widget.TextView[@text='常量
           ']").click();
```

```
59.        driver.findElementByXPath("//android.widget.TextView[@text='数学
           ']").click();
60.        driver.findElementByXPath("//android.widget.TextView[@text='普适
           ']").click();
61.    }
62.
63.    /**
64.     * AppiumDriver 的初始化逻辑必须写在该函数中
65.     * @return
66.     */
67.    public AppiumDriver initAppiumTest() {
68.        AppiumDriver driver = null;
69.        File classpathRoot = new File(System.getProperty("user.dir"));
70.        File appDir = new File(classpathRoot, "apk");
71.        File app = new File(appDir, "jsgj.apk");
72.
73.        //设置自动化相关参数
74.        DesiredCapabilities capabilities = new DesiredCapabilities();
75.        capabilities.setCapability("browserName", "");
76.        capabilities.setCapability("platformName", "Android");
77.        capabilities.setCapability("deviceName", "emulator-5554");
78.
79.        //设置 Android 系统版本
80.        capabilities.setCapability("platformVersion", "6.0");
81.        //设置 Apk 路径
82.        capabilities.setCapability("app", app.getAbsolutePath());
83.
84.        //设置 App 的主包名和主类名
85.        capabilities.setCapability("appPackage", "longbin.helloworld");
86.        capabilities.setCapability("appActivity", ".SplashActivity");
87.        //设置使用 Unicode 键盘.支持输入中文和特殊字符
88.        capabilities.setCapability("unicodeKeyboard","true");
89.        //设置用例执行完成后重置键盘
90.        capabilities.setCapability("resetKeyboard","true");
91.        //初始化
92.        try {
93.            driver = new AppiumDriver(new URL("http://127.0.0.1:4723/wd/
               hub"), capabilities);
94.        } catch (MalformedURLException e) {
95.            // 自动生成的 try-catch 块
96.            e.printStackTrace();
97.        }
98.        return driver;
```

```
99.        }
100.
101.    public void start() {
102.        test(initAppiumTest());
103.    }
104.
105.    public static void main(String[] args) {
106.        Main main = new Main();
107.        main.start();
108.    }
109. }
```

移动应用其他测试

对一个移动应用,除了应测试功能是否能正常完成之外,还需要根据实际情况,选择测试以下方面的质量特性。

10.1 性 能 测 试

10.1.1 响应能力测试

测试 App 中的各类操作是否满足用户对响应时间的要求。

(1) App 安装、卸载的响应时间。

(2) App 各类功能操作的响应时间。

(3) 特定应用场景下,各种操作的响应时间。

10.1.2 压力测试

在长时间、高负载、反复操作等情况下,测试 App 的性能状态或执行结果。

(1) 持续给 App 服务端增加负载,监测性能状态变化,直到出现性能拐点,从而可以获知系统的极限能力。

(2) 反复进行 App 安装的卸载,查看系统资源是否正常。

(3) 某项或者某组功能反复进行操作,查看系统资源是否正常,App 执行是否正确。

10.1.3 耗电量测试

移动应用的有些操作是比较耗电的,如屏幕、GPS、Sensor 传感器、唤醒机制、联网等,而相对于 PC 来说,移动设备的电池容量是非常有限的,如果移动应用耗电量太大,那么移动设备难以长时间支撑,另外长时间高耗电的状态,也可能会导致移动设备过热,为此,对存在高耗电风险的 App 需要进行耗电量测试。

耗电量测试时,一般应恢复移动设备的出厂设置,排除其他 App 对耗电量的影响,测试过程中不能充电等,减少干扰因素。

10.1.4 Benchmark 测试

Benchmark 的意思是基准点,Benchmark 测试是指按照统一的测试规范(或基准)对被测试系统进行测试,测试结果之间具有可比性,并可再现测试结果,可用于竞争产品、演化产品之间的对比测试等。Benchmark 在计算机领域应用最成功的就是性能测试,主要测试负载的执行时间、传输速度、吞吐量、资源占用率等。

10.2 安全性测试

可从以下方面来测试一个移动应用的安全性。

10.2.1 风险和权限控制

(1) 扣费风险:包括免密码支付、自动扣费等。

(2) 自主外联风险:包括发送短信或彩信、拨打电话、连接网络等。

(3) 隐私泄露风险:包括获得位置信息,访问手机信息、联系人信息、用户数据,读取通话记录、短信,获得相机、麦克风权限等。

(4) 自动启动风险:包括自动注册启动应用程序、打开其他应用程序等。

(5) 篡改手机数据信息风险:包括写入或者删除联系人等。

10.2.2 数据安全性

(1) 当密码或其他的敏感数据输入到应用程序时,应不会被存储在移动设备中。

(2) 输入的密码不应以明文形式进行显示。

(3) 移动应用的密码长度一般至少应为 6 个字符。

(4) 当应用程序处理信用卡明细或其他的敏感数据时,不以明文形式将数据写到其他单独的文件或者临时文件中。

(5) 应防止应用程序异常终止而没有删除它的临时文件,然后这些文件可能被入侵者读取。

(6) 备份应该加密,恢复数据应考虑恢复过程中可能出现异常,如通信中断等,数据恢复后在使用前应该经过校验。

(7) 应用程序应考虑系统或者虚拟机器产生的用户提示信息或安全警告。

(8) 应用程序不能在系统或者虚拟机器产生的安全警告显示前,利用显示信息误导欺骗用户。

(9) 应用程序不应该模拟进行安全警告误导用户。

(10) 在数据删除之前,应用程序应当有二次"确认"或者"取消"按钮。

(11) 应用程序读和写数据应正确无误。

(12) 应用程序应当有异常保护。

(13) 如果移动设备、数据库中重要的数据正要被修改,应及时告知用户。

10.2.3 通信安全性

(1) 在运行移动应用程序过程中, 如果有来电、SMS、EMS、MMS、蓝牙、红外等通信或充电时,是否能暂停程序,优先处理通信,并在处理完毕后能正常恢复软件,继续其原来的功能。

（2）应能应对通信延时。

（3）应能处理网络连接中断。

（4）网络连接不再使用时应及时关闭。

（5）HTTP、HTTPS 覆盖测试。

移动应用程序和后台服务一般都通过 HTTP 交互,应验证 HTTP 环境下是否正常。

公共免费网络环境中(如免费 WiFi 等)需要输入用户名和密码通过 SSL 认证来访问网络,应对使用 HTTP Client 的 library 异常作捕获处理。

10.3 特殊或异常情况测试

问题最容易在特殊或者异常情况下出现,为此可以针对这些情况,测试 App 是否能正确响应或者正确应对。特殊或异常情况可能因电量、存储、网速等触发,典型测试场景如下。

（1）内存满时安装、运行 App。

（2）没有网络时执行需要网络连接的操作。

（3）运行 App 时手机断电。

（4）运行 App 时断掉网络。

（5）电量非常低时运行 App。

（6）带宽很小,或者在网络时断时续的情况下执行需要网络连接的操作。

10.4 人机界面交互测试

与 PC 相比,App 总体而言界面交互性较差,是测试重点之一。一般应对以下内容进行测试。

（1）应有功能完备的菜单、按钮等,保证用户操作较为便捷。

（2）一般情况下,操作流程应可以前进可以回退,符合日常使用习惯。

（3）返回、退出等菜单或按钮应总是保持可用。

（4）需要输入多项数据的界面,不能因为一个数据有问题提交不成功,就会丢失所有输入数据。

（5）在不同的屏幕分辨率、文字显示大小等条件下,App 界面应能保持正常。

（6）App 必须能够处理不可预知的用户操作,例如错误的操作、同时按下多个键、同时单击屏幕多个位置等。

（7）意外情况下,App 应对用户给出提示信息。

10.5 安装与卸载测试

（1）安装包应包含数字签名信息。

（2）App 应能正确地安装到移动设备上。

（3）安装后应能够在移动设备上看到 App 的相应图标。

（4）没有用户的允许，App 不应默认设定为自动启动。

（5）卸载时，安装到移动设备上的文件应全部删除。

（6）卸载后，配置信息应复原。

（7）安装或卸载不应影响其他软件。

参 考 文 献

[1] 秦航，杨强.软件质量保证与测试[M].2版.北京：清华大学出版社，2017.

[2] 朱少民.软件测试方法和技术[M].3版.北京：清华大学出版社，2014.

[3] 郑炜，刘文兴，杨喜兵，等.软件测试(慕课版)[M].北京：人民邮电出版社，2017.

[4] 林若钦.基于JUnit单元测试应用技术[M].广州：华南理工大学出版社，2017.

[5] 李炳森.实用软件测试[M].北京：清华大学出版社，2016.

[6] 宫云战.软件测试教程[M].2版.北京：机械工业出版社，2016.

[7] 朱少民.软件测试[M].2版.北京：人民邮电出版社，2016.

[8] 周元哲.软件测试实用教程[M].北京：人民邮电出版社，2013.

[9] 李海生，郭锐.软件测试技术案例教程[M].北京：清华大学出版社，2012.

[10] HETZEL B. The complete guide to software testing[J]. Qed Information Sciences，1988，4(4)：206-207.

[11] BROWN S，TIMONEY J，LYSAGHT T. 软件测试原理与实践(英文版)[M].北京：机械工业出版社，2012.

[12] GLENFORD J，BADGETT T，SANDLER C. 软件测试的艺术[M].张晓明，黄琳，译，3版.北京：机械工业出版社，2013.

[13] VANCE S.优质代码：软件测试的原则、实践与模式[M].伍斌，译.北京：人民邮电出版社，2015.

[14] KOSKELA L. 有效的单元测试[M]. 申健，译.北京：机械工业出版社，2014.

[15] TAHCHIEV P，LEME F，MASSOL V，et al. JUnit实战[M]. 王魁，译.2版.北京：人民邮电出版社，2012.

[16] ADITYA P，M. 软件测试基础教程[M]. 王峰，郭长国，陈振华，等译. 北京：机械工业出版社，2011.

[17] 荣业爱宇宙.历史上被盗取金额最高的银行盗窃案：孟加拉银行超级大劫案[EB/OL].https://zhuanlan.zhihu.com/p/164447342，2022-06-01.

[18] 帅真财经.举世震惊的孟加拉国银行失窃事件，为什么至今无人能破[EB/OL].https://baijiahao.baidu.com/s？id=1677538177219598248&wfr=spider&for=pc，2022-06-01.

[19] 华为.华为公司简介[EB/OL].https://www.huawei.com/cn/corporate-information，2022-06-01.

[20] 酷扯儿.华为：大质量管理体系必成趋势[EB/OL].https://baijiahao.baidu.com/ s？id=1707304351619863836& wfr=spider&for=pc，2022-06-01.

图书资源支持

感谢您一直以来对清华版图书的支持和爱护。为了配合本书的使用,本书提供配套的资源,有需求的读者请扫描下方的"书圈"微信公众号二维码,在图书专区下载,也可以拨打电话或发送电子邮件咨询。

如果您在使用本书的过程中遇到了什么问题,或者有相关图书出版计划,也请您发邮件告诉我们,以便我们更好地为您服务。

我们的联系方式:

地　　址:北京市海淀区双清路学研大厦 A 座 714

邮　　编:100084

电　　话:010-83470236　010-83470237

客服邮箱:2301891038@qq.com

QQ:2301891038（请写明您的单位和姓名）

资源下载:关注公众号"书圈"下载配套资源。

资源下载、样书申请	图书案例	
书圈	清华计算机学堂	观看课程直播